果园林地散养土鸡技术
（第2版）

夏小静　刘耀东　魏刚才　主编

河南科学技术出版社

·郑州·

图书在版编目（CIP）数据

果园林地散养土鸡技术／夏小静，刘耀东，魏刚才主编 . —2
版 . —郑州：河南科学技术出版社，2020.1
　ISBN 978-7-5349-9758-7

　Ⅰ.①果⋯　Ⅱ.①夏⋯　②刘⋯　③魏⋯　Ⅲ.①鸡-饲养管
理　Ⅳ.①S831.4

　中国版本图书馆 CIP 数据核字（2019）第 250210 号

出版发行：河南科学技术出版社
　　　　　地址：郑州市郑东新区祥盛街 27 号　　　邮编：450016
　　　　　电话：（0371）65737028　65788613
　　　　　网址：www. hnstp. cn
策划编辑：李义坤
责任编辑：申卫娟
责任校对：刘逸群
封面设计：张　伟
版式设计：栾亚平
责任印制：张艳芳
印　　刷：郑州龙洋印务有限公司
经　　销：全国新华书店
开　　本：850 mm×1 168 mm　1/32　印张：11.5　彩插：7 面　字数：301 千字
版　　次：2020 年 1 月第 2 版　　2020 年 1 月第 7 次印刷
定　　价：29.80 元

如发现印、装质量问题，影响阅读，请与出版社联系调换。

《果园林地散养土鸡技术》（第2版）
编者名单

主　编　夏小静　刘耀东　魏刚才
副主编　邢广旭　牛巧平　荆焕芳　赵艳会
编　者　(按姓氏笔画为序)
　　　　王　莉（河南科技学院）
　　　　牛巧平（长垣县农业农村局）
　　　　邢广旭（河南省农业科学院动物免疫学重点
　　　　　　　　实验室）
　　　　吉艳艳（濮阳县农业农村局）
　　　　刘耀东（南阳农业职业学院）
　　　　张广旗（濮阳市畜牧良种繁育中心）
　　　　赵艳会（濮阳市华龙区农业农村局）
　　　　荆焕芳（新乡县动物疫病预防控制中心）
　　　　胡光辉（濮阳市畜牧良种繁育中心）
　　　　夏小静（河南科技学院）
　　　　徐艳军（濮阳市畜牧良种繁育中心）
　　　　靳斐斐（濮阳县农业农村局）
　　　　魏刚才（河南科技学院）

前　言

　　果园林地散养土鸡是从农业的可持续发展出发，依据生态学和生态经济学原理，结合草山草坡、林地、果园、农田等可放牧地的特点，充分利用土地、空间和自然的饲料资源，将传统的养殖方式与现代科学技术有机结合，生产优质的鸡蛋和鸡肉以满足市场需要，提高生产者综合效益的一个较好途径。我国有丰富的优质土鸡资源（我国培育出了许多优良的土鸡品种，土鸡具有风味好、适应能力强的特点），又有大量的山地、林地、果园、草场以及农田等散养场地，将两者合理有机地结合起来，使丰富的自然资源得到充分利用，既可以减少精饲料消耗，维持鸡群健康，减少药物使用，生产优质的肉蛋产品，满足人们对绿色健康食品的需求（目前，规模化、工厂化舍内养鸡把鸡局限在很小的范围内，不能自由地活动和觅食，饲养环境差，导致产品质量差，如口味不佳、蛋黄颜色浅、蛋白稀薄、胆固醇含量高、肉质差、药物含量超标以及污染严重等，影响到产品的消费和销售）；又可以减少植物虫害，增加土地的有机质，具有极其重要的意义。

　　我国养殖土鸡的历史虽然悠久，但果园林地规模化散养土鸡起步较晚，生产中存在很多技术问题和管理问题，导致鸡群死亡淘汰率高，生产性能低，产品质量参差不齐，饲养效益不显著等，影响到果园林地散养土鸡的稳定发展。虽然 2016 年第 1 版

《果园林地散养土鸡技术》的出版，对提高土鸡生产水平起到一定促进作用，但随着土鸡养殖业的发展和市场条件的变化，有必要对其进行修订。

本着实用、全面、先进的宗旨，对第 1 版做了增删和调整。修订后本书内容包括八章，分别是果园林地散养土鸡的优势及现状、土鸡的外貌特征及品种选择、土鸡的营养需要及日粮配制、土鸡场的场址选择和鸡舍建设、土鸡育雏期的饲养管理、土鸡散养期的饲养管理、土鸡的疾病防治和土鸡场的经营管理，并在附录中增添了土鸡生态散养技术操作规程（新乡市地方标准）。本书紧扣生产实际，注重系统性、科学性、实用性和先进性，内容新颖系统，重点突出，通俗易懂，不仅适宜土鸡场饲养管理人员和广大土鸡养殖户阅读，还可作为大专院校和农村函授及培训班的辅助教材和参考书。

由于水平所限，书中可能会有错误和不当之处，敬请广大读者不吝斧正。

编者

2019 年 3 月

目　录

第一章　果园林地散养土鸡概述

　　果园林地散养土鸡就是将传统养鸡方法和现代科学技术相结合，根据不同地区的特点，利用荒山、林地、草场、果园、农田等地的天然饲料资源（昆虫等动物性饲料和嫩草、草籽、树叶等植物性饲料）散养土鸡，并给以适当的补充饲养，实现散养与舍饲相结合。即让鸡以自由采食野生的饲料为主，人工科学补料为辅，严格限制化学药品和饲料添加剂的使用，禁用任何激素和抗生素；通过良好的饲养环境、科学饲养管理和卫生保健措施等，实现标准化生产，使肉、蛋产品达到无公害食品乃至绿色食品、有机食品的标准；同时，通过散养鸡控制植物虫害和草害，减少或杜绝农药的使用，利用鸡粪提高土壤肥力，实现经济效益、生态效益、社会效益的高度统一。果园林地散养土鸡可以充分利用自然资源，降低饲养成本，减少投资，生产绿色产品，获得较好的饲养效益。因此，近年来，土鸡果园林地散养出现强劲的势头。

第一节　果园林地散养土鸡的优势

一、充分利用自然资源来降低生产成本

　　果园林地散养土鸡，可以充分利用我国大量的山坡、林地、

果园、草场等资源，变废为宝，生产绿色产品，降低生产成本。鸡自由采食天然的植物性饲料（树叶、草籽、嫩草等）和天然的动物性饲料（蝗虫、螟虫等），在夏、秋季节适当补些饲料即可满足其营养需要，可节省1/3的饲料，降低饲料成本。生态养鸡的鸡舍简易，无需笼具，投资较小，减少了固定资产投入和资金占用量。

鸡可以在山坡、林地、果园、草场自由活动，受到阳光的照射，自由采食天然饲料，加之环境优越、空气新鲜、阳光充足、饲养密度小、鸡体健康，疾病发生少。特别是山区的草场、草坡有大山的自然屏障作用，明显地减少了传染病的发生。这样不仅可以减少药物开支，避免死亡淘汰的损失，而且也减少了产品中药物的残留。

二、生产绿色优质禽产品

果园林地散养的土鸡可以生产出优质、绿色的禽产品，满足人们的要求。

（一）果园林地散养土鸡的蛋品质好

果园林地散养的土鸡可以根据需要，自由地觅食矿物质饲料，受到阳光紫外线照射后产生大量的维生素 D，促进了钙、磷代谢和蛋壳的形成，蛋壳质量好；散养鸡可以自由接触绿地，自由采食草料及一些富含角黄素的甲壳类昆虫、蜘蛛等动物，同时比较低的产蛋率也为色素在蛋黄中的沉积提供了较长的时间，蛋黄颜色深；蛋黄系数的增加表明蛋黄的表面张力提高，是蛋黄膜坚固程度的体现，说明散养条件下鸡体的健康状况要好于笼养。

鸡蛋含水量是衡量鸡蛋营养含量的重要指标之一。鸡蛋含水量越高，说明它的有价值部分越低，可购买性越差。散养鸡组的蛋清含水量和蛋黄含水量均比对应的笼养鸡组低，这可能是因为笼养鸡的日饮水量高于散养鸡的缘故。胆固醇是细胞膜的重要组成成分，主要参与组成细胞膜结构、细胞内通讯和电子传递，并且还是生长发育的物质基础，因此它是人类维持正常生理活动的必需物质。然而血液中胆固醇含量过高又会引起高血压、动脉粥样硬化等一系列心脑血管疾病。散养鸡的蛋黄中胆固醇含量均显著低于笼养鸡，这可能是由于散养鸡可以自由地采食绿草、甲壳类动物，从而增加了饲料中可溶性纤维、壳聚糖的含量，从而使蛋黄中胆固醇含量显著降低。

磷脂质具有降低胆固醇、软化血管、降低血压、提高记忆力的效果，因此蛋黄中磷脂质的含量是评价鸡蛋优劣的重要指标之一。试验表明，散养鸡蛋黄中磷脂质明显高于笼养鸡。

（二）果园林地散养土鸡的肉品质得到改善

果园林地散养的土鸡，肌肉中干物质含量高于舍内饲养鸡，特别是腿肌显著高于舍内饲养鸡；蛋白质含量高于舍内饲养鸡；胸部肌肉的脂肪含量、水分含量也低于舍内饲养鸡。氨基酸是构成蛋白质的基本单位。现代营养学认为，肉品蛋白质的营养价值取决于组成蛋白质的氨基酸种类、含量和比例以及消化率等。散养鸡胸肌和腿肌中氨基酸总量，显著大于舍内饲养的鸡。

资料显示，散养鸡的肌肉中与风味有关的谷氨酸等鲜味氨基酸含量相对较高。谷氨酸单钠盐以游离态存在于畜禽肌肉中，是一种重要的氨基酸及鲜味物质。它与肌苷酸以一定比例存在时，产生协同效应，使鲜度增加 30~40 倍，让肉变得更加美味，而且它还是肉味前体物质，含量的多寡直接影响到肉加热后产生肉味的强弱。肌苷酸的含量，相同部位肌肉中散养鸡的含量高于笼养鸡。同时，散养鸡的肌肉纤维直径最小，肌纤维密度最大，嫩度最好。

（三）果园林地散养土鸡生产的是绿色产品

果园林地散养的土鸡，肌肉更加结实，肉质结构和营养比例更加合理。肉中含有丰富的蛋白质、微量元素和各种营养素，脂肪的含量比较低，对于我们人体的保健具有重要的价值，是我们中国人比较喜欢的肉类制品，属于高蛋白的肉类；土鸡蛋味道鲜美，色泽鲜艳，有特殊香味，富含多种维生素、类胡萝卜素，蛋内脂肪不超过 3%，蛋白质含量超过 12%，有人体必需的蛋氨酸、赖氨酸、色氨酸、亮氨酸、异亮氨酸、缬氨酸、苏氨酸、苯丙氨酸等多种氨基酸，还含有钠、钾、钙、磷、铁、铜、锌、碘、硫等矿物质和维生素 B_1、维生素 B_2、维生素 B_6、维生素 B_{12}、叶酸、生物素、维生素 E 等，是补充矿物质和维生素的理想食品。

三、有利于农作物的保护

果园林地生态养鸡，鸡可以大量捕食多种昆虫，配合灯光、性信息等诱虫技术，可大幅度降低农作物虫害的发生率，减少农药的使用量，既保护农作物和果树，降低生产成本，又对环境和人类的健康十分有利。如苹果树在春季发芽前后各喷药 1 次，开花前后各用药 1 次，以后根据情况一般每 7 天用药 1 次，直到霜降收苹果为止，每亩地需要 300~600 元，在散养鸡后用药次数可以减少 1/3，降低费用 200~400 元。如棉花在谷雨播种至霜降收获，生长期大约 6 个月，为了预防植物病虫害，在苗期每 4~5 天喷施农药 1 次（防治植物病虫害和棉蚜等）；在开花前至结桃大约 1 个月，2~4 天喷药 1 次（防治盲椿象等）；结桃后一直到末伏后 20 天，为了预防棉铃虫，一般 7 天喷药 1 次，如此大的农药喷施量，每亩棉田农药开支 300 元左右，且环境污染严重。散养土鸡的棉田，喷施农药 5 次，其中防治棉蚜 2 次，防治盲椿象 2 次，防治棉铃虫 1 次，可以节约开支 70% 以上。

四、经济效益、社会效益和生态效益明显

果园林地生态养鸡，一是缓解林牧矛盾和农牧用地矛盾。以果园、林地、草地散养鸡替代放牧牛羊，实现鸡上山、牛羊入

圈，可以实现资源的合理利用，林牧矛盾得到缓解，缓解草场的放牧压力，有效地保护和科学地利用草场。同时，减少养鸡占用大量的农用耕地，缓解土地资源紧张的压力，有效地保护耕地。二是减少环境污染。农区养鸡是我国蛋鸡生产的主体，鸡场鸡舍密集，甚至人、鸡混杂，紧靠农居修建鸡舍，设施不健全，排泄物对环境污染严重，夏秋成为蚊蝇的滋生地，影响居民身心健康；而生态散养鸡，远离居民区，饲养密度低，加之环境的自然净化，可利用排泄物培植土壤，变废为宝。三是增加农民收入。由于省饲料、投资小、疾病少、生产成本低和产品售价高，果园林地生态养鸡的收益明显较高。所以，经济效益、社会效益和生态效益明显。

第二节　果园林地散养土鸡的现状

我国是世界上养鸡最多、养鸡历史最长的国家。我国劳动人民在长期的生产实践中培育出许多优良的地方品种，经普查的鸡种有 131 个，收录到《中国家禽品种志》的鸡种有 72 个，经 1980 年以来的两次全国普查，被列入《国家级畜禽遗传资源保护名录》的有 64 个，目前许多地方品种在生产中都有饲养，如桃源鸡、雪峰乌骨鸡、固始鸡、卢氏鸡、正阳三黄鸡、河北柴鸡、狼山鸡、芦花鸡等。近年来也培育和引进了许多适宜生态散养的优良品种，如优质黄羽肉鸡系列、"农大"褐壳或粉壳蛋鸡，以及罗曼蛋鸡、海兰蛋鸡等。

果园林地散养土鸡可以充分利用我国丰富的果园、林地、荒山草坡等资源，生产优质产品，近年来发展快速，养殖数量不断增加，规模化程度不断提高，少则成百上千只，多则上万只。有的地方建立了鸡生态养殖基地，不仅为市场提供了大量的优质鸡和鸡蛋，增加了养殖者的综合收益，也产生较好的生态效益。

果园林地散养土鸡规模化程度的提高，对技术的要求也有提高。近几年，土鸡养殖技术的推广应用虽然对土鸡养殖水平的提高有较大促进作用，但养殖过程中仍存在一些问题需要注意。一是土鸡的选择。目前，我国的专门化土鸡种鸡场很少，90%的养殖场选购的雏鸡苗多是由农户收购的鸡蛋进行集中孵化，或者到农村一些孵化厂直接购进鸡苗。这样的鸡苗品种混杂，严重退化，生产的产品规格不一致，质量参差不齐。雏鸡的抗体水平不一，对疾病的抵抗力差异大，饲养过程中容易发生疾病。所以要到正规的孵化场选购土鸡。二是饲养管理水平的提高。现代土鸡养殖不同于传统的庭院散养方式，不仅要注意鸡舍的设计建设和环境控制，而且在散养季节和时间选择、补料、饮水、日常管理、兽害防治等方面应制订规范的程序并加强管理，提高果园林地养鸡的效果。三是经营管理。技术管理有利于提高生产性能，经营管理有利于提高生产效益。果园林地生态养鸡目前仍是分散经营，各自为政，生产规模小，缺乏统一的生产标准和生产规程，产品规模化程度低。缺乏绿色产品认证意识，影响到产品的信誉度、产品的销售和养殖效益。另外，生产中不注重经济核算，导致生产成本增加，也会影响生产效益。所以，必须注意经营管理，最大限度降低生产成本，促进产品销售，获得较好的养殖效益。

第二章 土鸡的外貌特征及品种选择

第一节 土鸡的外貌及特征

一、外貌部位

土鸡的外貌包括头部、颈部、躯体部、尾部、腿部以及羽毛等，外貌结构参见图 2-1。

图 2-1 鸡的外貌结构

二、外貌特征

土鸡品种繁多，血缘混杂，不同地区的消费者对土鸡的外貌特征和屠体体表要求存在很大的差异。但土鸡的外貌特征应该符合如下标准。

1. 基本要求 土鸡一般体形较小，适合家庭消费。土鸡的外观清秀，胸肌丰满，腿肌发达，胫短细或适中，头小，颈长短适中，羽毛美观。母鸡翘尾，公鸡尾呈镰刀状。

2. 羽毛特征 土鸡羽毛要求丰满，紧贴身躯。羽色斑纹多样，不同品种差异明显，有白色羽、红色羽、黄色羽、黑色羽、芦花羽、浅花羽、江豆白羽、青色羽、栗羽、麻羽、灰羽、草黄色羽、金色羽、咖啡色羽等。公鸡颈羽、鞍羽、尾羽发达，有金属光泽。土鸡的羽色是其天然标志，生产中要根据消费者的不同需求来选留合适的羽色和花纹。

3. 冠形 土鸡冠形多样，如桑葚冠、豆冠、玫瑰冠、杯状冠、角冠、平头和毛冠等。土鸡冠颜色要求红润（乌冠除外），冠大，肉髯发达，有的个体有胡须。

4. 喙、胫脚 土鸡喙、胫脚的颜色有白色、肉色、深褐色、黄色、红色、青色和黑色等，有的个体呈黄绿色和蓝色。不同的消费者对胫色要求不同，南方市场较喜欢青色胫和黄色胫。土鸡以光胫为主，但也有毛胫、毛脚。趾有双四趾的，有一侧四趾一侧五趾的，也有双五趾的。爪短直，不像笼养蛋鸡那样长。土鸡的胫部较细，与其他肉鸡有明显的不同。

5. 皮肤颜色 土鸡皮肤颜色有白色、黄色、灰色和黑色等。

第二节　土鸡的品种与品种选择

我国幅员辽阔，地形多样，几千年来经过劳动人民的长期选择和培育，形成了许多各具特色的优良地方品种，即土鸡。世界上不少著名的鸡种都有我国土鸡的血统，对世界著名鸡种的育成有着很大影响。近年来，优质土鸡在我国养鸡业中所占比重越来越大，其产品也越来越受到消费者的追捧，市场销售良好。根据其经济特点，土鸡品种可以分为肉用型、蛋用型和蛋肉兼用型品种。

一、土鸡品种介绍

（一）肉用型品种

1. 清远麻鸡

【产地与分布】清远麻鸡原产于广东省清远县。因其羽毛背侧有细小的黑色斑点，故称为麻鸡。它以体形小、皮下和肌间脂肪发达、皮薄骨软而著名，是我国活鸡出口的小型肉用型鸡种。

【外貌特征】体形特征可概括为"一楔""二细""三麻身"。"一楔"是指母鸡躯体像楔形，前躯紧凑，后躯圆大；"二细"是指头细脚细；"三麻身"是指母鸡背羽呈麻黄、麻棕、麻褐3种颜色。单冠直立，冠齿5~6个，冠、肉垂及耳叶鲜红。虹彩橙黄色。喙黄色。

公鸡体质结实灵活，结构匀称，头部大小和颈部长短适中，头颈、背部的羽金黄色，胸羽、腹羽、尾羽及主翼羽黑色，肩羽、蓑羽枣红色，较短而黄；母鸡头细小，喙短。颈长短适中。头部和颈前部1/3的羽毛呈深黄色。背部羽毛有麻黄、麻棕、麻褐3种颜色。胫趾短细，呈黄色。

【生产性能】清远麻鸡以农家饲养放牧为主。天然食饵丰富的条件下生长速度较快，120日龄公鸡体重1.25千克，母鸡体重1.00千克。该品种屠宰率高，肥育性能良好。未经肥育的仔母鸡半净膛屠宰率平均为85%，全净膛屠宰率平均为75.5%；阉公鸡半净膛屠宰率为83.7%，全净膛屠宰率为76.7%。

成年公鸡体重1.7~2.8千克，母鸡体重1.3~2.5千克。母鸡5~7月龄开产，年产蛋70~80枚，平均蛋重46.6克，蛋壳浅褐色。公、母配种比例为1：（13~15），种蛋受精率在90%以上，受精蛋孵化率为83.6%。

2. 惠阳胡须鸡

【产地与分布】原产于广东省东江和西枝江中下游沿岸各县。其颔下有张开的肉髯，状似胡须，"胡须"有乳白、淡黄、棕黄三色，也叫三黄胡须鸡、龙岗鸡、龙门鸡、惠州鸡。该鸡具有胸肌发达、早熟易肥、肉质好的特点，与清远麻鸡、杏花鸡一起被誉为广东省三大出口名鸡。

【外貌特征】惠阳胡须鸡属于中型肉用品种，头大颈粗，胸深背宽，背线平直，后躯圆润，体质结实，腿肌和胸肌发达，胸角一般在60°以上，后躯丰满，体躯呈葫芦形，尤以颔下发达而张开的胡须状髯羽为其基本特征，并且在其颔下无肉垂或仅有一些痕迹。单冠直立，冠齿为6~7个，喙粗短而黄，虹彩橙黄色，耳叶红色。

公鸡梳羽、蓑羽和镰羽金黄色而富有光泽。背部羽毛枣红色，分为主尾羽和无主尾羽两种。主尾羽多呈黄色，有些内侧是黑色。腹部羽色稍淡；母鸡全身羽毛黄色，主翼羽和尾羽有些黑色。尾羽不发达，喙脚黄色。

【生产性能】惠阳胡须鸡肥育性能良好，具有脂肪沉积能力强的特点。农户散养母鸡，开产前体重可达1.00~1.20千克。如果在此时笼养肥育，12~15天可增重350~400克，且具有皮薄骨软、脂丰肉满的特点。12 周龄公鸡平均体重为 1.14 千克，母鸡平均体重为 0.845 千克。120 日龄公鸡，半净膛屠宰率为 86.6%，全净膛屠宰率为 81.2%；150 日龄公鸡，半净膛屠宰率为 87.5%，全净膛屠宰率为 78.7%。

成年公鸡体重 2～2.5 千克，母鸡体重 1.5～2 千克。公鸡性成熟早，有的 3 周龄会啼叫。惠阳胡须母鸡 6 月龄左右开产，产蛋率很低，农家以稻谷为主、结合散养并自然孵化和育雏，年平均产蛋只有 45～55 枚。改善饲养管理后，平均每只母鸡年产蛋可达 108 枚，平均蛋重 45.8 克，蛋壳浅褐色。一般公、母配种比例为 1∶（10～12），种蛋平均受精率为 88.6%，受精蛋孵化率为 84.6%。平均育雏成活率在 95%以上。

3. 杏花鸡

【产地与分布】杏花鸡原产于广东省封开县一带，当地又称为米仔鸡。主要分布于广东省封开县内，年饲养量达 100 万只以上。怀集、德庆、郁南、新兴、肇庆、佛山、广州等地都有饲养。它具有早熟、易肥、皮下和肌肉间脂肪分布均匀、骨细皮薄、肌纤维细嫩等特点，适宜做白切鸡。杏花鸡属小型肉用优良鸡种，是我国活鸡出口经济价值较高的名鸡之一。

【外貌特征】杏花鸡体质结实，结构匀称，胸肌发达，被毛紧凑，前躯窄，后躯宽。该品种的典型特征是三黄（黄羽、黄胫、黄喙）、三短（颈短、胫短、体躯短）、二细（头细、颈细）。单冠，冠、耳叶及肉垂鲜红色，虹彩橙黄色。雏鸡以三黄为主，全身绒羽淡黄色。

公鸡头大，冠大直立，羽毛黄色略带金红色，主翼羽和尾羽有黑色，脚黄色。母鸡头小，喙短而黄，体羽黄色或浅黄色，颈基部羽多有黑斑点，形似项链。主、副翼羽的内侧多呈黑色，尾羽多数有几根黑羽。

【生产性能】较好的饲养条件下，112 日龄公鸡的体重平均为 1.256 千克，母鸡平均体重 1.032 千克。未开产的母鸡，一般养到 5~6 月龄，体重达 1~1.2 千克。半净膛屠宰率，公鸡为 79%，母鸡为 76%；全净膛屠宰率，公鸡为 74.7%，母鸡为 70%。因皮薄且有皮下脂肪，故肌肉细腻光滑，肌肉脂肪分布均匀，肉质特优，适宜做白条鸡。

母鸡开产日龄 150 日龄，年产蛋 70~90 枚，平均蛋重 45 克，蛋壳褐色。农家散养，公、母配比 1：15，种蛋受精率达 90% 以上；群养公、母配种比例为 1：（13~15），种蛋受精率为 90.8%，受精蛋孵化率为 74%。30 日龄的育雏率在 90% 左右。

4. 桃源鸡

【产地与分布】原产于湖南省桃源县。长沙、岳阳、郴州等地分布较为普遍。它以体形高大而出名，故又称为桃源大种鸡。

【外貌特征】桃源鸡体形硕大，体质结实，羽毛蓬松，体躯稍长，呈长方形。喙、胫呈青灰色，皮肤白色。

公鸡姿态雄伟，勇猛好斗，头颈高昂，尾羽上翘，侧视呈"U"形。头部大小适中，单冠直立，冠齿 7~8 个，耳叶、肉垂鲜红色，眼大微凹陷，虹彩金黄色，颈稍长，胸廓发育良好。体羽呈金黄色或红色，主翼羽和尾羽呈黑色，梳羽金黄色或间有黑斑。尾羽长出较迟，未长齐时尾部呈半圆佛手状，长齐后尾羽上翘。镰羽发达向上张开。腿高，胫长而粗。

母鸡体稍高，性温顺，活泼好动，背较长而平直，后躯浑圆，近似方形。头部清秀，单冠直立，冠齿 7~8 个，鸡冠倒向一侧。羽色有黄色和麻色 2 个类型，黄羽型的背羽呈黄色，颈羽呈麻黄色；麻羽型的体羽呈麻色。两种类型的主翼羽和尾羽均呈黑色，腹羽呈黄色。喙、胫呈青灰色，皮肤白色。

【生产性能】桃源鸡生长缓慢，特别是早期生长发育迟缓。90 日龄公、母鸡平均体重分别为 1.094 千克和 0.862 千克。半净膛屠宰率，公鸡为 84.9%，母鸡为 82.06%。肉质细嫩，肉味鲜美，富含脂肪。

桃源鸡成年公鸡体重 2.7~3.9 千克，母鸡体重 2.5~3.3 千克。母鸡平均开产日龄为 195 天，年产蛋 100~120 枚，高产群体平均可达 158 枚。蛋壳浅褐色，平均蛋重 51 克。公、母配种比例为 1：（10~12），种蛋受精率为 83.83%，受精蛋孵化率为 83.81%。母鸡就巢性强，放牧饲养条件下，30 日龄育雏率为 75.66%。

5. 溧阳鸡

【产地与分布】中心产区位于江苏省溧阳市西南部，尤其以茶亭、戴埠、社渚等地最多，属于大型肉用品种。当地也称为三黄鸡或九斤黄，肉质鲜美。是江苏省西南丘陵山区的著名鸡种。

【外貌特征】溧阳鸡体形较大，体躯略呈方形；羽毛、喙和脚有黄色、麻黄色和麻栗色几种，但多为黄色。公鸡单冠直立，冠齿 5 个。耳叶、肉垂较大，颜色鲜红。背羽为黄色或橘黄色，主翼羽有黑色和半黑半黄色之分，副翼羽为黄色和半黑色，主尾羽黑色，胸羽、梳羽、蓑羽金黄色或橘黄色，有的羽毛有黑镶边。母鸡鸡冠有单冠直立和倒冠之分；眼大，虹彩呈橘红色；全身羽毛平贴体躯，绝大多数羽毛呈草黄色，少数黄麻色。

【生产性能】一般散养条件下，溧阳鸡生长速度比较慢。90 日龄半净膛屠宰率，公鸡为 82%，母鸡为 83.2%；全净膛屠宰率，公鸡为 71.9%，母鸡为 72.4%。成年鸡半净膛屠宰率，公鸡为 87.5%，母鸡为 85.4%；全净膛屠宰率，公鸡为 79.3%，母鸡为 72.9%。

溧阳鸡成年鸡体重，公鸡为 3.3 千克，母鸡为 2.6 千克。母鸡平均开产日龄 243 天，年产蛋 145 枚，平均蛋重 57.2 克，蛋壳褐色。母鸡就巢性强，公、母配种比例为 1：13，种蛋受精率为 95.3%，受精蛋孵化率为 85.6%；一般 5 周龄育雏率为 96%。

6. 河田鸡

【产地与分布】原产于福建省西南地区，主要产区是长汀、上杭两县，以长汀的河田镇为中心，向连城、武平等县部分地区辐射。河田鸡属于优良的肉用型品种，具有肉质细嫩、肉味鲜美的特点。

【外貌特征】河田鸡具有"三黄"特征，即黄羽、黄喙、黄脚。体形近似方形，颈粗、躯短、胸宽、背阔。河田鸡有大型与小型之分（但大型鸡较少，多数是小型鸡），两者体形外貌相同，仅有体重和体尺的区别。小型鸡羽毛生长快，性成熟比大型鸡早1个月左右。成年鸡主要特征为冠叶后部分裂成叉状冠尾。皮肤白色或黄色。公鸡单冠直立，冠齿约5个，冠叶前部为单片，后部分裂成叉状冠尾，颜色鲜红；喙基部褐色，喙尖呈浅黄色。耳叶椭圆形，红色。颜面鲜红，无明显皱纹。公鸡羽色较杂，头、颈羽棕黄色，背、胸、腹羽淡黄色，尾羽黑色；蓑羽呈鲜艳的浅黄色，镰羽不发达，主翼羽黑色，有浅黄色镶边。母鸡冠部基本与公鸡相同，但是比较矮小。羽毛以黄色为主，颈羽的边缘呈黑色，颈部深黄色，腹部丰满。

【生产性能】河田鸡具有屠体丰满、皮薄骨细、肉质细嫩、肉味鲜美的特点。150日龄公、母鸡体重分别为1.295千克和1.094千克。河田鸡屠宰率低。据测定，120日龄半净膛屠宰率，公鸡为85.8%，母鸡为87.08%；全净膛屠宰率，公鸡为68.64%，母鸡为70.53%。

母鸡开产日龄在180天左右，具有极强的就巢性，年产蛋量100枚，平均蛋重42.89克，蛋壳颜色以浅褐色为主，少数灰白色。散养公、母配种比例为1:15，种蛋受精率为90%；舍饲配种比例为1:10，种蛋受精率为82%~97%，受精蛋孵化率为67.75%。

7. 霞烟鸡

【产地与分布】原产于广西容县石寨乡下烟，当地为土山丘陵，物产丰富，群众喜爱硕大黄鸡，霞烟鸡是该地区中较大的鸡种，原名下烟鸡，又名肥种鸡，是国内优良的地方鸡种。

【外貌特征】霞烟鸡体躯短宽，腹部丰满，外形呈方形。成年鸡头部较大，单冠，肉垂、耳叶均鲜红色，虹彩橘红色。喙基部深褐色，喙尖浅黄色。颈部显得粗短，羽毛略为疏松。骨骼粗。皮肤白色或黄色。公鸡羽毛黄红色，梳羽颜色比胸背羽颜色深，主副翼羽带黑斑或白斑，有些公鸡蓑羽和镰羽有极浅的横斑纹，尾羽不发达。性成熟的公鸡腹部皮肤多呈红色。母鸡羽毛黄色，背平，胸宽，龙骨略短，腹部丰满。临近开产的母鸡，耻骨与龙骨末端之间能并容3指，是该品种的重要特征。

【生产性能】90日龄公鸡活重0.922千克，母鸡0.776千克。150日龄公、母鸡活重分别为1.596千克、1.293千克。半净膛屠宰率，公鸡为82.4%，母鸡为87.89%；全净膛屠宰率，公鸡为69.19%，母鸡为81.16%。霞烟鸡由于肌间和皮下沉积脂肪，具有肉质好、肉味鲜的特点，特别是经过肥育后，肌脂丰满，屠体美观，肉质嫩滑，很受消费者欢迎。

母鸡的开产日龄170~180天，年产蛋量80~150枚；平均蛋重43.6克，蛋壳浅褐色。一般公、母配种比例为1：（8~10），种蛋受精率为78.46%，受精蛋孵化率为80.5%。

8. 石岐杂鸡

【产地与分布】原产于广东省中山市三角沙栏，目前主要分布于中山市，此外，顺德、番禺也有分布，又称中山沙栏鸡或三角鸡，属中小型肉用品种。

【外貌特征】石岐杂鸡头部大小适中，单冠直立，冠齿6~7个。耳叶、肉髯鲜红色，虹彩橙黄色。体躯丰满，胸肌发达。公鸡羽毛多为黄色或枣红色；主翼羽有黑色，有的以羽轴为界，外侧枣红色，内侧黑色，紧靠羽轴两边为黑色，也有全身黑色而羽尖少部分呈枣红色；尾羽多为黑色，也有无主尾羽，母鸡羽毛有黄色、麻色，尤以麻色居多。背部羽毛有麻黄色、麻褐色、麻棕色3种；头、颈、胸和腹部羽毛，麻黄色的为黄色，麻褐色的为褐色，麻棕色的为棕色，形成黑花点披肩。皮肤有黄色、白玉色，以白玉色居多。胫部颜色有黄色和白玉色，以黄色居多。

【生产性能】石岐杂鸡平均初生重为32克，70日龄体重为0.723千克，150日龄体重为1.111千克。成年公鸡为2.15千克，母鸡为1.55千克。半净膛屠宰率，成年公鸡为86.16%，母鸡为85.93%；全净膛屠宰率，成年公鸡为81.12%，母鸡为78.82%。

母鸡平均开产日龄165天，平均年产蛋80枚，平均蛋重45克，蛋壳多为褐色、浅褐色，蛋形指数为1.34。公鸡平均性成熟期105天。公、母配种比例为1：（15～20）。种蛋受精率为92%，受精蛋孵化率为91%。母鸡有就巢性，公、母鸡利用年限为1～2年。

9. 浦东鸡

【产地与分布】原产于上海市黄浦江以东的广大地区，故名浦东鸡。浦东鸡是我国较大型的黄羽鸡种，肉质特别肥嫩、鲜美，香味甚浓，筵席上常做白斩鸡或整只炖煮。

【外貌特征】体形较大，呈三角形。公鸡羽毛有黄胸黄背、红胸红背和黑胸红背三种。母鸡全身黄色，有深浅之分，羽片端部或边缘常有黑色斑点，因而形成深麻色或浅麻色。公鸡单冠直立，冠齿多为7个；母鸡冠较小，有时冠齿不清。冠、肉垂、耳叶均呈红色，肉垂薄而小。喙短而稍弯，基部粗壮、黄色，上喙端部呈褐色。虹彩黄色或金黄色。胫、趾黄色。有胫羽和趾羽。

【生产性能】浦东鸡成年公鸡体重为3.55千克，母鸡体重为2.84千克。年产蛋量100～130枚，平均蛋重58克。蛋壳褐色，壳质细致，结构良好。

10. 丝羽乌骨鸡

【产地与分布】丝羽乌骨鸡原产于江西省泰和县和福建省泉州市，厦门市和闽南沿海等县均有分布且饲养量较大。以其体躯被有白色的丝状羽，皮肤、肌肉及骨膜皆为黑色而得名，被国际上认为是标准品种，称为丝羽鸡。国内在不同的产区有不同的命名，如江西称泰和鸡、武山鸡，福建称白绒鸡，广东、广西称竹丝鸡等。除作为肉用鸡之外，丝羽乌骨鸡由于体型外貌独特，在世界各地动物园中多用作观赏性鸡种。

【外貌特征】丝羽乌骨鸡在国际上被列为观赏用鸡，其头小、颈短、脚矮、体小轻盈。丝羽乌骨鸡外貌与其他品种有较大区别。标准的丝羽乌骨鸡可概括为以下十大特征（又称"十全"）：桑葚冠、缨头、绿耳、胡须、丝羽、五爪、毛脚、乌皮、乌肉、乌骨。

【生产性能】丝羽乌骨鸡 150 日龄公、母鸡平均体重，在福建分别为 1 460 克、1 370 克，在江西分别为 913.8 克、851.4 克。半净膛屠宰率，公鸡为 88.35%，母鸡为 84.18%；全净膛屠宰率，公鸡为 75.86%，母鸡为 69.5%，显著高于一般肉鸡。其肉质细嫩，肉味醇香。

福建、江西两地，丝羽乌骨鸡开产日龄分别为 205 天、170 天，年产蛋量分别为 120～150 枚、75～86 枚，平均蛋重分别为 46.85 克、37.56 克，受精率分别为 87%、89%，受精蛋孵化率分别为 84.53%、75%～86%。公、母配种比例一般为 1∶（15～17）。母鸡就巢性强，年平均就巢 4 次，平均持续期 17 天。

（二）肉蛋兼用型

1. 狼山鸡

【产地与分布】狼山鸡是我国古老的兼用型鸡种。原产地在长江三角洲北部的江苏如东县，通州市内也有分布。该鸡以体形硕大、羽毛纯黑、冬季产蛋多、蛋大而著称于世。

【外貌特征】狼山鸡体格健壮，头昂尾翘，背部较凹，羽毛致密，行动灵活。按体形可分为重型（公鸡体重为 4~4.5 千克，母鸡为 3~3.5 千克）与轻型（公鸡体重为 3~3.5 千克，母鸡为 2.0 千克）。按羽毛颜色可分为纯黑色、黄色和白色 3 种，其中黑鸡最多，黄鸡次之，白鸡最少，而杂毛鸡甚为少见。每种颜色按头部羽冠和胫趾部羽毛的有无分为光头光脚、光头毛脚、凤头毛脚和凤头光脚 4 个类型。

狼山鸡头部短圆细致，群众称之为蛇头大眼。单冠，冠齿 5~6 个。脸部、耳叶及肉垂均呈鲜红色。眼的虹彩以黄色为主，间混有黄褐色。喙黑褐色，头端稍淡。胫黑色，较细长。羽毛紧贴躯体，当年育成的新鸡富有黑绿色光泽。成年黑色狼山鸡多呈纯黑，有时第 9~10 根主羽翼呈白色。刚出壳的雏鸡，额部、腹及翼尖等处均呈淡黄色，一直到中雏换羽后才全部变成黑色。狼山鸡的皮肤呈白色。

【生产性能】狼山鸡属蛋肉兼用型，虽然个体较大，但前期生长速度不快。产肉性能见表 2-1。

表 2-1　狼山鸡的产肉性能

性别	初生重/克	90 日龄重/克	120 日龄重/克	150 日龄重/克	6.5 月龄半净膛屠宰率/%	6.5 月龄全净膛屠宰率/%
公	40	1 070	1 750	2 423	82.8	76.9
母	40	940	1 338	1 673	80.1	69.4

成年公鸡体重为 2.84 千克，母鸡为 2.283 千克，母鸡开产日龄 208 天。年产蛋 135~175 枚，最高达 252 枚；平均蛋重 58.7 克；蛋壳浅褐色。公、母配种比例为 1 : (15~20)，放牧条件下可达 1 : (20~30)。种蛋受精率达 90% 左右，最高可达 96%，受精蛋孵化率 80.8%。供种单位有中国农业科学院家禽研

究所、江苏如东县狼山鸡种鸡场。

2. 固始鸡

【产地与分布】固始鸡俗称"固始黄"，原产于河南省固始县，主要分布在淮河流域以南和大别山脉以北的广大地区，相邻的安徽省的金寨等县也有分布。其因外观秀丽、肉嫩汤鲜、风味独特、营养丰富等而驰名海内外，是我国优良的蛋肉兼用型鸡种。20世纪70年代末，国家为保存和利用固始鸡资源，在固始县兴建了固始鸡原种场，专门从事固始鸡保种和选育研究工作。该场先后承担"固始鸡提纯复壮研究""固始鸡品系选育和繁育体系建设"等国家级攻关项目。经过20多年艰苦细致的工作，成功地选育出固始鸡高产品系、快速品系。以快速品系为父本、高产品系为母本生产的固始鸡商品代（青脚系、乌骨系），生产性能大幅度提高，综合性能达到国内同类研究先进水平。

【外貌特征】固始鸡个体中等，外观清秀灵活，体形细致紧凑，结构匀称，羽毛丰满，尾形独特。按外貌可分为青脚系和乌骨系两类。青脚系固始鸡外貌特征是青脚、青嘴、快羽、白皮肤，母鸡羽毛有麻黄色，公鸡一般为红羽、黑尾。乌骨系固始鸡的外貌特征是乌脚、乌冠、乌皮、乌骨，母鸡毛色以中麻和麻黄为主，公鸡毛色深红。初生雏鸡绒羽呈黄色，头顶有深褐色绒羽带，背部沿脊柱有深褐色绒羽带，两侧各有4条黑色绒羽带。

成年鸡冠型有单冠和豆冠两种，以单冠者居多。冠直立，冠后缘冠叶分叉。冠、肉垂、耳叶和脸均呈红色。眼大略向外突出。虹彩呈彩栗色。喙短略弯曲，呈青黄色。胫呈青色。尾型分为佛手状尾和直尾两种。佛手状尾尾羽向后上方卷曲，悬空飘摇，是该品种的特征。

公鸡羽色呈深红色和黄色，镰羽多带黑色而富铜色光泽。母鸡的羽色以麻黄色和黄色为主，白色、黑色很少。该鸡种性情活泼，敏捷善动，觅食能力强。

【生产性能】固始鸡早期生长速度慢，公、母鸡60日龄体重平均为0.266千克；90日龄体重，公鸡为0.488千克，母鸡为0.355千克；180日龄体重，公鸡为1.27千克，母鸡为0.967千克。150日龄半净膛屠宰率，公鸡为81.76%，母鸡为80.16%；全净膛屠宰率，公鸡为73.92%，母鸡为70.65%。

平均开产日龄170天，年平均产蛋量150.5枚，平均蛋重50.5克，蛋形偏圆。繁殖种群，公、母配种比例为1：（12~13），平均种蛋受精率为90.4%，受精蛋孵化率为83.9%。供种单位有固始县三高集团和中国农业科学院家禽研究所。

3. 萧山鸡

【产地与分布】萧山鸡又称萧山大种鸡、越鸡。产于浙江省杭州市萧山区，分布于瓜沥、靖江、坎山镇等地。具有成熟早、生长快、体形肥大、肉质细嫩、产蛋率高等特点。胸部肌肉特别发达，两脚粗壮结实，性情活泼好动，喜觅活食。近年来，建立了种鸡场，进行复壮提纯，解决鸡种杂和退化问题。

【外貌特征】萧山鸡属肉蛋兼用型良种。其体形肥大，外形近似方而浑圆。公鸡体格健壮，羽毛紧密，头昂尾翘；单冠红而直立，中等大小；肉垂、耳叶红色，眼球略小，虹彩橙黄色；喙稍弯曲，端部红黄色，基部褐色；全身羽毛有红色、黄色两种，二者颈、翼、背部等羽色较深，尾羽多呈黑色；羽毛、喙部和脚胫均呈金黄色，故又称三黄鸡。母鸡体态匀称，骨骼较细；全身羽毛基本黄色，但麻色者也占一定比例；颈、翼、尾部间有少量黑色羽毛；单冠红色，冠齿大小不一；肉垂、耳叶红色；眼球蓝褐色，虹彩橙黄色；喙、胫黄色。

【生产性能】萧山鸡早期生长速度快，特别是2月龄阉割以后的生长速度更快，体形高大。屠体皮肤黄色，皮下脂肪较多，肉质好而味美。鸡肉脂肪含量较普通鸡少。据测定，100克肌肉中含蛋白质23克，脂肪仅1克左右。产肉性能见表2-2。

表2-2 萧山鸡的产肉性能

性别	初生重/克	90日龄重/克	120日龄重/克	150日龄重/克	180日龄重/克	半净膛屠宰率/%	全净膛屠宰率/%
公	38.5	1 247.9	1 604.6	1 785.8	2 215.0	84.7	76.5
母	38.5	793.8	921.5	1 206.0	1 594.1	85.6	66.0

注：屠宰测定的母鸡为开产时的母鸡，公鸡为150日龄。

萧山鸡的开产日龄为170天左右，开产体重约1.8千克。平均年产蛋量为120枚左右。萧山鸡蛋的品质很好，与其他地方鸡种相比，其蛋黄颜色的级别最高，蛋的密度也很高。据测定，其平均蛋重为56克，蛋壳为褐色，约0.31毫米厚，蛋形指数为1.39。蛋白占蛋重的55.8%，蛋黄占32.44%，蛋壳占11.76%。萧山鸡的繁殖力较好，鸡群的公、母比例通常为1∶12。据杭州市农业科学研究所的测定，其平均受精率在90%以上，受精蛋的孵化率为87%左右。萧山鸡的就巢性强，对产蛋量的影响较大。母鸡每年平均就巢4次，有的高达8次；每次就巢时间约为10天，长的可达1个多月。供种单位为中国农业科学院家禽研究所。

4. 寿光鸡

【产地与分布】寿光鸡原产于山东省寿光市的稻田镇，以慈家村、伦家村饲养的鸡最好，所以又称慈伦鸡。历史悠久，分布广泛，邻近的淮县、昌乐、益都、广饶等县均有分布。该鸡具有体形硕大、蛋大的特点。属肉蛋兼用的优良地方鸡种。寿光鸡蛋大皮红，国内闻名；肉质细嫩，味道鲜美，世界著称。

【外貌特征】寿光鸡多为大型和中型两种，少数是小型。大型寿光鸡外貌雄伟，体躯高大，体形近似方形。

寿光鸡的初生雏多数为黑色。少数个体在眼睑与喙角处有黄白斑，头顶、背颈与腰部均为黑色，体侧、额侧与尾部呈灰色，喙部全黑或喙尖呈黄白色，额下、颈下为淡黄色，部分个体的翼

21

尖全黑，胫与趾为灰色，而爪与皮肤为白色。

寿光鸡多为平头。大型鸡的头较大，眼大且稍凹陷，虹彩为黑褐色；脸部较粗糙；单冠，大而直立；喙为灰黑色，略弯且短，尖部颜色稍淡；冠、肉垂、耳叶与脸部均呈鲜红色。中型鸡的头大小适中，脸平滑清秀。寿光鸡具有斗鸡体形的特点。其大型鸡的骨骼粗壮，体躯高大、体长、胸深、胸部丰满、胫高而粗，体躯近似方形。成年鸡全身被黑色羽毛，除腹部等少数部位的毛色为黑灰色外，鸡体重要部位均为深黑色并闪绿色光泽。寿光鸡为白皮肤鸡种，胫、趾为黑灰色，以黑羽、黑腿、黑嘴的"三黑"特点而著称。

【生产性能】寿光鸡个体高大，屠宰率高。成年母鸡脂肪沉积能力强。产肉性能见表2-3。

表2-3　寿光鸡的产肉性能

性别	初生重/克	90日龄重/克	120日龄重/克	150日龄重/克	180日龄重/克	半净膛屠宰率/%	全净膛屠宰率/%
公	42.4	1 310.0	2 187.0	2 582.5	2 872.5	82.45	77.13
母	42.4	1 056.6	1 775.3	2 059.0	2 279.0	85.44	80.70

大型成年鸡平均体重，公鸡为3.61千克，母鸡为3.305千克；中型平均体重，公鸡为2.875千克，母鸡为2.335千克；开产日龄，大型鸡240天以上，中型鸡145天；产蛋量，大型鸡年产蛋量平均为117.5枚，中型鸡122.5枚；蛋重，大型鸡为65~75克，中型鸡为60克。在繁殖性能上，大型鸡公、母配种比例为1:（8~12），中型鸡为1:（10~12）。种蛋受精率为90%，受精蛋孵化率为81%。供种单位为山东省寿光市慈伦种鸡场。

5. 北京油鸡

【产地与分布】北京油鸡原产于北京市安定门和德胜门外的近郊地带，以朝阳区的大屯和洼里两个乡最为集中，邻近的海淀、清河也有分布。北京油鸡属肉蛋兼用品种，以肉味鲜美、蛋质佳良著称，是一个优良的地方品种。20 世纪 70 年代中期，北京油鸡纯种鸡濒于绝种。北京市农业科学院畜牧兽医研究所等单位相继从民间收集油鸡的种鸡，进行了繁殖、提纯、生产性能测定和推广等工作，在大兴榆垡种鸡场进行该品种的保种工作。

【外貌特征】北京油鸡体躯中等。其中，羽毛呈赤褐色（俗称紫红毛）的鸡，体形较小；羽毛呈黄色（俗称素黄色）的鸡，体形略大。出生雏鸡全身披着淡黄色或土黄色绒羽，冠羽、胫羽、髯羽也很明显，体格浑圆。成年鸡羽毛厚密而蓬松，羽毛为黄色或黄褐色。公鸡的羽毛色泽鲜艳光亮，头部高昂，尾羽多呈黑色；母鸡的头尾微翘，胫部略短，体态敦实。其尾羽与主、副翼羽中常夹有黑色或以羽轴为中界的半黑半黄的羽片。

北京油鸡具有冠羽和胫羽，有些个体兼有趾羽，不少个体的颔下或颊部生有髯须，人们常将这"三羽"性状看作是北京油鸡的主要外貌特征。冠型为单冠，冠叶小而薄，在冠叶的前端常形成一个小的"S"状褶曲，冠齿不甚整齐。凡具有髯羽的个体，其肉垂很少或全无，头较小，冠、肉垂、脸、耳叶均呈红色。眼较大。虹彩多呈棕褐色。喙和胫呈黄色，喙的尖部稍微显褐痕。少数个体分生 5 趾。

【生产性能】北京油鸡生长速度缓慢，初生重为 38.4 克，4 周龄重为 220 克，8 周龄重为 549.1 克，12 周龄重为 959.7 克。成年鸡体重，公鸡为 2 049 克，母鸡为 1 730 克。北京油鸡屠体皮肤微黄，紧凑丰满，肌间脂肪分布良好，肉质细腻，肉味鲜美。料肉比 3.5∶1。北京油鸡尤其适合山区散养。成年公、母鸡半净膛屠宰率分别为 83.5%、70.7%；全净膛屠宰率分别为 76.6%、64.6%。

北京油鸡性成熟较晚。母鸡 210 日龄开产，年产蛋为 110～125 枚，平均蛋重为 56 克，蛋壳厚度 0.325 毫米，蛋壳褐色，个别呈淡紫色，蛋形指数为 1.32。公、母配种比例为 1：（8～10），种蛋受精率为 95%，受精蛋孵化率为 90%。部分个体有抱窝性。雏鸡成活率高，2 月龄的成活率可达 97%。

6. 庄河鸡

【产地与分布】庄河鸡主产于辽宁省庄河市，分布于东沟、凤城、金县、新金、复县等地。因该鸡体躯硕大，腿高粗壮，结实有力，又名大骨鸡。目前饲养量达 450 万只以上，并被推广到吉林、黑龙江、山东、河南、河北、内蒙古等省和自治区。

【外貌特征】庄河鸡属蛋肉兼用型品种。庄河鸡体躯高大，胸深且广，背宽而长，腿高粗壮，腹部丰满，敦实有力，以体大、蛋大、口味鲜美著称。觅食力强。公鸡羽毛棕红色，尾羽黑色并带金属光泽。母鸡多呈麻黄色，头颈粗壮，眼大明亮，单冠、冠、耳叶、肉垂均呈红色。喙、胫、趾均呈黄色。

【生产性能】庄河鸡的产肉性能见表 2-4。

表 2-4　庄河鸡的产肉性能

性别	初生重/克	90 日龄重/克	120 日龄重/克	150 日龄重/克	全净膛屠宰率/%
公	42.4	1 039.5	1 478.0	1 771.0	70～75
母	42.4	881.0	1 202.0	1 415.0	

庄河鸡成年公鸡体重 2.9～3.75 千克，母鸡 2.3 千克。开产日龄平均为 213 天，年平均产蛋 164 枚左右，高的可达 180 枚以上。蛋大是庄河鸡的一个突出优点，蛋重为 62～64 克，有的可达 70 克以上。蛋壳深褐色，壳厚而坚实，破损率低。蛋形指数 1.35。公、母配种比例一般为 1：（8～10），种蛋受精率约为 90%，受精蛋孵化率为 80%，就巢率为 5%～10%，就巢持续期为 20～30 天，60 日龄育雏率达 85% 以上。

7. 卢氏鸡

【产地与分布】卢氏鸡主产于河南省卢氏县境内。2001 年，该产品被列入河南省畜禽品种资源保护名录，且所产的绿壳蛋蛋清浓，蛋黄呈橘红色，经检测具有"三高一低"的特点：高锌、高碘、高硒、低胆固醇，被誉为"鸡蛋中的人参"。2006年5月成为受国家原产地保护的地理标志产品。2006年12月获河南省无公害农产品产地认证，2007年6月获河南省无公害农产品认证。目前，该产品又被国家市场监督管理总局认证为有机食品。

【外貌特征】卢氏鸡属小型蛋肉兼用型鸡种，体形结实紧凑，后躯发育良好，羽毛紧贴，颈细长，背平直，翅紧贴，尾翘起，腿较长，冠型以单冠居多，少数凤冠。喙以青色为主，黄色及粉色较少。胫多为青色。公鸡羽色以红黑色为主，占80%，其次是白色及黄色。母鸡以麻色为多，占52%，分为黄麻色、黑麻色和红麻色，其次是白鸡和黑鸡。

【生产性能】卢氏鸡成年公鸡体重1 700克，母鸡1 110克。180日龄屠宰率：半净膛79.7%，全净膛75.0%。开产日龄170天，年产蛋110~150枚，平均蛋重47克，蛋壳呈红褐色和青色，红褐色占96.4%。

8. 正阳三黄鸡

【产地与分布】正阳三黄鸡分布在河南省驻马店市正阳、汝南、确山三县交界一带。具有许多稳定遗传的有利经济性状，是培育和创造我国新鸡种的宝贵基因库，有重要的保存利用及科学研究价值。三黄鸡由于在正阳县分布广、数量多、品质好，被《河南省地方优良畜禽品种志》定名为正阳三黄鸡。

【外貌特征】正阳三黄鸡因具有嘴黄、毛黄、爪黄"三黄"特征而得名。

【生产性能】正阳三黄鸡具有生长快、产蛋多、耐粗饲、适应性广、抗病能力强、肉质鲜美等特点。一般情况下，母鸡150日龄体重可达1.75千克，公鸡可达2千克，母鸡年产蛋180~220枚，而且所产鸡蛋都是红壳。

正阳三黄鸡的肉、蛋不仅味道好，还具有补气、养血、利尿的功能，素有三黄药鸡、中华名贵鸡种之称，系我国稀少的特优型地方良种鸡之一。

9. 汶上芦花鸡

【产地与分布】汶上芦花鸡主要分布于山东省汶上县及附近地区。

【外貌特征】该品种体表羽毛呈黑白相间的横斑羽，群众俗称"芦花鸡"。体形一致，呈"元宝"状。横斑羽，全身大部分羽毛呈黑白相间、宽窄一致的斑纹状。母鸡头部和颈羽边缘镶嵌橘红色或土黄色羽，羽毛紧密。公鸡颈羽和鞍羽多呈红色，尾羽呈黑色带有绿色光泽。单冠最多，双重冠、玫瑰冠、豌豆冠和草莓冠较少。喙基部为黑色，边缘及尖端呈白色。虹彩橘红色。胫色以白色为主。爪部颜色以白色最多。皮肤白色。

【生产性能】汶上芦花鸡成年鸡体重公鸡为 1.4 千克±0.13 千克，母鸡为 1.26 千克±0.18 千克。6 月龄屠宰率测定：公鸡半净膛为 81.2%，母鸡为 80%；公鸡全净膛为 71.2%，母鸡为 68.9%。开产日龄 150～180 天。年产蛋 130～150 枚，较好的饲养条件下产蛋 180～200 枚，高的可达 250 枚以上。平均蛋重为 45 克，蛋壳颜色多为粉红色，少数为白色。蛋形指数 1.32。

10. 茶花鸡

【产地与分布】茶花鸡原产于云南省西部、西南部、南部和东南部。因其啼叫声似当地语音"茶花两朵"而得"茶花鸡"名。

【外貌特征】茶花鸡体形矮小，羽毛紧贴，肌肉结实，骨骼细致，体躯匀称，近似船形，性情活泼，机灵胆小，好斗性强，能飞善跑。该鸡头部清秀。冠大多呈红色单冠，少数呈豆冠和羽冠。喙黑色，少数黑色中带黄色。眼大有神。虹彩黄色居多，也有褐色和灰色。肉垂红色。皮肤白色者多，少数浅黄色。胫趾黑色，少数黑色带黄色。公鸡羽毛除主翼羽、尾羽、镰羽为黑色或黑色镶边外，其余全身红色，梳羽与蓑羽有鲜艳光泽。母鸡除翼羽、尾羽多数是黑色外，全身是麻褐色，翼羽比一般家鸡略微下垂。

【生产性能】茶花鸡成年公鸡体重 1.2~1.5 千克，母鸡体重 1.0~1.2 千克。一般年产蛋量为 100 枚左右，平均蛋重 38.2 克，蛋壳深褐色。蛋形指数 1.35。蛋的组成，蛋白占 51.1%，蛋黄占 37.6%，蛋壳占 11.3%，说明茶花鸡蛋黄大，蛋壳较厚重。公、母配种比例为 1∶15，种蛋受精率可达 90% 左右。供种单位为西双版纳州畜牧兽医站。

11. 吐鲁番鸡

【产地与分布】吐鲁番鸡分布于新疆吐鲁番、鄯善、托克逊一带。

【外貌特征】吐鲁番鸡属斗鸡型，毛色较杂，有黑、浅麻、栗褐色三种毛色。体大、魁梧、健壮，羽毛丰满、光泽而美丽。头顶宽平而长。喙短弯曲粗壮，强劲有力。冠为复冠，矮小，冠色为深红色。耳垂、肉髯红色。胸部带有黑色或混有红色的羽毛，尾羽短，公鸡镰羽高翘，尾羽大多数为黑色并带有青绿色光泽。胫长而直，呈肉色，胫部外侧有羽毛。

【生产性能】吐鲁番鸡初生重为 39 克，成年鸡体重公鸡为 4~4.5 千克，母鸡为 3~3.5 千克。公鸡全净膛屠宰率为 65%~70%。210~270 天开产，年产蛋 60~80 枚，平均蛋重 65 克，最高达 85 克。蛋壳多为浅棕色。

12. 静宁鸡

【产地与分布】静宁鸡主产地在静宁、庄浪两县，毗邻的其他县市亦有分布。

【外貌特征】静宁鸡体呈长方形，近似卵肉兼用型鸡的体型。公鸡头颈高举，尾羽耸立，胸部发达，背宽而长，足粗壮有力，鸡冠大而鲜红，多为核桃冠，少数为单冠；肉髯及耳叶大，呈鲜红色；毛色以红棕色及酱红色为主，主翼羽、主尾羽为黑色，闪闪发光，瑶羽发达，外观美丽；喙、趾呈青灰色，皮肤为白色。母鸡头小清秀，冠型多为核桃冠，少数为单冠（5~9个冠峰）；冠、肉垂、耳叶为鲜红色；嘴、足、趾呈青灰色，皮肤为白色。毛色以黄色为主（占60%），麻色次之（占25%），黑色及其他色甚少。

【生产性能】静宁鸡母鸡年产蛋量平均为117枚，最高可达218枚，平均蛋重51.6克。产肉性能较好，公鸡6月龄体重1.43千克，半净膛（去血、毛、肠、胰、肝、嗉囊）屠宰率为75%，全净膛（只留肾、肺）屠宰率为68.7%；母鸡9月龄平均体重可达1.51千克，半净膛屠宰率74.6%，全净膛屠宰率69.1%。具有较好的产蛋、产肉性能和良好的适应性，肉质鲜嫩，鸡汁鲜美，口感上乘，风味独特，具有良好的地方特色。

13. 鹿苑鸡

【产地与分布】鹿苑鸡原产于江苏省张家港。属肉、蛋兼用型鸡。

【外貌特征】鹿苑鸡体形大，胸部较宽深，羽毛紧贴全身，两腿间距较宽。小单冠，红耳叶。喙、脚和皮肤均为黄色。羽色以黄色为主。公鸡颈羽红色，尾羽黑色，母鸡草黄色。

【生产性能】鹿苑鸡成年公鸡体重3千克，母鸡体重2.3~2.7千克。开产日龄180天，年产蛋140~150枚，平均蛋重55克，蛋壳褐色。

14. 峨眉黑鸡

【产地与分布】峨眉黑鸡原产于四川峨眉山、乐山、峨边三地沿大渡河的丘陵山区。峨眉黑鸡属蛋肉兼用型。

【外貌特征】峨眉黑鸡体形较大，体态浑圆。全身羽毛黑色，有金属光泽。大多呈红色单冠，少数有红色豆冠或紫色单冠或豆冠。喙、胫黑色，皮肤白色，偶有乌皮。公鸡梳羽和镰羽发达。

【生产性能】峨眉黑鸡成年公鸡体重3千克，母鸡体重2.2千克。开产日龄210天，平均年产蛋120枚，平均蛋重54克，蛋壳褐色。

15. 文昌鸡　文昌鸡最早出自文昌市潭牛镇天赐村，此村多长榕树，树籽富含营养，鸡啄食，体质极佳。文昌鸡的特点是个体不大，重约1.5千克，毛色鲜艳，翅短脚矮，身圆股平，皮薄滑爽，肉质肥美。

（三）蛋用型鸡

1. 仙居鸡

【产地与分布】仙居鸡又名梅林鸡，原产地为浙江省台州地区，仙居县是重点产区，在其邻近的临海、天台、黄岩等地亦有分布。仙居鸡是我国优良的小型蛋用鸡种。

【外貌特征】仙居鸡的头部大小适中，面部清秀。单冠，冠峰平均为6个。肉垂为中等大，较薄；耳叶为椭圆形。均为鲜红色。眼睛的虹彩多为橘黄色，也有灰黑色、金黄色或褐色者。公鸡的冠直立，高3~4厘米；母鸡的冠较矮，约为2厘米。

仙居鸡的体形结构紧凑，全身羽毛紧贴体躯，背部平直。公鸡的羽毛为黄红色，梳羽与蓑羽颜色较浅，且有光泽，主翼羽为红夹黑色，镰羽和尾羽均为黑色。母鸡的羽色以黄色为主，颈羽的颜色较深，主翼羽的羽片为半黄半黑色，尾羽为黑色。皮肤为白色或浅黄色。胫、趾以黄色为主。近几年来，青色胫、趾与胫部有小羽者已经少见，但胫骨的粗、细仍有差异。

仙居鸡的体形轻小，体态匀称，骨骼纤细，具有蛋用型鸡的典型特征。该鸡善飞好动，反应敏捷，胆小易惊，也符合蛋用型鸡种的特点。

【生产性能】在较好的饲养管理条件下，仙居鸡的开产日龄为150天左右。而在农家散养条件下，则需约180天才能开产。

与其他品种相比，该鸡是较早成熟的地方品种之一。

母鸡开产日龄为180天，年产蛋量为160~180枚，高者可达200枚以上，蛋重为42克左右，壳色以浅褐色为主，蛋形指数1.36。蛋黄的颜色，在初期较黄，但后期变为浅黄色。配种能力强，公、母配种比例为1∶（16~20）。受精率可达到94.3%，受精蛋的孵化率为83.5%。

仙居鸡属蛋用型鸡种，但其生长速度与鸡肉的品质也很好。公、母鸡初生重分别为32.7克和31.6克。180日龄公鸡体重为1.256千克，母鸡为0.953千克。3月龄公鸡半净膛屠宰率为81.5%，全净膛屠宰率为70.0%；6月龄公鸡半净膛屠宰率为82.7%，全净膛屠宰率为71%；6月龄母鸡半净膛屠宰率为82.96%，全净膛屠宰率为72.2%。供种单位有中国农业科学院家禽研究所地方鸡种开发中心、浙江仙居鸡种鸡场以及浙江余姚市神农畜禽有限公司。

2. 白耳黄鸡

【产地与分布】白耳黄鸡又称白银耳鸡，是江西上饶地区的白耳鸡和浙江江山白耳鸡的统称。主产区为江西省的广丰、上饶和玉山县，以及浙江省的江山市。该鸡种因其全身黄羽和银白色的耳叶而得名，是我国珍稀的白耳鸡种。

【外貌特征】白耳黄鸡初生雏的绒羽以黄色为主。白耳黄鸡的头部适中，眼大有神。单冠直立，公鸡的冠峰为4~6个，母鸡的冠齿为6~7个。公鸡的肉垂薄而长，母鸡的肉垂较短，且均为红色。眼睛明亮，公鸡的虹彩为金黄色，母鸡的虹彩为橘红色。公鸡的喙较弯，呈黄色或灰黄色；母鸡的喙为黄色，有时在端部为褐色。头部羽毛很短。其突出的特点是耳叶较大，呈银白色。

白耳黄鸡的体形矮小，体重较轻，羽毛紧密；全身羽毛呈黄色。公鸡体躯似船形，母鸡体躯呈三角形。后躯均较发达，属蛋用鸡种的体形。白耳黄鸡的皮肤与胫部均为黄色，无胫羽。公鸡的梳羽为深红色，小镰羽为橘红色，大镰羽不发达，呈黑色带绿色光泽。母鸡全身羽毛均为较淡的黄色，但在主翼羽与尾羽中有黑色羽毛。

【生产性能】白耳黄鸡的产蛋性能很好。平均开产日龄为151.75天，年平均产蛋180枚。平均蛋重54.23克，蛋壳厚度为0.34~0.38毫米；蛋形指数为1.35~1.38；蛋的哈氏单位为88.3，蛋壳为深褐色。在地方鸡种中，属于蛋重较大的鸡种。种鸡群的公、母配种比例为1：（10~15），种蛋的受精率为92%，受精蛋的孵化率为94%。

白耳黄鸡的产肉性能也较好。150日龄公鸡平均体重1.265千克，母鸡1.02千克，成年鸡半净膛屠宰率公鸡为83.3%，母鸡为85.3%；全净膛屠宰率公鸡为76.7%，母鸡为69.7%。供种单位有中国农业科学院家禽研究所、江西省上饶市广丰区白耳黄鸡原种场。

3. 绿壳蛋鸡　绿壳蛋是有遗传基因决定的。从营养上绿壳蛋和普通白壳蛋、褐壳蛋无区别，但是由于市场上比较少见，且鸡的生产性能低，所以价格较高。生产中有多个品种，见表2-5。

表2-5　绿壳蛋鸡品种

名称	特性
东乡黑羽绿壳蛋鸡	体形较小，产蛋性能较高，适应性强，羽毛全黑、乌皮、乌骨、乌肉、乌内脏，喙、趾均为黑色。该品种抱窝性较强，因而产蛋率较低
三凰绿壳蛋鸡	三凰绿壳蛋鸡有黄羽、黑羽两个品系。单冠、黄喙、黄腿、耳叶红色
新杨绿壳蛋鸡	商品代母鸡羽毛白色，但多数鸡身上带有黑斑；单冠、冠、耳叶多数为红色，少数黑色；60%左右的母鸡青脚、青喙，其余为黄脚、黄喙
昌系绿壳蛋鸡	体形矮小，羽毛紧凑，未经选育的鸡群毛色杂乱，大致可分为白羽型、黑羽型、麻羽型和黄羽型四种类型

二、土鸡的杂交利用

目前饲养的土鸡一般有两种，一种是纯种，一种是杂交品种。

（一）纯种繁育

用同一品种内的公、母鸡进行配种繁殖，这种方式能保持一个品种的优良性状，有目的地进行系统选育，能不断提高该品种的生产能力和育种价值，所以，无论在种鸡场还是商品生产场都被广泛采用。但要注意，采用本品种繁育，容易出现近亲繁殖的缺点，尤其是规模小的养鸡场，鸡群数量小，很难避免近亲繁殖，而引起后代的生活力和生产性能降低，体质变弱，发病率、死亡率增多，种蛋受精率、孵化率、产蛋率、蛋重和体重都会下降。为了避免近亲繁殖，必须进行血缘更新，即每隔几年应从外地引进体质强健、生产性能优的同品种种公鸡进行配种。

（二）杂交繁育

不同品种间的公、母鸡交配称为杂交。由两个或两个以上的品种杂交所获得的后代，具有亲代品种的某些特征和性能，丰富和扩大了遗传物质基础和变异性，因此，杂交是改良现有品种和培育新品种的重要方法。由于杂交一代常常表现出生命力强、成活率高、生长发育快、产蛋产肉多、饲料报酬高、适应性和抗病力强的特点，所以在生产中利用杂交生产出的具有杂种优势的后代，作为商品鸡是经济而有效的。

1. 杂交亲本的选择 土鸡的杂交以有特殊性状的品系选育为基础，确定父系和母系两个选育方向，再用父系公鸡和母系母鸡杂交生产 F_1 代土鸡。土鸡亲本选择应从以下三个方面进行：

（1）具有特殊性状的品系选育：特殊性状是指土鸡的标志性状，例如羽色、胫色、冠形和肤色等性状。芦花羽系：选择芦花羽的公鸡和母鸡建立核心群，淘汰杂种芦花公鸡，选育出纯种芦花羽公鸡和母鸡建立芦花羽系；青胫品系：青胫属隐性基因 Id 控制，选择青胫的公鸡和母鸡建立核心群，选育出纯种青胫系。土鸡的标志性状多为质量性状。

（2）父系选择：父系要求体形大、肌肉丰满、有一定的早期生长速度、肉质滑嫩、味道鲜美。羽毛以快羽为佳，羽毛丰满有光泽，羽色杂。鸡冠发育较早，鸡冠鲜红。胫以青色为佳。父系公鸡与母鸡杂交 F_1 代土鸡外貌符合土鸡的特征，生产性能符合土鸡的生产性能指标。

（3）母系选择：母系要求体形中等、有一定的载肉量、肉质鲜嫩、骨细、皮脆味鲜、产蛋率高、蛋重较大，适合于各种饲养方式。属快羽型，羽毛紧贴体躯，羽色多样（每个羽色品系羽色相同）。性成熟早，鸡冠发达，鸡冠的颜色以鲜红为主，也可以为乌冠。胫、喙以青色、黑色为佳，黄色少，其他胫色均可。与父系公鸡杂交 F_1 代土鸡外貌和生产性能符合土鸡的外貌特征和生产性能指标。

2. 杂交利用模式 土鸡选育的目的就是通过品系间、品种间或品系与品种间杂交配套生产出符合市场需求的商品土鸡。亲本品系、品种选择确定后，品系、品种间杂交，进行配合力测定，选出最佳杂交配套模式用于生产商品土鸡。杂交利用模式的主要方式如下。

（1）品种间、品系间或两品系间杂交配套：这种杂交利用模式实际上是二元杂交和级进杂交。例如：

固始鸡（♂）×仙居黄胫鸡（♀）

↓

商品 F_1 代

F_1 代公雏黄胫，母雏青胫。黄羽，单冠，体形适中。公鸡适宜于喜食公鸡和黄胫鸡的消费者，而母鸡适宜于喜食青胫母鸡的消费者。

三黄鸡（♂）×南阳黑色鸡（♀）

↓

商品 F_1 代

三黄鸡公鸡与南阳黑色母鸡杂交配套生产的 F_1 代土鸡羽色有黄色、红色、灰色和麻色等。胫色以黄色为主，有黑胫黄脚、黑胫黑脚等特征。

澳洲黑（♂）×固始黑羽鸡（♀）

↓

澳洲黑（♂）×F_1 代（♀）

↓

商品 F_2 代

澳洲黑公鸡与固始黑羽母鸡级进杂交生产的 F_1 代土鸡有黑羽、麻羽和少量灰羽、咖啡色羽。F_2 代土鸡生长速度快。这种杂交利用模式速度快、见效快、成本低，大约 1 年时间可杂交配套生产出 F_1 代土鸡。

（2）三系杂交配套：采用三个品系或三个地方品种、三个品系或品种之间等杂交配套生产 F_2 代土鸡。例如：

黄羽系（♂）×黑羽系（♀）

↓

麻羽系（♂）×F_1 代（♀）

↓

商品 F_2 代

这样杂交配套生产的 F_2 代商品土鸡含有两个以上地方品种或品系的血缘，羽色、胫色混杂，生长速度快，鸡群整齐度稍差，适合于需求杂羽色和杂色胫的消费者。

（3）杂交选育：采用以上两种杂交利用模式快速生产开发利用的同时，为了长远的利益，杂交选育自己的配套品系是很有必要的。这种方式是采用品种间、品系间或品种与品系间杂交产生的后代闭锁繁育，再经过 3~10 年培育出纯系和杂交配套品系的一种方法。这种方法耗时、成本高、见效慢，育种实践中应用较少。例如：

黄羽（♂）×隐性白羽白洛克（♀）

↓

F_1 代（♂、♀）

F_1 代公鸡与母鸡横交固定，逐步建立黄羽纯系鸡种，淘汰每代出现的隐性白羽鸡。再用地方品种的公鸡与新培系的黄羽纯系母鸡杂交配套生产 F_2 代供应市场。这种方式有利于在杂交配套生产土鸡的同时培育纯系，为育种企业长期发展奠定基础。

三、土鸡的品种选择

（一）市场需求和市场价格

随着经济的发展，人们生活水平不断提高，沿海发达地区和大中城市的消费者越来越喜爱土鸡，因为土鸡口味好，加上健康的养殖方式，产品更加绿色。土鸡成年后公鸡出售，母鸡留作产蛋用，生产的蛋口味好、品质高，但产蛋量低、蛋品数量少，市场价格高。不同地区由于消费习惯不同，对土鸡外貌特征有不同要求，如南方市场喜欢混杂的土鸡，而河南市场喜欢固始鸡、卢氏鸡等地方纯种鸡，有的地方喜欢清远麻鸡等，所以选择品种时要考虑销售地区和消费对象的需求，选择他们喜爱的羽色和皮肤颜色的品种。

绿色健康食品是目前消费的主流。在散养鸡的养殖中应当遵循这一特点，着重选择那些能够提供优质产品的品种，符合市场的需求。例如，在蛋鸡的养殖中可选择蛋品质量好的品种，如绿壳蛋鸡（其鸡蛋含有丰富的微量元素，并且胆固醇含量低）、卢氏鸡（经检测具有"三高一低"，即高锌、高碘、高硒、低胆固醇，被誉为"鸡蛋中的人参"）；在肉鸡的饲养中可以选择屠体美观和肉质鲜嫩的鸡种，如霞烟鸡、庄河鸡等品种。

（二）土鸡的生产性能

土鸡品种类型众多，通常未经系统的选育，并且各地的生态环境和养殖方式也不尽相同。因此，不仅不同品种间生产性能差异较大，而且群体内不同个体间生产性能也很不一致。由于土鸡未经系统选育提纯，人们重开发、轻选育，真正能够开展土鸡选育的种鸡场很少。市场上种鸡来源混杂，群体整齐度较差，羽色、体貌、生产性能和体重大小不够整齐。因此，在选择品种时应注意选择体形外貌一致、生产性能较好的品种，否则会对生产造成不利影响。土鸡的体重、体形大小要适中。散养鸡的选择应当以中、小型鸡为主，选择那些体重偏轻、体躯结构紧凑、体质结实、个体小而活泼好动、对环境适应能力强的品种。对于大型鸡种来说，体躯硕大、肥胖，行动笨拙，不适于山林、果园等野外散养。

（三）适应能力

散养鸡散养阶段是在野外，外界环境条件不稳定，如温度、气流、光照等变化大，还会遭受雷鸣闪电、大风大雨、野兽或其他动物侵袭等一些意想不到的刺激，应激因素很多，再加之管理相对粗放，所以散养的鸡必须具有较强抵抗力和适应能力，否则在散养时就可能出现较多的伤亡或严重影响生产性能的发挥；散养的优点在于能够改善产品品质和节约饲料资源。野外可采食的物质包括青草和昆虫等。这些物质作为饲料资源，一方面可以减少全价饲料的使用，节约资金；另一方面这些物质所含的成分能够改善鸡产品的品质，如提高蛋黄颜色和降低产品中胆固醇含量。要充分利用这些饲料资源，鸡只必须活泼好动，觅食能力强。同时，野生的饲料资源中含有较多的植物饲料，粗纤维含量高，散养鸡还应具有较强的消化能力，提高粗纤维的消化利用率。

（四）散养地条件

散养地的种类多种多样，如林地散养、园地散养、草地散养、大田散养、山地散养等，散养地不同，散养条件也有差异，会影响散养鸡的品种选择。果园、林地或山地散养要求选择腿细长，奔跑能力、觅食力和抗病力强，肉质好的小体形鸡（最大能长到0.5~1.5千克）。这种鸡觅食活动范围能达到几百米远，身体灵活，能逃避敌害生物，尽管生长慢一些，但因为成活率高，市场售价高，饲养收入要大于其他鸡种。而要圈养，可以选择利用杂交方式选育的一些黑羽红冠带有土鸡特点的品种鸡（这些鸡的生长速度相对比较快、体重比较大，但觅食能力和活动能力差，仅适合集中饲喂条件下的圈养）。

第三章 土鸡的营养需要及日粮配制

　　果园林地散养土鸡，可以利用一些天然的饲料资源，但为了保证鸡充分发挥生产潜力和获得较好效益，也要人工补充饲喂。补充饲喂应使用全价饲料，选择优质饲料原料，科学设计配方，注意广开饲料资源途径，提高产品质量和降低生产成本。

第一节 土鸡的营养需要

一、土鸡需要的营养物质

　　土鸡的生长、繁殖和生产等生理活动离不开营养物质，营养物质来源于饲粮。饲粮中包含有鸡需要的 40 多种营养素，其中主要有水、能量、蛋白质和必需氨基酸、维生素、矿物质等。

（一）水

　　水是土鸡体内一切细胞和组织的组成成分（鸡体内含水量在 50%~60%）。水广泛分布于各器官、组织和体液中。水参与体内物质运输（体内各种营养物质的消化、吸收、转运和大多数代谢废物的排泄，都必须依靠水）、参与生物化学反应（在动物体内的许多生物化学反应都必须有水的参与，如水解、水合、氧化还原，有机物的合成和所有聚合和解聚都伴有水的结合或释放）、参与体温调节（动物体内新陈代谢过程中所产生的热，被吸收后通过体液交换和血液循环，经皮肤中的汗腺和肺部散发出来）。

土鸡和其他动物一样失去所有的脂肪和一半蛋白质仍能存活，但失去体内 1/10 水分则多数会死亡（雏鸡含水 85%、成年鸡含水 55%）。鸡所需要的水分 6% 来自饲料，19% 来自代谢水，其余的 75% 则靠饮水获得，所以水是鸡体必需的营养物质。如果饮水不足，饲料消化率和鸡的生长速度就会下降，严重时会影响健康，甚至引起死亡。高温环境下缺水，后果更为严重。因此，必须供给充足、清洁的饮水。

（二）能量

土鸡的生存、生长和生产等一切生命活动都离不开能量。能量不足或过多，都会影响鸡的生产性能和健康状况。饲料中的有机物——蛋白质、脂肪和碳水化合物都含有能量，但主要来源于饲料中的碳水化合物、脂肪。

脂肪所含能量较高，是碳水化合物、蛋白质的 2.25 倍，生产中为了获得较高的能量饲料，需要在饲料中加入油脂。蛋白质饲料价格昂贵，要避免用蛋白质作为能量来源。虽然脂肪的能量高，但饲料中能量的主要来源还是碳水化合物，因为碳水化合物在各种饲料原料中含量最高，通常占到饲料干物质的 1/3。饲料中的碳水化合物包括无氮浸出物和粗纤维两类。土鸡对粗纤维的利用率很低，土鸡饲料中粗纤维含量要控制在 3%~5%。无氮浸出物容易被鸡消化吸收。脂肪不仅能够提供能量，而且是构成细胞膜的重要物质，还参与体内脂溶性维生素的吸收与转运。在体内，脂肪酸可以由淀粉转化而来，合成脂肪。但是亚油酸不能在鸡体内合成，玉米和豆粕中亚油酸含量丰富，一般也不会缺乏。

饲料中各种营养物质的热能总值称为饲料总能。饲料总能减去粪能为消化能，消化能减去尿能和产生气体的能量后便是代谢能。在一般情况下，由于鸡的粪尿排出时混在一起，因而生产中只能去测定饲料的代谢能而不能直接测定其消化能，因此，鸡饲料中的能量都以代谢能（ME）来表示，其表示方法是兆焦/千克或千焦/千克。能量在鸡体内的转化过程见图3-1。

图3-1　能量在鸡体内的转化过程

影响能量需要的主要因素有：一是体重大小，体重大，增重速度快，需要的能量多；反之，体重小，增重慢，需要的能量少。如果按单位体重来计算能量需要，体重小的鸡所需的能量大于体重大的鸡所需的能量。二是产蛋率和蛋重，产蛋率高和蛋重大，需要的能量多。三是饲养方式，放牧饲养比舍饲需要的能量多，平养比笼养需要的能量多。四是环境温度，环境温度与采食量有关，28日龄以后土鸡的最佳生长温度是20~25℃，超过25℃时，饲料中能量应相应提高，以满足气温高影响采食量导致的能量摄入不足；环境温度低于20℃，饲料中的能量浓度可适当降低。对于种鸡来说，适宜的产蛋温度是12~30℃，适宜的生长期温度是18℃以上，42日龄以后可控制在12℃以上。

（三）蛋白质

蛋白质是构成生物有机体的主要物质。土鸡的肌肉、血液、羽毛、皮肤、神经、内脏器官、酶、抗体等主要由蛋白质构成。另外，鸡肉和鸡蛋的主要成分也是蛋白质。蛋白质是由20种氨基酸组合而成的，氨基酸分为必需氨基酸和非必需氨基酸两类。对于土鸡来说，赖氨酸、蛋氨酸、异亮氨酸、亮氨酸、色氨酸、组氨酸、苯丙氨酸、缬氨酸、苏氨酸、精氨酸和谷氨酸为必需氨基酸，它们在土鸡体内不能合成，必须由饲料供给。目前用到的氨基酸添加剂主要为蛋氨酸和赖氨酸。非必需氨基酸可在鸡体内合成或由其他氨基酸转化而来，只要满足总蛋白质需求，就不会缺乏。

土鸡以植物性饲料为主配合饲粮时，最易缺乏的氨基酸为蛋氨酸、赖氨酸和色氨酸，配合时要注意合理搭配饲料原料，饲料多样化可以使氨基酸得到补充。适当添加动物性饲料（鱼粉、肉骨粉等），必要时添加氨基酸添加剂，可以提高饲料的利用率。氨基酸缺乏时，雏鸡表现为体重小、生长缓慢、羽毛生长不良；成鸡表现为性成熟推迟、产蛋小、无产蛋高峰以及易发生啄癖。

（四）矿物质

矿物质是构成骨骼、蛋壳、羽毛、血液等不可缺少的成分，对土鸡的生长发育、生理功能及繁殖系统具有重要作用。土鸡需要的矿物质元素有钙、磷、钠、钾、氯、镁、硫、铁、铜、钴、碘、锰、锌、硒等，其中前7种是常量元素（占体重0.01%以上），后7种是微量元素。饲料中矿物质元素含量过多或缺乏都可能产生不良的后果，如钙、磷的缺乏或不平衡可以引起雏鸡易患佝偻病，成鸡骨质松软易折断，产蛋鸡出现软壳蛋、无壳蛋、蛋壳薄及蛋易破碎等；钠和氯缺乏可导致消化不良、食欲减退、啄肛啄羽等；钾缺乏时肌肉弹性和收缩力降低，肠道膨胀，热应激时，易发生低钾血症等；铁、铜缺乏导致鸡贫血、四肢软弱无力、跛腿、瘫痪、生长缓慢、产蛋率下降、孵化过程中胚胎死亡数增加等。主要矿物元素的种类及作用见表3-1。

表 3-1 主要矿物元素的种类及作用

种类	主要功能	缺乏症状	备注
钙	钙是骨骼和蛋壳的重要组成成分，促进血液凝固，维持神经、肌肉正常功能和细胞渗透压	缺钙时，雏鸡易患佝偻病；成鸡骨质松软易折断；产蛋鸡出现软壳蛋和无壳蛋，蛋壳薄、易破碎（土鸡产蛋期饲料中钙含量达到3%~3.5%才能维持正常的蛋壳品质）	钙在一般谷物、糠麸中含量很少，在贝粉、石粉、骨粉等中含量丰富；钙和磷比例应适当，生长鸡日粮的钙、磷比例为（1~1.5）:1；产蛋土鸡为（4~5）:1
磷	磷是骨骼和卵黄卵磷脂的组成部分，参与许多辅酶的合成，是血液缓冲物质	缺磷时，鸡食欲减退，消瘦，雏鸡易患佝偻病，成鸡骨质疏松、瘫痪	来源于矿物质饲料、糠麸、饼粕类和鱼粉。鸡对植酸磷利用能力较低，为30%~50%，对无机磷利用能力高达100%
钠、钾、氯	三者对维持鸡体内酸碱平衡、细胞渗透压和调节体温起重要作用。它还能改善饲料的适口性。食盐是钠、氯的主要来源	缺乏钠、氯，可导致消化不良、食欲减退、啄肛啄羽等；缺钾时，肌肉弹性和收缩力降低，肠道膨胀，热应激时易发生低钾血症（土鸡饲粮中食盐的添加量为0.2%~0.4%）	食盐摄入量过多，轻者饮水量多，便稀，重者导致中毒甚至死亡，如长期喂高盐饲料（超过2%）会引起中毒。动物饲料中钠含量丰富；植物饲料中钾含量较多。饮水中加入1%~2%的食盐，连用1~2天，可以防治鸡的啄癖症
镁	镁是构成骨质必需的元素，它与钙、磷和碳水化合物的代谢有密切关系	镁缺乏时，鸡神经过敏，易惊厥，出现神经性震颤，呼吸困难。雏鸡生长发育不良。产蛋鸡产蛋率下降	青绿饲料、糠麸和油饼粕类中含量丰富；过多会扰乱钙、磷平衡，导致下痢

续表

种类	主要功能	缺乏症状	备注
硫	硫是蛋白质中不可缺少的无机元素，存在于蛋氨酸、胱氨酸、半胱氨酸中，同时参与某些维生素（维生素 B_{12}、生物素）和碳水化合物的代谢	缺硫时，表现为食欲降低，体弱脱羽，多泪，生长缓慢，产蛋减少（羽毛中含硫2%）	日粮中蛋白质含量充足时，鸡一般不会缺硫。日粮中以硫酸钠、硫酸锌、硫酸镁的形式添加。添加量的多少以饲料含量来定，此外可按说明书进行使用
锰	锰作为磷酸酶、焦磷酸酶、ATP 酶的主要成分，在糖代谢和蛋白质代谢中起一定的作用。锰还与钙、磷代谢有关，并保持神经、肌肉及器官的正常功能	雏鸡缺锰时，骨骼发育不正常，患滑腱症，表现为跛行，生长受阻、体重下降，种鸡体重减轻、蛋壳变薄、孵化率降低	摄入量过多，会影响钙、磷的利用率，引起贫血；青饲料、糠麸中富含氧化锰、硫酸锰；饲料中要求锰的含量为 400~600 毫克/千克
铁、铜	铁是构成血红蛋白、肌红蛋白、细胞色素和多种氧化酶的重要无机元素，与机体内输送氧有关 铜参与血红蛋白的合成、造血过程、色素形成、骨骼的生长及某些氧化酶的合成和激活	日粮中铜不足时影响铁吸收，影响钙和磷的正常代谢，鸡表现为贫血、四肢软弱无力、跛腿、瘫痪、生长缓慢、产蛋率下降、孵化过程中胚胎死亡数增加。	铁、铜、钴参与血红蛋白形成和体内代谢，并在体内起协同作用，缺一不可，否则就会产生营养性贫血。铁在机体内的一些功能都需要铜的存在方可完成。铜在体内的作用与铁、钙、磷均有一定的关系。铁、铜、钴来源于硫酸亚铁、硫酸铜和钴胺素、氯化钴。日粮中的铜超过 350 毫克/千克，则会引起中毒
钴	钴是维生素 B_{12} 的组成部分，是合成维生素 B_{12} 不可缺少的元素，参与碳水化合物和蛋白质的代谢	饲料中缺钴时，会影响铁的代谢，并引起贫血和维生素 B_{12} 缺乏症，土鸡表现为食欲不振、精神萎靡、生长停滞、消瘦	

种类	主要功能	缺乏症状	备注
碘	碘是甲状腺必需的元素，对营养物质代谢起调节作用	缺碘时，会导致鸡甲状腺肿大，代谢功能降低	植物饲料中的碘含量较少，鱼粉、骨粉中含量较高。主要来源是碘化钾、碘化钠及碘酸钙
锌	锌是鸡生长发育必需的元素之一，有促进生长、预防皮肤病的作用	缺锌时，肉鸡食欲减退、生长迟缓，腿软无力	常用饲料中动物性饲料含有较多的锌；可用氧化锌、碳酸锌补充
硒	硒是谷胱甘肽过氧化酶的组成部分，而且影响维生素 E 的利用。硒与维生素 E 相互协调，可减少维生素 E 的用量。能保护细胞膜完整，保护心肌作用	土鸡缺硒时，产生胰纤维化，并使脂肪酶、胰蛋白酶原减少，肌肉萎缩，出现渗出性素质病、心肌损伤、心包积水，雏鸡胸部皮下积水	一般饲料中硒含量及其利用率较低，需额外补充，补充多用亚硒酸钠。硒过量时，雏鸡生长受阻、羽毛蓬松、神经过敏，种鸡性成熟推迟、产蛋减少、孵化率降低、胎位异常

（五）维生素

维生素是一组化学结构不同，营养作用、生理功能各异的低分子有机化合物，存在于各种青绿饲料中。维生素的种类较多，但归纳起来分为两大类：一类是脂溶性维生素，包括维生素 A、维生素 D、维生素 E 及维生素 K；另一类是水溶性维生素，主要包括 B 族维生素和维生素 C。土鸡对其需要量虽然很少，但生物作用很大，主要以辅酶和催化剂的形式广泛参与体内代谢的多种化学作用，从而保证机体组织器官的细胞结构功能正常，调控物质代谢，以维持鸡的健康和各种生产活动。缺乏时，可影响正常的代谢，出现代谢紊乱，危害鸡的健康和正常生产。维生素的种类及功能见表 3-2。

表3-2 维生素的种类及作用

名称	主要功能	缺乏症状	备注
维生素A（1国际单位维生素A=0.6微克胡萝卜素）	维生素A可以维持呼吸道、消化道、生殖道上皮细胞或黏膜的结构完整与健全，促进雏鸡的生长发育和蛋鸡产蛋，增强鸡对环境的适应力和抵抗力	土鸡缺乏维生素A时，易引起上皮组织干燥和角质化，眼角膜上皮变性，发生眼干燥症，严重时造成失明；雏鸡消化不良，羽毛蓬乱、无光泽，生长速度缓慢；母鸡产蛋量和种蛋受精率下降，胚胎死亡率高，孵化率降低等	青绿多汁饲料、黄玉米、鱼肝油、蛋黄、鱼粉中含量丰富；维生素A和胡萝卜素均是不稳定饲料，在加工、调制和贮存过程中易被破坏，而且环境温度愈高，破坏程度愈大
维生素D（国际单位、毫克/千克表示）	维生素D参与钙、磷的代谢，促进肠道钙、磷的吸收，调整钙、磷的吸收比例，促进骨的钙化是形成正常骨骼、喙、爪和蛋壳所必需的。1国际单位维生素D=0.025微克结晶维生素D_3的活性	土鸡缺乏维生素D时，雏鸡生长速度缓慢，羽毛松散，趾爪变软、弯曲，胸骨弯曲，胸部内陷，腿骨变形；成鸡缺乏时，蛋壳变薄，产蛋率、孵化率下降，甚至发生产蛋疲劳症	包括维生素D_2（麦角钙化醇）和维生素D_3（胆钙化醇）等，维生素D_3活性要比维生素D_2高。鱼肝油含有丰富的维生素D_3，日晒的干草维生素D_2含量较多，市场有维生素D_3制剂
维生素E（国际单位、毫克/千克表示）	维生素E是抗氧化剂和代谢调节剂，与硒和胱氨酸有协同作用，对消化道和体组织中的维生素A有保护作用，能促进鸡的生长发育和繁殖率的提高	土鸡缺乏维生素E时，雏鸡发生渗出性质病，形成皮下水肿与血肿、腹水，引起小脑出血、水肿和脑软化；成鸡繁殖功能紊乱，产蛋率和受精率降低，胚胎死亡率高	麦芽、麦胚油、棉籽油、花生油、大豆油中含量丰富，在青饲料、青干草中含量也较多；市场有维生素E制剂。鸡处于逆境时需要量增加

续表

名称	主要功能	缺乏症状	备注
维生素 K	维生素 K 催化合成凝血酶原（具有活性的是维生素 K_1、维生素 K_2 和维生素 K_3）	土鸡缺乏维生素 K 时，皮下出血形成紫斑，而且受伤后血液不易凝固，流血不止以致死亡。雏鸡断喙时常在饲料中补充人工合成的维生素 K	青饲料和鱼粉中含有维生素 K，一般不易缺乏。市场有维生素 K 制剂
维生素 B_1（硫胺素）	维生素 B_1 参与碳水化合物的代谢，维持神经组织和心肌正常功能，有助于提高胃肠的消化功能	土鸡缺乏维生素 B_1 时，易发生多发性神经炎（表现为头向后仰、羽毛蓬乱、运动器官和肌胃肌肉衰弱或变性、两腿无力呈"观星"状等），食欲减退，消化不良，生长缓慢。雏鸡对维生素 B_1 缺乏敏感	维生素 B_1 在糠麸、青饲料、胚芽、草粉、豆类、发酵饲料和酵母粉中含量丰富，在酸性饲料中相当稳定，但遇热、遇碱易被破坏。市场有硫胺素制剂
维生素 B_2（核黄素）	维生素 B_2 构成细胞黄酶辅基，参与碳水化合物和蛋白质的代谢，是鸡体较易缺乏的一种维生素	缺乏维生素 B_2 时，雏鸡生长慢、下痢，足趾弯曲，用跗关节行走；种鸡产蛋率和种蛋孵化率降低；胚胎发育畸形，萎缩、绒毛短，死胚多	维生素 B_2 在青饲料、干草粉、酵母、鱼粉、糠麸和小麦中含量丰富。市场有核黄素制剂
维生素 B_3（泛酸）	维生素 B_3 是辅酶 A 的组成成分，与碳水化合物、脂肪和蛋白质的代谢有关	土鸡缺乏维生素 B_3 时，生长受阻，羽毛粗糙，食欲下降，骨粗短，眼睑黏着，喙和肛门周围有坚硬痂皮。脚爪有炎症，育雏率低；蛋鸡产蛋量减少，孵化率下降	泛酸在酵母、糠麸、小麦中含量丰富。泛酸不稳定，易吸湿，易被酸、碱和热破坏

名称	主要功能	缺乏症状	备注
维生素 B_5（烟酸或尼克酸）	维生素 B_5 是某些酶类的重要成分，与碳水化合物、脂肪和蛋白质的代谢有关	雏鸡缺乏时食欲减退，生长慢，羽毛发育不良，膝关节肿大，腿骨弯曲；蛋鸡缺乏时，羽毛脱落，口腔黏膜、舌、食管上皮发生炎症，产蛋减少，种蛋孵化率低	维生素 B_5 在酵母、豆类、糠麸、青饲料、鱼粉中含量丰富，也有烟酸制剂。雏鸡需要量高
维生素 B_6（吡哆醇）	维生素 B_6 是蛋白质代谢的一种辅酶，参与碳水化合物和脂肪代谢，在色氨酸转变为烟酸和脂肪酸过程中起重要作用	鸡缺乏时发生神经障碍，从兴奋而至痉挛，雏鸡生长发育缓慢，食欲减退。	维生素 B_6 在一般饲料中含量丰富，又可在体内合成，很少有缺乏现象
维生素 H（生物素）	维生素 H 以辅酶形式广泛参与各种有机物的代谢	鸡缺乏时的典型症状是股骨粗短、鸡喙、趾发生皮炎，生长速度降低，种蛋孵化率低，胚胎畸形	维生素 H 在鱼肝油、酵母、青饲料、鱼粉及糠麸中含量较多
胆碱	胆碱是构成卵磷脂的成分，参与脂肪和蛋白质代谢；是蛋氨酸等合成时所需的甲基来源	土鸡缺乏时易患脂肪肝，发生骨短粗症，共济运动失调，产蛋率下降；（胆碱过多时，鸡蛋有鱼腥味）。鸡日粮中添加适量胆碱，可提高蛋白质利用率	胆碱在小麦胚芽、鱼粉、豆饼、甘蓝等饲料中含量丰富。市场有氯化胆碱
维生素 B_{11}（叶酸）	维生素 B_{11} 以辅酶形式参与嘌呤、嘧啶、胆碱的合成和某些氨基酸的代谢	土鸡缺乏维生素 B_{11} 时，生长发育不良，羽毛不正常，贫血，种鸡的产蛋率和孵化率降低，胚胎在最后几天死亡	叶酸在青饲料、酵母、大豆饼、麸皮和小麦胚芽中含量较多

续表

名称	主要功能	缺乏症状	备注
维生素 B_{12}（钴胺素）	维生素 B_{12} 以钴酰胺辅酶形式参与各种代谢活动，如嘌呤、嘧啶的合成，甲基的转移及蛋白质、碳水化合物和脂肪的代谢；有助于提高造血功能和日粮蛋白质利用率	土鸡缺乏维生素 B_{12} 时，雏鸡生长停滞，羽毛蓬乱，种鸡产蛋率、孵化率降低	维生素 B_{12} 在动物肝脏、鱼粉、肉粉中含量丰富，鸡舍内的垫草中也含有维生素 B_{12}
维生素 C（抗坏血酸）	维生素 C 具有可逆的氧化和还原性，广泛参与机体的多种生化反应；能刺激肾上腺皮质合成；促进肠道内铁的吸收，使叶酸还原成四氢叶酸	土鸡缺乏维生素 C 时，易患维生素 C 缺乏病（坏血病），生长停滞，体重减轻，关节变软，身体各部出血、贫血，适应性和抗病力降低	维生素 C 在青饲料中含量丰富，生产中多使用维生素 C 添加剂；提高抗热应激和逆境能力的用量为 50～300 毫克/千克饲料

二、土鸡的营养需要量（饲养标准）

为了合理地饲养土鸡，使其正常地生长发育，充分发挥其生产潜力，又不至于浪费饲料，以最少、最经济的饲料消耗，获得较好产品，人们根据鸡的品种、性别、日龄、生理阶段和生产力水平，经过长期的科学试验和生产实践，制订出了不同的土鸡日粮中能量、蛋白质、矿物质和维生素等的标准，以便以此标准配合鸡的日粮，这一标准称为鸡的饲养标准。

我国土鸡的品种繁多，各有特点，各种土鸡对营养的需求也不完全一样，所以，目前尚无土鸡的国家饲养标准，但可以根据我国土鸡的营养特点，结合生产实际，参考我国鸡的营养标准得出一个比较合理的参考标准，见表3-3。

表 3-3　土鸡的饲养标准

营养成分	后备鸡（周龄）			产蛋鸡及种鸡（产蛋率%）			商品肉鸡（周龄）	
	0~6	7~14	15~20	>80	65~80	<65	0~4	≥5
代谢能/(兆焦/千克)	11.92	11.72	11.30	11.50	11.50	11.50	12.13	12.55
粗蛋白质/%	18.00	16.00	12.00	16.50	15.00	15.00	21.00	19.00
钙/%	0.80	0.70	0.60	3.50	3.40	3.40	1.00	0.90
总磷/%	0.70	0.60	0.50	0.60	0.60	0.60	0.65	0.65
有效磷/%	0.40	0.35	0.30	0.33	0.32	0.30	0.45	0.40
赖氨酸/%	0.85	0.64	0.45	0.73	0.73	0.66	1.09	0.94
蛋氨酸/%	0.30	0.27	0.20	0.36	0.33	0.31	0.46	0.36
色氨酸/%	0.17	0.15	0.11	0.16	0.14	0.14	0.21	0.17
精氨酸/%	1.00	0.89	0.67	0.77	0.70	0.66	1.31	1.13
维生素 A/国际单位	1 500.00	1 500.00		4 000.00	4 000.00	2 700.00	2 700.00	
维生素 D/国际单位	200.00	200.00		500.00	500.00	400.00	400.00	
维生素 E/国际单位	10.00	5.00		5.00	10.00	10.00	10.00	
维生素 K/国际单位	0.50	0.50		0.50	0.50	0.50	0.50	
硫胺素/毫克	1.80	1.30		0.80	0.80	1.80	1.80	
核黄素/毫克	3.60	1.80		2.20	3.80	7.20	3.60	
泛酸/毫克	10.00	10.00		2.20	10.00	10.00	10.00	
烟酸/毫克	27.00	11.00		10.00	10.00	27.00	27.00	
吡哆醇/毫克	3.00	3.00		3.00	4.50	3.00	3.00	
生物素/毫克	0.15	0.10		0.10	0.15	0.15	0.15	
胆碱/毫克	1 300.00	900.00		500.00	500.00	1300.00	850.00	
叶酸/毫克	0.55	0.25		0.25	0.35	0.55	0.55	
维生素 B$_{12}$/微克	9.00	3.00		4.00	4.00	9.00	9.00	
铜/毫克	8.00	6.00		6.00	8.00	8.00	8.00	
铁/毫克	80.00	60.00		50.00	30.00	80.00	80.00	
锰/毫克	60.00	30.00		30.00	60.00	60.00	60.00	
锌/毫克	40.00	35.00		50.00	65.00	40.00	40.00	
碘/毫克	0.35	0.35		0.30	0.30	0.35	0.35	
硒/毫克	0.15	0.10		0.10	0.10	0.15	0.15	

第二节　土鸡的饲粮配制

一、土鸡的常用饲料

凡是含有畜禽所需要的营养成分而不含有害成分的物质都称为饲料。土鸡的常用饲料有几十种，各有其特性，营养含量差异也较大。

（一）土鸡常用的饲料种类

1. 能量饲料　能量饲料是指那些富含碳水化合物和脂肪的饲料，在干物质中粗纤维含量在18%以下，粗蛋白质在20%以下。这类饲料主要包括禾本科的谷实饲料（如玉米、高粱、小麦、小米、大麦、燕麦）和它们加工后的副产品（麦麸、米糠、高粱糠等糠麸类及糟渣类），动植物油脂（豆油、玉米油、菜籽油、棕榈油、鱼油、猪油、牛油等及脂肪含量高的原料，如膨化大豆、大豆磷脂等），糖蜜以及块根、块茎和瓜类，是鸡饲料的主要成分，用量占日粮的60%左右。

（1）玉米：玉米含能量高，纤维少，适口性好，价格适中，是土鸡主要的能量饲料，一般在饲料中占50%～70%。但玉米蛋白质含量较低，一般占饲料8.6%，蛋白质中的几种必需氨基酸含量少，特别是赖氨酸和色氨酸。玉米中含有较多的胡萝卜素，有益于蛋黄和鸡的皮肤着色。现在培育的高蛋白质玉米、高赖氨酸玉米等饲料用玉米，营养价值更高，饲喂效果更好。

（2）高粱：高粱含能量和玉米相近，蛋白质含量高于玉米，但单宁（鞣酸）含量较多，使味道发涩，适口性差。一般在配合饲料中用量在5%～15%。

（3）小麦：小麦含能量与玉米相近，粗蛋白质含量高，且氨基酸种类比其他谷实类丰富，B族维生素丰富。小麦多是人食用，一般不用于饲料。小麦作为饲料时，不适宜大量饲喂，用量过大，会引起消化障碍，影响鸡的产蛋性能，因为小麦内含有较多的非淀粉多糖。一般在配合饲料中用量可占10%~20%。近年来，随着含有β-葡聚糖酶和木聚糖酶的酶制剂研制应用，为小麦在鸡日粮中应用奠定了基础，添加酶制剂的情况下，小麦用量可占30%~40%。

（4）小米：小米是谷子加工去皮后的产品，能量含量与玉米相近，粗蛋白质含量高于玉米，为10%左右，核黄素（维生素B_2）含量高（1.8毫克/千克），而且适口性好。一般在配合饲料中用量占15%~20%为宜。

（5）大麦、燕麦：二者能量含量比小麦低，但B族维生素含量丰富。因其皮壳粗硬，需破碎或发芽后少量搭配饲喂。

（6）麦麸：包括小麦麸和大麦麸。麦麸能量含量低，但蛋白质含量较高，各种成分比较均匀，且适口性好，是鸡的常用饲料。由于麦麸粗纤维含量高，容积大，且有轻泻作用，故用量不宜过多。一般在配合饲料中的用量，育雏和产蛋阶段可占5%~15%，育成阶段可占10%~30%。

（7）米糠类：米糠是稻谷加工后的副产品，其成分随加工大米精白的程度而有显著差异。含有丰富的B族维生素和磷、镁、锰等，钙含量低，粗纤维含量高。但能量较低，体积也大，鸡不宜多吃。通常雏土鸡和育肥期土鸡日粮中，用量不宜超过8%，育成鸡不超过20%，产蛋鸡不超过15%。必须指出，各类糠的营养差别很大，故配合日粮时要特别注意。饲喂糠饼时，搭配40%~50%的玉米较好。由于米糠含油脂较多，故久贮易变质。一般在配合饲料中用量可占8%~12%。

（8）高粱糠：高粱糠的粗蛋白质含量略高于玉米，B族维生素含量丰富，但粗纤维含量高，能量含量低，且含有较多的单宁，适口性差。一般在配合饲料中不宜超过5%。

（9）油脂类：油脂饲料包括各种动植物油脂，如豆油、玉米油、菜籽油、棕榈油、鱼油、猪油、牛油等，以及脂肪含量高的原料，如膨化大豆、大豆磷脂等，植物性油脂的品质比动物性油脂高，亚油酸含量很高（占总脂肪酸的50%以上），但因价格高，限制了其在饲料中的应用。

在饲料中加入少量的脂肪饲料，除了作为脂溶性维生素的载体外，还能提高日粮中的能量浓度。日粮中添加3%～5%的脂肪，可以提高雏鸡的日增重，保证蛋鸡夏季能量的摄入量和减少体增热，降低饲料消耗。但添加脂肪的同时要相应提高其他营养素的水平。添加脂肪饲料能减少料末飞扬，减少饲料浪费，有利于空气洁净。另外，添加大豆磷脂除能提供能量物质外，还能保护肝脏，提高肝脏的解毒功能，提高鸡体免疫系统活力和呼吸道黏膜的完整性，增强鸡体抵抗力，保证蛋鸡产蛋性能的发挥。

（10）块根、块茎和瓜类：马铃薯、甜菜、南瓜、甘薯、胡萝卜等含碳水化合物多，适口性好，产量高，易贮藏，也是鸡的优良饲料，喂饲时注意矿物质的平衡。这类饲料含水多，营养物质的浓度较低，体积大，影响营养物质的摄入。南瓜富含胡萝卜素，各种养分比较完全，消化利用率高，味甜，适口性好，可代替优质青贮料饲喂；马铃薯、甘薯煮熟后饲喂消化率高。发芽的马铃薯因含有毒物质，应去芽后再饲喂，并倒掉清洗和煮沸马铃薯的水，以免中毒；甘薯、芋头的淀粉含量高，应蒸煮后拌于其他饲料中喂给，也可制成干粉或打浆后与糠麸混拌。甘薯须去皮、浸水去毒后饲喂。这类饲料占日粮比例不宜超过40%，干粉可代替20%的谷物饲料。如果用这类饲料配合日粮时，要十分注意矿物质和蛋白质的平衡。

（11）糟渣类：酒糟、糖浆、甜菜渣也可作为土鸡的饲料。酒糟和甜菜因纤维含量高，不可多用。糖浆含糖量丰富，并含大约7%的可消化蛋白质，成鸡每天可喂15克左右，喂时用水稀释，但应注意品质新鲜，幼鸡可少喂。

2. 蛋白质饲料 是在干物质中粗纤维含量低于18%，而粗蛋白质含量高于20%的一类饲料，一般在日粮中占10%～30%，包括植物性蛋白质饲料（如大豆饼粕、花生饼粕、棉籽饼粕、菜籽饼粕、芝麻饼粕、葵花饼粕）和动物性蛋白质饲料（如鱼粉、血粉及肉骨粉、蚕蛹粉、羽毛粉等）。

（1）大豆粕（饼）：大豆因榨油方法不同，其副产物可分为豆饼和豆粕两种类型，粗蛋白质含量为40%～45%，赖氨酸含量高，适口性好，经加热处理的豆粕（饼）是鸡最好的植物性蛋白质饲料。一般在配合饲料中用量可占15%～25%，由于豆粕（饼）的蛋氨酸含量低，故与其他饼粕类或鱼粉等配合使用效果更好。大豆粕（饼）的蛋白质和氨基酸的利用率受到加工温度和加工工艺的影响，加热不足或加热过度都会影响利用率。生的大豆中含有抗胰蛋白酶、皂角素、尿素酶等有害物质，榨油过程中，加热不良的饼粕中会含有这些物质影响蛋白质利用率；加热过度的大豆粕，蛋白质的活性物质受到破坏，氨基酸利用率下降。

（2）花生粕（饼）：花生饼的粗蛋白质含量略高于豆饼，为42%～48%，精氨酸和组氨酸含量高，赖氨酸含量低，适口性好于豆饼，与豆饼配合使用效果较好。一般在配合饲料中用量可占15%～20%。花生饼脂肪含量高，不耐贮藏，易染上黄曲霉而产生黄曲霉毒素，这种毒素对鸡危害严重。因此，生长黄曲霉的花生饼不能喂鸡。

（3）棉籽粕（饼）：带壳榨油的称棉籽饼，脱壳榨油的称棉仁饼，前者粗蛋白质含量为17%～28%，后者粗蛋白质含量为39%～40%。在棉籽内，含有棉酚和环丙烯脂肪酸，对畜禽健康有害。喂前应采用脱毒措施，未经脱毒的棉籽饼使用量不能超过配合饲料的 3%~5%。

（4）菜籽粕（饼）：粗蛋白质含量为 35%~40%，赖氨酸比豆粕低 50%，含硫氨基酸高于豆粕 14%，粗纤维含量为 12%，有机质消化率为 70%。可代替部分豆粕喂鸡。由于菜籽饼中含有毒物质（芥子酶），饲喂前宜脱毒。未经脱毒处理的菜籽饼要严格控制饲喂量，产蛋鸡用量不超过 5%，如用量为 10%，蛋鸡的死亡率增加，产蛋率、蛋重及哈氏单位下降，甲状腺明显肿大。

（5）芝麻饼：芝麻饼是芝麻榨油后的副产物，粗蛋白质含量为 40%左右，蛋氨酸含量高，适当与豆饼搭配喂鸡，能提高蛋白质的利用率，一般在配合饲料中用量可占 5%~10%。由于芝麻饼脂肪含量多而不宜久贮，最好现粉碎现喂。

（6）葵花饼：葵花饼有带壳和脱壳的两种。优质的脱壳葵花饼含粗蛋白质 40%以上、粗脂肪 5%以下、粗纤维 10%以下，B 族维生素含量比豆饼高，可代替部分豆饼喂鸡，一般在配合饲料中用量可占 10%~20%。带壳的葵花饼不宜饲喂蛋鸡。

（7）鱼粉：鱼粉是理想的动物性蛋白质饲料，其蛋白质含量高达 45%~60%，而且在氨基酸组成方面，赖氨酸、蛋氨酸、胱氨酸和色氨酸含量高。鱼粉中富含维生素 A 和 B 族维生素，特别是维生素 B_{12}。另外，鱼粉中还含有钙、磷、铁等。用它来补充植物性饲料中限制性氨基酸的不足，效果很好。一般在配合饲料中用量可占 5%~15%。由于鱼粉的价格较高，掺假现象较多，使用时应仔细辨别和化验。为了降低饲料成本，无鱼粉配方的应用也取得了较好效果。

（8）血粉及肉骨粉：肉联厂的下脚料经高温处理制成的血粉和肉骨粉，是一种良好的蛋白质饲料。血粉粗蛋白质含量 80%以上，赖氨酸含量为 6%~7%，但蛋氨酸和异亮氨酸含量较少。血粉的适口性差，日粮用量过多，易引起腹泻，一般占日粮 1%~3%；肉骨粉粗蛋白质含量达 40%以上，蛋白质消化率高达

80%，赖氨酸含量丰富，蛋氨酸和色氨酸较少，钙、磷含量高，比例适宜。肉骨粉易变质，不易保存，一般在配合饲料中用量在5%左右。

（9）蚕蛹粉：蚕蛹粉含粗蛋白质约68%，且蛋白质品质好，限制性氨基酸含量高，是鸡的良好蛋白质饲料。但脂肪含量高，不耐贮藏，在配合饲料中用量可占5%~10%。

（10）羽毛粉：水解羽毛粉含粗蛋白质近80%，但蛋氨酸、赖氨酸、色氨酸和组氨酸含量低，使用时要注意氨基酸平衡问题，应该与其他动物性饲料配合使用。一般在配合饲料中用量为2%~3%，过多会影响鸡的生长和生产。在蛋鸡饲料中添加羽毛粉可以预防和减少啄癖。

3. 矿物质饲料 矿物质饲料是为了补充植物性和动物性饲料中某种矿物质元素的不足而利用的一类饲料。大部分饲料中都含有一定量的矿物质，在散养和低产的情况下，看不出明显的矿物质缺乏症，但在舍饲、笼养、高产的情况下矿物质需要量增多，必须在饲料中补加。矿物质饲料种类及特性见表3-4。

表3-4 矿物质饲料种类及特性

种类	特性	使用说明
骨粉或磷酸氢钙	含有大量的钙和磷，而且比例合适，主要用于磷不足的饲料	在配合饲料中用量可占1.5%~2.5%
贝壳粉、石粉、蛋壳粉	属于钙质饲料。贝壳粉是很好的钙质矿物质饲料，含钙量高，又容易吸收；石粉价格便宜，含钙量高，但鸡吸收能力差；蛋壳粉可以自制，将各种蛋壳经水洗、煮沸和晒干后粉碎即成，吸收率也较好	一般在鸡配合饲料中的用量，育雏及育成阶段1%~2%，产蛋阶段6%~7%。使用蛋壳粉应严防传播疾病

种类	特性	使用说明
食盐	食盐主要用于补充鸡体内的钠和氯，保证鸡体正常新陈代谢，还可以增进鸡的食欲	用量可占日粮的 3%~3.5%
沙砾	有助于肌胃中饲料的研磨，起到"牙齿"的作用。沙砾要不溶于盐酸	舍饲鸡或笼养鸡要注意补给。据研究，鸡吃不到沙砾，饲料消化率要降 20%~30%
沸石	是一种含水的硅酸盐矿物，在自然界中多达 40 多种。沸石中含有磷、铁、铜、钠、钾、镁、钙、银、钡等 20 多种矿物质元素，是一种质优价廉的矿物质饲料	在配合饲料中用量可占 1%~3%。可以降低鸡舍内有害气体含量，保持舍内干燥

4. 维生素饲料　鸡的日粮中主要提供各种维生素的饲料叫维生素饲料，包括蔬菜类、块茎类、青绿多汁饲料和草粉等。常用的有白菜、胡萝卜、野菜类和干草粉（苜蓿草粉、槐叶粉和松针粉）等。青绿饲料中胡萝卜素较多，某些 B 族维生素丰富，并含有一些微量元素，对于土鸡的生长、产蛋、繁殖以及维持鸡体健康均有良好作用。喂青绿饲料应注意它的质量，以幼嫩时期或绿叶部分含维生素较多。饲用时应防止腐烂、变质、发霉等，并应在鸡群中定时驱虫。一般用量占精料的 20%~30%。其种类及特点见表 3-5。

表3-5 维生素饲料种类及特点

种类	特点
蔬菜类	白菜、空心菜、牛皮菜、甘蓝、菠菜及其他各种青菜、无毒的野菜等均为良好的维生素饲料。芹菜是一种良好的喂鸡饲料，每周喂芹菜3次，每次50克左右。用南瓜作辅料喂母鸡，产蛋量可显著增加，且蛋大、孵化率高。胡萝卜中胡萝卜素含量高，容易贮藏，是适于秋冬季节饲喂的维生素饲料。胡萝卜应洗净后，切碎，用量占精料的20%～30%
水草类	生长在池沼和浅水中的藻类等也是较好的青饲料，水草中含有丰富的胡萝卜素，有时还带有螺蛳、小鱼等动物
草粉、叶粉	含有大量的维生素和矿物质，对土鸡的产蛋、蛋的孵化品质均有良好的作用。苜蓿干草含有大量的维生素A、维生素B、维生素E等，并含蛋白质14%左右。树叶粉（青绿的嫩叶）也是良好的维生素饲料，如槐叶粉，我国大面积种植有刺槐，是丰富的资源，利用时应和林业生产相辅，选择适合的季节采集，合理利用。饲料中添加2%～5%的槐叶粉可明显地提高种蛋和商品蛋的蛋黄品质。其他豆科干草粉（如红豆草、三叶草等）与苜蓿干草的营养价值大致相同，干粉用量可占日粮的2%～7%
青绿饲料	常用的青绿饲料有豆科牧草（苜蓿、三叶草、沙打旺、红豆草等）、鲜嫩的禾本科牧草和饲料作物鲁梅克斯、聚合草等。青绿饲料在土鸡的饲养中占有很重要的地位，饲喂一定量的青绿饲料会增强鸡的抗病力，使肉味鲜美、鸡蛋风味独特。因此，利用青绿饲料饲喂土鸡，或在牧草地上放牧土鸡均可收到良好的效果

5. 饲料添加剂 为了满足鸡的营养需要，完善日粮的全价性，需要在饲料中添加原来含量不足或不含有的营养物质和非营养物质，以提高饲料利用率，促进鸡生长发育，防治某些疾病，减少饲料贮藏期间营养物质的损失或改进产品品质等，这类物质称为饲料添加剂。饲料添加剂可分为营养性添加剂和非营养性添加剂。

（1）营养性添加剂：营养性添加剂包括维生素和微量元素添加剂及氨基酸添加剂。

1）维生素和微量元素添加剂：这类添加剂可分为雏鸡添加剂、育成鸡添加剂、产蛋鸡添加剂和种鸡添加剂等多种，添加时按药品说明决定用量，饲料中原有的含量只作为安全裕量，不予考虑。鸡处于逆境时，如运输、转群、注射疫苗、断喙时对这类添加剂需要量加大。

2）氨基酸添加剂：目前人工合成而作为饲料添加剂进行大批量生产的是赖氨酸和蛋氨酸。以大豆饼为主要蛋白质来源的日粮，添加蛋氨酸可以节省动物性饲料用量，豆饼不足的日粮添加蛋氨酸和赖氨酸，可以大大强化饲料的蛋白质营养价值，在杂粕含量较高的日粮中添加氨基酸可以提高日粮消化利用率。

（2）非营养性添加剂。非营养性添加剂主要包括抗生素添加剂、中草药饲料添加剂、酶制剂、微生态制剂、酸制（化）剂、增色剂、低聚糖、糖萜素、大蒜素、驱虫保健剂、防霉剂等各种添加剂。

1）抗生素添加剂：预防鸡的某些细菌性疾病，或鸡处于逆境、环境卫生条件差时，加入一定量的抗生素添加剂有良好效果，常用的抗生素有青霉素、链霉素、金霉素、土霉素等。

2）中草药饲料添加剂：中草药作为饲料添加剂，毒副作用小，不易在产品中残留，且具有多种营养成分和生物活性物质，具有营养和防病的双重作用。其天然、多能、营养的特点，可起到增强免疫作用、激素样作用、维生素样作用、抗应激作用、抗微生物作用等。

3）酶制剂：酶是促进蛋白质、脂肪、碳水化合物消化的催化剂，并参与体内各种代谢过程的生化反应。在鸡饲料中添加酶制剂，可以提高营养物质的消化率。目前，在生产中应用的有单一酶和复合酶。单一酶制剂，如淀粉酶、脂肪酶、蛋白酶、纤维素酶和植酶等。复合酶制剂是由一种或几种单一酶制剂为主体，加上其他单一酶制剂混合而成，或者由一种或几种微生物发酵获得，复合酶制剂可以同时降解饲料中多种需要降解的抗营养因子，可最大限度地提高饲料的营养价值。

4）微生态制剂：是将动物体内的有益微生物经过人工筛选培育，再经过现代生物工程工厂化生产，专门用于动物营养保健的活菌制剂。其内含有十几种甚至几十种畜禽胃肠道有益菌，如加藤菌、EM、益生素等，也有单一菌制剂，如乳酸菌制剂。

5）酸制（化）剂：用以增加胃酸，激活消化酶，促进营养物质吸收，降低肠道 pH，抑制有害菌感染。目前，国内外应用的酸化剂包括有机酸化剂、无机酸化剂和复合酸化剂。

6）增色剂：增色剂对于土鸡来说很重要。金黄色的肉鸡屠体，橘黄色的蛋黄深受消费者欢迎。增色剂有天然和人工合成两种，土鸡应选用天然色素，保证肉、蛋品质。玉米蛋白粉、苜蓿草粉、万寿菊花瓣粉、辣椒粉等含有大量的叶黄素，使用效果较好。

（二）土鸡的常用饲料营养成分

见附表 1-1 至附表 1-5。

（三）土鸡的饲料开发

果园林地散养土鸡可在散养地觅食青草、树叶和各类昆虫等天然的资源。天然饲料量不足时会严重影响鸡的生长或生产，消耗较多的精饲料，增加生产成本。所以，应该充分利用牧地开发饲料资源，生产更多的绿色饲料，降低饲养成本。当然，开发饲料资源应注意开发成本。

1. 青绿饲料的利用　青绿饲料是指水分含量在 60% 以上的青饲料、树叶类及非淀粉质的块根、块茎、瓜果类。青绿饲料含有丰富的胡萝卜素和 B 族维生素，并含有一些微量元素，适口性好，对鸡的生长、产蛋及维持健康均有良好作用。

常见的青绿饲料有白菜、甘蓝、野菜（如苦荬菜、鹅食菜、蒲公英等）、苜蓿草、洋槐叶、胡萝卜、牧草等。冬春季没有青绿饲料，可喂苜蓿草粉、洋槐叶粉、松针粉或芽类饲料，同样会收到良好效果。芹菜是一种良好的喂鸡饲料，每周喂芹菜3次，每次50克左右。用南瓜作辅料喂母鸡，产蛋量可显著增加，且蛋大、孵化率高。

2. 树叶的开发利用　我国有丰富的林业资源，除少数外，大多数树叶都可以作为饲料。树叶营养丰富，散养鸡可直接采食或经加工调制后作为饲料。

（1）树叶的饲用价值：决定树叶饲用价值的因素，一是树种，树叶的营养成分因树种而异。有的树种，如豆科树种、榆树等，叶子及松针中粗蛋白质含量较高，按干物质量计，均在20%以上，而且还含有组成蛋白质的多种氨基酸。而槐树、柳树、梨树、桃树、枣树等树叶的有机物质含量、消化率、能值较高，对鸡的代谢能值达6.27兆焦/千克干物质。树叶中维生素含量很高，据分析，柳、桦、榛、赤杨等青叶中，胡萝卜素含量为110~132毫克/千克，紫穗槐青干叶胡萝卜素含量高达270毫克/千克，针叶中的胡萝卜素含量高达197~344毫克/千克，此外还含有大量的维生素C、维生素E、维生素K、维生素D和维生素 B_1 等。松针粉含有畜禽所需的矿物质元素。有的树叶含有激素，刺激畜禽的生长，或含有抑制病原菌的杀菌素等。二是生长期，生长着的鲜嫩叶营养价值高，青落叶次之，可饲喂单胃家畜和家禽；而枯黄叶营养价值最差。三是树叶中所含的特殊成分，有些树叶营养成分含量较高，但因含有一些特殊成分，饲用价值降低。如有的树叶含单宁，有苦涩味。如核桃、橡、李、柿、毛白杨等树叶，必须经加工调制后再饲喂。有的树种到秋季单宁含量增加，如栗树、柏树等树叶秋季单宁含量达3%，有的高达5%~8%，应提前采摘饲喂或少量饲喂。少量饲喂能够收敛健胃。有的树叶有剧毒，如夹竹桃等。

（2）树叶的采收方法：采收的方式及采收时间对树叶的营养成分影响较大。采集树叶应在不影响树木正常生长的前提下进行，如果为了采集树叶而折枝毁树，不仅影响树木生长，而且破坏生态环境。树叶的采收方法如下。

1）青刈法：适宜分枝多、生长快、再生力强的灌木，如紫穗槐等。

2）分期采收法：对生长繁茂的树木，如洋槐、榆、柳、桑等，可分期采收下部的嫩枝、树叶。

3）落叶采集法：适宜落叶乔木，特别是高大不便采摘的或不宜提前采摘的树叶，如杨树叶等。

4）剪枝法：对需适时剪枝的树种或耐剪枝的树种，特别是道路两旁的树和各种果树，可采用剪枝法。

（3）树叶的采收时间：树叶的采收时间依树种而异，下面介绍几种代表性树种树叶采集时间。

1）松针：在春秋季松针含松脂率较低的时期采集。

2）紫穗槐、洋槐叶：北方地区一般于7月底至8月初采集，最迟不要超过9月上旬。

3）杨树叶：在秋末刚刚落叶即开始收集，而不能等落叶变枯黄再收集；还可以收集修枝时的叶子。

4）橘树叶：在秋末冬初，结合修剪整枚，采集枯叶和嫩枝。

（4）树叶的加工方法：

1）针叶的加工利用：松针粉中含有多种氨基酸、微量元素，能有效地刺激蛋鸡的排卵功能，提高产蛋率。蛋鸡日粮中添加3%~5%的松针粉，产蛋量提高6.1%~13.8%，饲料利用率提高15.1%，蛋重提高2.9%，受精率提高1%，且蛋黄颜色较深；肉鸡日粮中添加3%~5%的松针粉，日增重提高8.1%~12%，饲料报酬提高8.4%，且肉质鲜嫩可口。同时，松针粉中含有植物杀菌素和维生素，具有防病抗病功效，能有效地抵御鸡病发生，从而提高雏鸡成活率，在雏鸡日粮中添加 2% 的松针粉，成活率、增重率和饲料转化率可分别提高 7.1%、11.1% 和 28.4%，生长期缩短 10 天。

针叶采集后要保持其新鲜状态，使含水量维持在 40% ~ 50%。原料贮存时要求通风良好，不能日晒雨淋，采收到的原料应及时运到加工场地，一般从采集到加工不能超过 3 天，以保证产品质量。对树枝上的针叶，应进行脱叶处理。脱叶分手工脱叶和机械脱叶。手工脱下的针叶含水量一般为 65% 左右，杂质含量（主要指枝条）不超过 35%；机械脱下的针叶含水量为 55% 左右，杂质的含量不超过 45%。用切碎机将针叶切成 3 ~ 4 厘米，以破坏针叶表面的蜡质层，加快干燥速度。可采用自然阴干或烘干，烘干温度为 90 ℃，时间为 20 分钟。干燥后应使针叶的含水量从 40% ~ 50% 降到 20%，以便粉碎加工和成品的贮存运输。用粉碎机将针叶加工成 2 毫米左右的针叶粉，针叶粉的含水量应低于 12.5%。加工好的针叶粉的外观为浅绿色，有针叶香味。

针叶粉要用棕色的塑料袋或麻袋包装，防止阳光中紫外线对叶绿素和维生素的破坏。另外，贮存场所应保持清洁、干燥、通风，以防吸湿结块。在良好的贮存条件下，针叶粉可保存 2 ~ 6 个月。

饲喂针叶浸出液，不仅能促进家禽的生长，而且还能降低畜禽支气管炎和肺炎的发病率，增加食欲和抗病能力。因此，又称针叶浸出液为保健剂。将针叶粉碎，放入桶内，加入 70 ~ 80 ℃ 的温水（针叶与水的比例为 1 : 10）。搅拌后盖严，在室温下放置 3 ~ 4 小时，便得到有苦涩味的浸出液。

针叶粉作为添加饲料适用于各类畜禽，可直接饲喂或添加到混合饲料中。针叶粉应周期性地饲喂，连续饲喂 15 ~ 20 天，然后间断 7 ~ 10 天，以免影响禽产品质量。松针粉含有松脂气味和挥发性物质，在畜禽饲料中的添加量不宜过高。一般在肉鸡饲料中的添加量为3%，蛋鸡和种鸡为5%；针叶浸出液可供家畜饮用，也可与精料、干草或秸秆混合后饲喂。家禽对浸出液有一个适应过程，开始应少量，然后逐渐加大到所要求的量。

2）阔叶的加工利用：一是糖化发酵，将树叶粉碎，掺入一定量的谷物粉，用40~50℃温水搅拌均匀后，压实，堆积发酵3~7天。发酵可提高阔叶的营养价值，减少树叶中单宁的含量。糖化发酵的阔叶饲料主要用于喂猪、鸡。二是叶粉，叶粉可作为配合饲料的原料，在鸡饲料中掺入的比例为5%~10%。三是蒸煮，把阔叶放入金属筒内，用蒸汽加热（180℃左右）15分钟后，树叶的组织受到破坏，利用筒内设置的旋转刀片将原料切成类似"棉花"状物。

除上述方法外，还可进行膨化、压制成颗粒和青贮。

3. 动物性蛋白质饲料的开发利用　果园林地散养的土鸡一般采食到的植物性饲料多，补喂的饲料量有限，所以容易缺乏蛋白质，特别是缺乏动物性蛋白质而影响生长和生产。动物性蛋白质饲料对于提高散养鸡生长速度和生产性能具有良好效果，特别是在冬季补饲中作用更大。解决动物性蛋白质不足问题，饲养者可以利用人工方法生产一些蚯蚓、蝇蛆、黄粉虫、蝗虫等动物性蛋白质喂鸡，既保证充足的动物性蛋白质供应，促进生长和生产，降低饲料成本，又能够提高产品质量。

（1）养殖蚯蚓。蚯蚓又名地龙，为夜行性环节动物。蚯蚓由于长期生活在土壤的洞穴里，其身体的形态结构对穴居生活环境具有相当的适应性。在自然界，蚯蚓以生活在土壤上层15~20厘米深度者居多，越往下层越少，蚯蚓喜欢温暖、潮湿和安静的环境。一般蚯蚓的活动温度为5~30℃，生长繁殖最适温度为15~25℃，在0~5℃则停止生长发育，进入休眠状态，0℃以下或40℃以上常导致死亡。蚯蚓喜欢安静的环境，怕噪声或震动。

蚯蚓对光线非常敏感，喜阴暗，怕强光，常逃避强烈的阳光、紫外线的照射，但不怕红光，趋向弱光。蚯蚓的活动表现为昼伏夜出，即黄昏时爬出地面觅食、交尾，清晨则返回土壤中。

蚯蚓的食性很广，各种畜粪、污泥、腐烂的水果、果皮、蔬菜、秸秆、杂草、垃圾以及工业下脚料（如造纸厂、制糖厂、食品厂和酒厂的下脚料）等，经过充分发酵腐烂后，均可作为蚯蚓的饲料。

蚯蚓为雌雄同体、异体交配。由于品种、地区、饲料和生活环境不同，生活周期也不一样。据试验，赤子爱胜蚓在室温 22～30 ℃环境下，以发酵的马粪为饲料，湿度 60%～70%，从产卵到孵化为 21 天，幼蚓从孵出到性成熟为 56 天，性成熟到开始产卵一般为 1～12 天。整个生活周期最短 47 天，最长 128 天，平均2.5～5 个月。

蚯蚓的主产品是蚓体，副产品为蚓粪。蚯蚓可入药，具有解热镇痛、通络平喘、解毒利尿的功能，能治疗多种疾病。蚯蚓含有丰富的蛋白质（干蚯蚓含蛋白质 66.5%），适口性好、诱食性强，是畜、禽、鱼类等的优质蛋白质饲料。蚯蚓粪不仅是优质的肥料，也可作为动物的饲料。蚯蚓粪中有 22.5% 的粗蛋白质、丰富的粗灰分、钙、磷、钾、维生素和 17 种氨基酸。据报道，把90% 蚯蚓粪、10% 蚯蚓粉和少量微生物配成生物饲料，按 1%～5% 的添加量，可使肉鸡球虫病、呼吸道疾病、消化道疾病减少50%，蛋鸡产蛋高峰期延长 25 天左右，鸡蛋个大、味香、红心。

目前已知蚯蚓有 2 500 余种，在我国分布的有 160 余种。适合人工养殖的蚯蚓品种及特性见表 3-6。生产中要根据自己养蚯蚓的目的来选择蚯蚓品种。

表3-6　蚯蚓品种及特性

品种	特性
威廉环毛蚓	一般长90~250毫米，宽5~10毫米，背面青黄、灰绿或灰青色，背中线青灰色，环带14~16节。目前在江苏、上海一带养殖较多，在自然界中常栖于树林草地较深土层和村庄周围肥土中
湖北环毛蚓	体细长，长70~220毫米，宽3~6毫米，体节110~133节，全身草绿色，背中线紫绿或深绿色，常见一红色的背血管。腹面灰色，尾部体腔液中常有宝蓝色荧光。环带3节，乳黄或棕黄色。是繁殖率较高和适应性较广的品种，常栖于湿度较大的沟渠近水处和山沟阴湿处，较耐低温，秋后可在落水的绿肥田中散养
参环毛蚓	个体较大，长120~400毫米，宽6~12毫米，背面紫灰，后部颜色较深，刚毛圈稍白，为中药材常用蚯蚓，分布于湖南、广东、广西、福建等地，较难定居，在优质土壤的草地和灌溉条件较好的果园和苗圃中养殖较好
白颈环毛蚓	长80~150毫米，宽2.5~5毫米，背色中灰色或栗色，后部淡绿色。环带3节（位于第14~16节），腹面无刚毛。分布于长江中下游一带，具有分布较广、定居性较好的特点，宜在菜地、红薯等作物地里养殖
赤子爱胜蚓	长60~130毫米，宽3~5毫米，成熟体重0.4~1.2克，全身80~110个环节，环节带位于第25~33节。背孔自4、5节开始，背面及侧面橙红或栗红色，节间沟无色，外观有明显条纹，尾部两侧姜黄色，愈老颜色愈深，体扁而尾略成鹰嘴钩，喜在厩肥、烂草堆、污泥、垃圾场生活，具有趋肥性强、繁殖率高、定居性好、肉质肥厚及营养价值高等优点

　　蚯蚓的养殖技术要点如下：

　　一是保证适宜的环境条件。温度20 ℃（15~30 ℃），饵料湿度70%~75%，孵化湿度50%~60%，pH值为6~8，通气良好，无光或暗光、红光，严禁紫外光照射，适宜的密度和丰富的营养。夏天注意防高温和日光直射，冬天防冻。

二是搭配和处理好饵料。饵料既是蚯蚓的食物，又是其生活环境。因而，饵料搭配和处理至关重要。下面几个饵料配方，供参考。配方 1：牛粪 20%，猪粪 20%，鸡粪 20%，稻草屑 40%，混配后充分发酵；配方 2：废纸浆污泥 80%，干牛粪 20%；配方 3：沼气池残渣 60%，垃圾 20%，秸秆或食用菌渣 20%；配方 4：牛粪 20%，羊粪 10%，活性泥 40%，垃圾 30%。

无论选择什么饵料都要进行科学的加工处理。如作物秸秆或粗大的有机废物应切碎；垃圾则应分选过筛，除去金属、玻璃、塑料、砖石和炉渣，再经粉碎后发酵；家畜粪便和木屑，则可不进行加工，直接进行发酵处理。饵料要混合均匀，而后加水拌匀，含水量控制在 40%~50%，即堆积后堆底边有水流出为止。堆成梯形或圆锥形，最后堆外面用塘泥封好或用塑料薄膜覆盖，以保温保湿。经 4~5 天，堆内的温度可达 50~60 ℃，待温度由高峰开始下降时，要翻堆进行第二次发酵，将上层的料翻到下层，四周翻到中间，使之充分发酵腐熟，达到无臭味、无酸味，质地松软不沾手，颜色为棕褐色，然后摊开放置。使用前，先检查饲料的酸碱度是否合适，一般 pH 在 6.5~8.0 都可使用。过酸可添加适量石灰，过碱用水淋洗，这样有利于过多盐分和有害物质的排出。饲用前，先用少量蚯蚓试验饲养，如无不良反应，即可应用。实践中发现，在饵料中添加香蕉皮、烂苹果、烂梨等，效果很好。

三是选择适宜养殖方式。生产中养殖方式多种，主要介绍三种，见表 3-7。

表 3-7　生产蚯蚓的养殖方式

养殖方式	养殖方法
简易养殖	包括箱养、坑养、池养、棚养、温床养殖等，其具体做法就是在容器、坑或池中分层加入饲料和肥土，料土相同，然后投放种蚯蚓。这种方法可利用鸡舍前后等空地以及旧容器、砖池、育苗温床等，来生产动物性蛋白质废饲料，加工有机肥料，处理生活垃圾。其优点是就地取材、投资少、设备简单、管理方法简便，并可利用业余或辅助劳力，充分利用有机废物，但饲养量小
田间养殖法	选用地势比较平坦，能灌能排的桑园、菜园、果园或饲料田，沿植物行间开挖宽 40~50 厘米、深 20~25 厘米的沟槽，施入腐熟的有机肥料，上面用土覆盖 10~15 厘米，放入蚯蚓进行养殖（每 667 平方米，散养蚓种 15 000~25 000 条），注意经常灌溉或排水，保持土壤含水量在 30% 左右。冬天可在地面覆盖塑料薄膜保温，以便促进蚯蚓活动和繁殖能力。由于蚯蚓的大量活动，土壤疏松多孔，通透性能好，可以实行免耕。此种养殖方式季节性强，可在散养鸡的牧地养殖，适于投放耐旱和抗逆性强的蚓种。平时注意保持湿度，雨天注意排水，并及时采收
工厂化养殖	此法适于养殖生产性能较高的蚓种，如赤子爱胜蚓、红色爱胜蚓等。可利用普通房间、塑料大棚或半地下温室，进行周年生产。养殖床宽 1.5 米、深 0.4 米左右；亦可用竹、木、塑料制的箱子作为养殖床，大小以 2 个人能搬动为宜，一般为长 60 厘米×宽 30 厘米或 40 厘米×20 厘米，立体叠放，可放 4~5 层

　　四是加强种蚓的选育。蚯蚓雌雄同体，异体交配，繁殖力很强，但也容易造成近亲退化。必须重视种蚓的选育工作。规模较大的养殖场可将蚓群分成三个部分：种子群、繁殖群和生产群。种子群是关键，应选择个体粗大、性状一致、活动力强、生产性能高和具有本品种特征的成蚓，其繁殖的后代作为繁殖群。种子群要不断进行选择和淘汰，并注意同一品种不同群体间进行血缘更新。繁殖群是种子群产生的优秀后代，应繁殖力强，能为生产群提供大量的卵块。其卵块孵出后即为生产群，长成后便为商品蚓。

五是及时采收及分离。当养殖床内的蚯蚓大多数达到 400 毫克，而且密度较大时（1.5 万~2 万条/米²），应及时采收部分成蚓。室内床养、箱养或池养，可采用光照下驱法。根据蚯蚓的避光性，从上至下一层一层刮粪，使成蚓钻到最下部，最后聚集成团。将其放在 5 毫米的大筛子上，筛子下面放容器，光照使之钻到下面的容器内。田间养殖可利用其夜间爬到地表采食和活动的习性，在夜间 3~4 时携带红光或弱光电筒采收；也可用水灌法，驱使蚯蚓大量爬出捕捉。工厂化养殖，要使茧粪分离，可先将成蚓收集，剩余的粪及茧重新孵化。经过 30~40 天，卵茧全部孵化，并长到一定程度。但尚未产卵时采集即可。

六是预防天敌与疾病。蚯蚓的天敌很多，如鼠类、鸟类、蛇、蛙、蟾蜍、蚂蚁、螳螂、蜘蛛、蜈蚣等，应有针对性地预防。蚯蚓的病害不多，主要是饲料酸化造成的蛋白质中毒症，应予以注意。

（2）养殖蝇蛆。蝇蛆是优良的动物蛋白饲料。使用蝇蛆生产的虫子鸡，肌肉纤维细，肉质细嫩，口感爽脆，香味浓郁，补气补血，养颜益寿。虫子鸡的蛋俗称安全蛋，富含人体所需的 18 种氨基酸，10 多种微量元素和多种维生素，特别是被称为抗癌之王的硒和锌的含量是普通蛋类的 3~5 倍，被誉为"蛋中极品"。大量饲养试验证实，用蝇蛆代替部分或全部鱼粉作蛋白质饲料喂养畜禽、鱼类等都取得了较好的养殖效果。

蝇蛆是营养成分全面的优质蛋白资源。分析测试结果表明，蝇蛆含粗蛋白质 59%~65%、脂肪 2.6%~12%，无论是原物质还是干粉，蝇蛆的粗蛋白质含量都与鲜鱼、鱼粉及肉骨粉相近或略高。蝇蛆的营养成分更加全面，含有动物所需要的 18 种氨基酸，并且每种氨基酸的含量均高于鱼粉，必需氨基酸和蛋氨酸含量分别是鱼粉的 2.3 倍和 2.7 倍，赖氨酸含量是鱼粉的 2.6 倍。同时，蝇蛆还含有多种生命活动所需要的微量元素，如铁、锌、锰、钴、铬、镍、硼、铜、硒、锗等。蝇蛆中赖氨酸、蛋氨酸、苯丙氨酸、色氨酸等限制氨基酸含量都很丰富，油脂中不饱和脂肪酸占 68.2%，必需脂肪酸占 36%（主要为亚油酸）。虽然一般植物油中含有较多的亚油酸和亚麻酸，其营养价值比动物油脂高，但在蝇蛆这种动物中，所含必需脂肪酸均比花生油、菜籽油高。蝇蛆是一类品质极高的壳聚糖资源。同时，蝇蛆体内还含有脂溶性维生素 A、维生素 D 和水溶性 B 族维生素等。此外，据研究，蝇蛆中还含有多种生物活性成分如抗菌活性蛋白、凝集素、溶菌酶等。

在室温 20~30 ℃、相对湿度 60%~80% 条件下，蛹经过 5 天发育变成成蝇。成蝇羽化 1 小时以后，展开翅膀开始吃食和饮水。家蝇在自然条件下，一般 1 年可繁殖 7~8 代。在人工饲养条件下，1 年可繁殖 25 代以上。卵期 1~2 天，幼虫期 4~6 天，蛹期约 5 天，成蝇寿命可达 1~2 个月，越冬蝇寿命可长达 4~5 个月。苍蝇的 1 个世代，约为 28 天。人工饲养条件下，完成 1 个世代约需 15 天，生产蝇蛆只需要 4~5 天。

成蝇白天活泼好动，夜间栖息，3 天后性成熟，雌雄开始交尾产卵，1~8 日龄为产卵高峰期，到 25 日龄基本失去产卵能力。蝇卵 4~8 小时孵化成蛆，蛆在猪、鸡粪中培育，一般第 5 天变蛹。温度及饵料养分对蛆的生长发育有很大影响，一般在室温 20~30 ℃ 条件下，营养含量越高，蛆生长发育越快，变成的蛹也越大。

蝇蛆的养殖技术要点如下：

一是建造蛆棚。选择光线明亮、通风条件好的地方建造蛆棚，根据养殖规模，蛆棚的面积一般为 30~100 平方米。棚内挖置数个 5~10 平方米的蛆池，池四周砌放 20 厘米高的砖，用水泥抹光。门和窗安装玻璃和纱窗，以利于调温。壁上安装风扇，以调节空气。房内宜有加温设备，使冬天温度保持 20~23 ℃，房内相对湿度保持 60%~70%。

二是驯化种蝇。把新鲜鸡粪放入蛆池，堆放数个长 400 厘米、宽 40 厘米的小堆。蛆棚的门在白天打开，让苍蝇飞入产卵，傍晚时关闭棚门让苍蝇在棚内歇息。野生蝇在产卵后要将其用药剂杀死，蝇蛆化蛹后，把蛹放在 5% 的 EM 菌液中浸泡 10~20 分钟，当蛹变成苍蝇时，再堆制新鲜鸡粪，诱使新蝇产卵，产卵后将苍蝇杀死。如此重复三五次，即可将野生蝇驯化成产卵量高、孵出蝇蛆杂菌少、个头大的人工种蝇。

三是收取蝇蛆。进入正常生产后，每天要取走养蛆后的残堆，更换新鲜鸡粪。经人工驯化的苍蝇产卵后 10 个小时即可孵化出蝇蛆，3~4 天成熟的蝇蛆就会爬出粪堆，当它们沿着池壁爬行寻找化蛹的地方时，会全部掉入光滑的塑料收蛆桶内。每天可分两次取走蝇蛆，并注意留足 1/5 蝇蛆，让其在棚内自然化蛹，以保证充足的种蝇产卵。分离出的蝇蛆洗涤后可以直接用来饲喂，也可在 200~250 ℃烘干 15~20 分钟，贮存备用。实践证明，用此方法养殖蝇蛆，每 1 000 千克新鲜鸡粪可产活蛆 400 千克以上，成本极其低廉。

（3）养殖黄粉虫。黄粉虫俗称面包虫，是人工养殖理想的饲料昆虫。生长速度快，对饲料要求不高，失去飞翔能力，便于人工养殖。黄粉虫营养丰富，幼虫含粗蛋白质 51%~60%；各种氨基酸齐全，其中赖氨酸 5.72%、蛋氨酸 0.53%；含脂肪11.99%、钙 1.02%、磷 1.11%、碳水化合物 7.4%；另外，还含有磷、铁、钾、钠等矿物质及糖类、维生素、激素、酶等，营养价值高。黄粉虫用于各种特种经济动物和珍奇稀有动物，可加快其生长发育，增强其抗病抗逆能力，降低饲料成本，提高产出效益。用 3%~6% 的鲜虫替代等量的国产鱼粉饲养肉鸡，增重率可提高 13%，饲料报酬提高 23%。以 5% 的黄粉虫幼虫粉替代等量的进口鱼粉饲喂产蛋高峰期的蛋鸡 23 天，结果喂黄粉虫的产蛋率为93.42%，喂进口鱼粉的产蛋率为92.33%，提高1.09%，蛋重增加0.37克。用1%的黄粉虫粉替代等量的微量元素饲喂蛋鸡43天，产蛋率可提高7%~12%；用1%的黄粉虫替代等量高效精料饲喂蛋鸡43天，产蛋率可提高2.38%。

黄粉虫是完全变态的昆虫，有成虫、卵、幼虫、蛹4种变态。成虫，体长而扁，长1.4~1.8厘米，黑褐色具有金属光泽，成虫期为50天左右。成虫在羽化过程中，头、胸、足为淡棕色，腹部和鞘翅为乳白色；开始虫体稚嫩，不愿活动，4~5天后颜色变深，鞘翅变硬，灵活但不能飞行，爬行较快；精心喂养后，成虫群体交尾、产卵。卵，白色椭圆形，大小约1毫米，卵期8~10天。幼虫，棕黄色，体长2~3厘米，体节较明显，有3对胸足；在第9腹节有1双尾凸，幼虫孵出时为黄白色，逐渐变为棕黄色；平均9天蜕1次皮，每蜕1次皮为1龄，共蜕7次皮，当最后一次蜕皮时在饲料表层化蛹；幼虫期约为80天。蛹白色，后变白黄色，体节明显，蛹期为12~15天。成虫每次产卵2~4粒，每只雌虫约产卵300粒，散产于饲料底部的筛网上。

黄粉虫养殖技术要点如下：

一是种虫。养殖黄粉虫最重要的是种虫。成龄幼虫、蛹、成虫都可做种虫，其中以成龄幼虫最佳。饲养到不同虫期，按黄粉虫的养殖技术，认真挑选蛹、成虫，除去病虫，筛好卵，使各虫期的虫同步繁殖，达到提纯复壮。买到成龄幼虫后，将其放入盛有麦麸的木盘中喂养，添加新鲜菜，认真观察，待蛹羽化为成虫。每0.5千克蛹放在一个盛有麦麸的筛盘中，再放在盛有饲料的木盘中，编号上架，待其羽化，注意清除死蛹。每隔7天，将成虫筛出换盘。筛下的饲料中混有卵，放在木盘中，继续孵化。

二是准备设备。准备好房舍、饲养盘、盘架、筛网及其他保温保湿设备。

1) 房舍：养殖黄粉虫必须有饲养房。饲养房要透光、通风，冬季要有取暖保温设备。饲养房的大小，可视其养殖黄粉虫的多少而定。一般情况下，每20平方米能养300~500盘。

2）饲养盘：抽屉状木盘为饲养盘，一般为长方形，长50厘米，宽40厘米，高8厘米。板厚为1.5厘米，底部用纤维板钉好。筛盘，也是长方形，放在木盘中，规格是45厘米×35厘米×6厘米，板厚为1.5厘米，底部为12目铁筛网并用三合板条钉好。制作饲养盘的木料最好是软杂木，而且没有异味。为了防止虫往外爬，要在饲养盘的4个框上边贴好塑料胶条。

3）盘架：摆放饲养盘的木架根据饲养量和饲养盘数的多少制作。用方木将木架连接起来固定好，防止歪斜或倾倒。然后就可以按顺序把饲养盘排放上架。

4）筛网：筛盘、筛子需用粗细几种铁筛网，12目大孔的可以筛虫卵，30目中孔的可以筛虫粪，60目的小孔筛网可筛1~2龄幼虫。

5）其他设备：饲养房内部要求温度冬夏都要保持在15~25℃。低于10℃，虫不食也不生长；超过30℃，虫体发热会烧死。湿度要保持在60%~70%，地面不宜过湿。冬季要取暖。如冬季不养可自然越冬。夏季要通风。室内应备有温度计、湿度计。

三是配好饲料。黄粉虫的主要饲料是麦麸，也可辅以糠麸等。玉米面过细，不透气，不宜作为黄粉虫的饲料。菜类主要是白菜、萝卜叶、甘蓝等叶菜。这些饲料可以满足黄粉虫对蛋白质、维生素、微量元素及水分的需要。为了提纯复壮种群，加快繁殖生长，可在饲料中添加少量葡萄糖粉、鱼粉等。

四是加强饲养管理。饲养管理要点见表3-8。

表 3-8 黄粉虫的饲养管理

时期	管理要点
成虫期	蛹羽化成虫的过程为 3~7 天，头、胸、足、翅先羽出，腹、尾后羽出。因为是同步挑蛹羽化，所以几天内可全部完成羽化。雄雌成虫群集交尾时一般都在暗处，交尾时间较长。产卵时雌虫尾部插在筛孔中产出，这个时期最好不要随意搅动。发现筛盘底部附着一层卵粒时，可以换盘。这时将成虫筛卵后放在盛有饲料的另一盘中，拨出死虫，5~7 天换 1 次卵盘。成虫存活期在 50 天左右。产卵期的成虫需要大量的营养和水分，所以必须及时添加麦麸和鲜菜，也可增加点鱼粉。若营养不足，成虫间会互相咬杀，造成损失
卵期	成虫产卵在盛有饲料的木盘中。将换下盛卵的木盘上架，即可自然孵化出幼虫。要注意观察，不宜翻动，防止损伤卵粒或伤害正在孵化中的幼虫。当饲料表层出现幼虫皮时，1 龄虫已经诞生
幼虫期	幼虫从卵孵化出至化蛹前这段时间称为幼虫期。成虫产卵的盘，孵化 7~9 天后，待虫体蜕皮体长达 0.5 厘米以上时，再添加麦麸和鲜菜。每个木盘中放幼虫 1 千克，密度不宜过大，防止因饲料不足，虫体活动挤压而相互咬杀。要随着幼虫的逐渐长大，及时分盘。麦麸是幼虫的主要饲料，同时也是栖身之地，因此饲料要保持自然温度。在正常情况下，当温度较高时，幼虫多在饲料表层活动；温度较低时，则钻进下层栖身。木盘中饲料的厚度在 5 厘米以内。当饲料逐渐减少时，再用筛子筛掉虫粪，添加新饲料。1~2 龄幼虫筛粪，要选用 60 目筛网，防止幼虫从筛孔漏掉。要先准备好盛放新饲料的木盘，边筛边将筛好的幼虫放入木盘上架。 黄粉虫幼虫生长要突破外皮（蜕皮），经过一次次蜕皮才能长大。幼虫期要蜕 7 次皮。每蜕皮 1 次，幼虫长 1 龄，虫体长大。幼虫平均 9 天 1 次蜕皮。幼虫蜕皮时，表皮先从胸背缝裂开，再到头、胸、足部，然后腹、尾渐渐蜕出。幼虫蜕皮一般都在饲料表层，蜕皮后又钻进饲料中。刚蜕皮的幼虫是乳白色，表皮细嫩

时期	管理要点
蛹期	幼虫在饲料表层化蛹。在化蛹前幼虫爬到饲料表面，静卧后虫体慢慢伸缩，在最后一次蜕皮过程中完成化蛹。化蛹可在几秒之内结束。刚化成的蛹为白黄色，蛹体稍长，腹节蠕动，随后蛹体逐渐缩短，变成暗黄色。幼虫个体间均有差异，表现在化蛹时间的先后，个体能力的强弱。刚化成的蛹与幼虫混在 1 个木盘中生活。蛹容易被幼虫在胸、腹部咬伤，吃掉内脏而成为空壳。有的蛹在化蛹过程中受病毒感染，化蛹后成为死蛹。这需要经常检查，发现这种情况可用 0.3% 漂白粉溶液喷雾空间，以消毒灭菌，同时将死蛹及时挑出处理掉。挑蛹时将在 2 天内化的蛹放在盛有饲料的同一筛盘中，坚持同步繁殖，集中羽化为成虫

在黄粉虫的养殖过程中，必须注意如下问题：一是禁止非饲养人员进入饲养房。进入室内的人员，必须在门外用生石灰消毒。二是在黄粉虫的生活史中，四变态是重要的环节。掌握好每个环节变态的时间、形体、特征，就能把握养殖的技术。三是饲料要新鲜，糠麸不变质，青菜不腐烂。四是在幼虫期，每蜕皮一次就要更换饲料，及时筛粪，添加新饲料。在成虫期饲料底部有卵粒和虫粪，容易发霉，要及时换盘。五是为了加快繁殖生长，对幼虫、羽化后的成虫，在饲料中适当添加葡萄糖粉或维生素粉、鱼粉，每天都要喂鲜菜。六是饲养人员每天都要察看各虫期的情况，如发现病虫、死虫应及时清除，防止病菌感染。

（4）养殖蝗虫。蝗虫俗称蚂蚱，性味辛、甘、温，具有止咳平喘、定惊止抽、解毒透渗、消肿止痛、滋补强壮等功效，可以入药。蝗虫营养丰富，具有高蛋白、低脂肪、低胆固醇，矿物质及维生素含量与种类丰富。鲜品含水分约 65.9%、蛋白质 25.5%、脂肪 2%、碳水化合物 1.4%、灰分 2.3% 及维生素 A、维生素 C、维生素 B 等。干品约含水分 20%、蛋白质 64%、脂肪 2.3% 及少量维生素 A、维生素 B 和约 3.3% 灰分（磷、钙、铁、铜、锰等)。除为人类食用外，还是各种畜禽的优良饲料。中华稻蝗必需氨基酸含量占氨基酸总量的47.73%，蛋氨酸含量(0.75%)与半胱氨酸含量(1.3%)之和超过了畜禽的饲养标准，完全可以利用蝗虫作为添加饲料为畜禽补充氨基酸。

蝗虫主要以小麦、玉米、高粱等作物和鲜嫩饲草为食。我国有1 000余种，其中只有少数适合人工饲养。如东亚飞蝗、棉蝗、中华稻蝗、中华蚱蜢等。这些品种各有优缺点，要综合考虑其生长周期、代数、食料、个头大小等因素，并结合当地的气候、食料来源等情况选择养殖品种。蝗虫为卵生，有成虫、卵和若虫3种形态。雄成虫体长18~27毫米，雌成虫体长25~60毫米，体绿色、黄绿色或褐绿色；卵长约3.5毫米，宽1毫米，深黄色；若虫也称蝗蝻，有6个龄期。蝗虫对温度反应敏感，随着温度的升高，取食逐渐旺盛。最佳生活环境为温度25~30 ℃，相对湿度80%~85%。蝗虫生长期内至少需经历日平均气温25 ℃以上达30天时才能完成发育和生殖。成蝗虫在土壤中产卵时对土壤的硬度与含水量有一定的选择性。一般成虫喜欢在比较坚硬的土壤中产卵，产卵最适合的土壤含水量为10%~20%。

蝗虫的养殖技术要点如下：

一是准备饲养设施与器具。饲养蝗虫要选择空旷、阳光充足、平整地块作饲养场，地面最好是不易结块的沙壤土，便于产卵和取卵。建造养殖棚，长方体形框架结构或拱形、梯形蔬菜大棚式的养殖棚都可以，一般以长方体形养殖棚为佳。养殖棚一般高1.5~2米，一侧纱网上留门。纱网质地要结实，目数要适宜，孔眼不能太大，否则会导致低龄若虫的逃逸；也可使用一般民房或废弃厂房作为饲养室。饲养笼一般为1米×1米×(2~3)米的长方体。饲养密度每笼500只左右。饲养笼上部用窗纱密封，下部地面铺设潮湿的沙土以供蝗虫产卵，前部留一个双层纱帘门，以便于饲喂和打扫卫生。

二是加强蝗虫孵化和若虫期饲养管理。孵化蝗虫时需要选择新鲜的卵块，放置在清洁培养皿中，卵块下面垫上湿润的滤纸，30℃恒温孵化。待蝗虫若虫即将孵化时取出培养皿，直到若虫孵化出来全身变硬带黑后再转移至饲养笼中。

若虫期温度以25~30℃为宜，光照12小时以上。饲养笼中要放置足够的枝条，以供若虫攀跃和蜕皮之用。若虫期要及时供应优质的鲜嫩饲草，并且要随着若虫龄的增大，逐渐增加饲喂量，尤其是到了3龄以上要保证饲养笼里有充足的食物，防止自相残杀。

三是注意成虫期饲养管理。五龄以上蝗虫即将羽化，此时要多加枝条和新鲜饲料，以创造适宜的羽化场所，促进蝗虫生长成熟和交尾。性成熟后4~7天开始交尾，15~20天开始产卵。雌蝗平均产卵4~5块，每块含60~80粒卵。产卵时最适宜的土壤含水量为10%~20%，土壤pH值为7.5~8.0。对于准备第二年孵化的越冬卵，需要及时从饲养笼地面土中收集，用相对湿度10%~15%的土按一层土一层卵的层次分层覆盖并密封，于5℃保存。

（5）其他育虫方法：可以在放牧的地方育虫，直接让鸡啄食。简单的育虫方法见表3-9。

表3-9　简单的育虫方法

育虫方式	育虫方法
稀粥育虫法	在牧地不同区域选择多个小地块作为育虫地，轮流在地上泼稀粥，然后用草等盖好，2天后草下尽生小虫子，让鸡轮流到各地块上吃虫子即可。育虫地块注意防雨淋，防水浸
稻草米糠育虫法	在牧地挖1个宽0.6米、深0.3米、长度适当的长方形土坑，将稻草切成6~7厘米长，用水煮2小时，捞出倒入坑内，上面盖6~7厘米厚的污泥（水沟泥或塘泥）、垃圾等，再用污泥压实，每天浇1盆淘米水。经过8天坑内即可生虫子，翻开压盖物，让鸡啄食即可。鸡每次吃完后，需再盖好污泥等，再浇1盆洗米水，可继续生虫子供鸡食用

育虫方式	育虫方法
粪便发酵育虫法	每 500 千克猪粪晒至七成干后加入 20% 的肥泥和 3% 的麦糠或米糠拌匀，堆成堆后用塑料薄膜封严发酵 7 天左右。挖一深 50 厘米土坑，将以上发酵料平铺于坑内 30~40 厘米厚，上用青草、草帘、麻袋等盖好，保持潮湿，20 天左右即生蛆、虫、蚯蚓等。在牛粪中加入 10% 的米糠和 5% 麦糠拌匀，倒在阴凉处的土坑里，上盖杂草、秸秆等，最后用污泥密封，经过 20 天即可生虫子。在较潮湿的地块上挖 1 个长和宽各 1~2 米、深 0.3 米的土坑，坑底铺一层碎杂草，草上铺一层马粪，粪上再撒一层麦糠。如此一层一层铺至坑满为止，最后盖一层草。坑中每天浇水一次，经 1 周左右即可生虫子。在放牧场内利用杀菌消毒和发酵处理过的猪、鸡粪加 20% 的肥土和 3% 的糠麸拌匀堆成堆后，覆膜发酵 7 天左右，将发酵料铺在砖砌地面或 50 厘米宽、70 厘米长、30 厘米深的坑中，用草盖好，保持潮湿 20 天左右即可生蛆、虫、蚯蚓等，每天将发酵料翻撒一部分，供鸡食用，可节约饲料 30%
杂物育虫法	将鲜牛粪、鸡毛、杂草、杂粪等物混合加水，调成糊状，堆成 1 米高、1.5 米宽、3 米长的土堆，堆顶部及四周抹一层稀泥，堆顶部再用草等盖好，以防阳光晒干，过 7~15 天即生虫子
腐草育虫法	在较肥沃的地块挖宽约 1.5 米、长 1.8 米、深 0.5 米的土坑，底铺一层稻草，其上盖一层豆腐渣，然后再盖一层牛粪，粪上盖一层污泥，如此铺至坑满为止，最后盖一层草，经 1 周左右即可生虫子
豆腐渣育虫法	把 1~2 千克豆腐渣倒入缸内，再倒入一些洗米水，盖好缸口。过 5~6 天即可生虫子，再培育 3~4 天即可让鸡采食。用 6 只缸轮流育虫，可满足 50 只鸡食用
豆饼育虫法	把少量豆饼敲碎后与豆腐渣一起发酵，再与秕谷、树叶等混合，放入 20~30 厘米深的土坑内，上面盖一层稀污泥，再用草等盖严实，经过 6~7 天即生虫子
酒糟育虫法	酒糟 10 千克加豆腐渣 50 千克混匀，在距离房屋较远处堆成长方形，过 2~3 天即生虫子，5 天后即可让鸡采食

续表

育虫方式	育虫方法
麦（米）糠育虫法	在庭院角落处堆放两堆麦糠，分别用草泥（碎草与稀泥混合而成）封闭起来，数天后即可生虫子；或在鸡舍附近堆放两堆米糠，分别用草泥糊起来，数天后即生虫。轮流让鸡采食虫，食完后再将麦糠（米）糠集中成堆照样糊草泥，可继续生虫

二、土鸡的饲料配制方法

（一）土鸡配合饲料的种类

配合饲料有全价配合饲料、浓缩饲料和添加剂预混合饲料。其中浓缩饲料和添加剂预混合饲料是半成品，不能直接作为饲粮饲喂土鸡，全价配合饲料是最终产品，是土鸡的全价营养饲粮。三者关系如图3-2所示。

图3-2　预混合饲料、浓缩饲料和全价配合饲料之间的关系

（二）饲料配制的原则

1. 灵活应用饲养标准　配合日粮时，必须以鸡的饲养标准为依据，合理应用饲养标准来配制营养完善的全价日粮，才能保证鸡群健康并很好地发挥生产性能，提高饲料利用率，降低饲养成本，获得较好的经济效益。但鸡的营养需要是个极其复杂的问题，饲料的品种、产地、保存好坏会影响饲料的营养含量，鸡的品种、类型、饲养管理条件等也能影响营养的实际需要量，温

度、湿度、有害气体、应激因素、饲料加工调制方法等也会影响营养的需要和消化吸收。因此，在生产中原则上既要按饲养标准配合日粮，也要根据实际情况做适当的调整。

2. 注意饲料的适口性　土鸡比较挑食，对饲料的适口性要求较高，否则采食量下降，影响到生长和产蛋。玉米、豆粕、鱼粉等是土鸡最喜欢的饲料原料。健康养殖土鸡所用的饲料应质地良好，保证日粮无毒、无害、不苦、不涩、不霉、不污染。对某些含有毒有害物质或抗营养因子的饲料最好进行处理或限量使用。另外，土鸡喜食颗粒较大的饲料，不要粉碎太细。饲料发霉、酸败、虫蛀会降低其适口性。

3. 尽量利用和发掘当地的饲料资源　同样的饲料原料，当地原料运输费用相对较低，价格便宜，可以大大降低饲料成本。所以大力发掘当地可以利用的饲料资源，能提高饲养效益。如槐树叶、松树叶、草粉、小米糠等，可作为非常规饲料原料。

4. 饲料原料要多样化　配合日粮时，应注意饲料原料的多样化，尽量多用几种饲料进行配合，这样有利于充分发挥各种饲料中营养的互补作用，提高日粮的消化率和营养物质的利用率。特别是蛋白质饲料，选用2~3种，通过合理的搭配以及氨基酸、矿物质、维生素的添加，可以减少鱼粉、豆粕等价格较高的饲料原料用量，既能满足鸡的全部营养需要，又能降低饲料价格。

5. 饲料配方要相对稳定　频繁变动饲料配方和原料会造成土鸡的消化不良，影响生长和产蛋，因此，饲料原料要有稳定可靠的来源。有时由于原料价格变化很大，需改动饲料配方，要逐步进行，避免对土鸡造成大的影响。

（三）饲料配方的设计

饲料配方设计的方法有很多种，大体上可分为手算法和计算机最低成本法两类。其中手算法简单易学，灵活性强，比较适合饲养户应用。计算机最低成本法适合大型饲料厂应用。下面就手算法中的试差法举例说明配方设计的方法和步骤。

配制土鸡产蛋高峰期（产蛋率大于80%）日粮，步骤如下。

1. 查营养需要　确定日粮中粗蛋白质含量为16.5%，代谢能为11.5兆焦/千克，钙3.5%，磷0.6%，赖氨酸0.73%，蛋氨酸0.36%。

2. 选择饲料原料　结合本地饲料原料来源、营养价值、饲料的适口性、毒素含量等情况，初步确定选用饲料原料的种类和大致用量。

3. 查营养含量　从鸡的常用饲料成分及营养价值表中查出所选用原料的营养成分含量，初步计算粗蛋白质的含量和代谢能，见表3-10。

4. 调整　将计算结果与饲养标准对比，粗蛋白质17.0%，比标准16.5%高；代谢能11.39兆焦/千克，比标准11.50兆焦/千克略低。调整配方，增加高能量饲料玉米的比例，降低麸皮的比例，降低高蛋白饲料豆粕、花生粕的比例，调整后的计算见表3-10。能量和蛋白质调整后，可以计算钙、磷和氨基酸，然后补充。

表3-10　土鸡产蛋期日粮配合的计算表

饲料种类	初步计算			调整后计算		
	比例/%	粗蛋白质/%	代谢能/（兆焦/千克）	比例/%	粗蛋白质/%	代谢能/（兆焦/千克）
玉米	62	5.332	8.717	64	5.504	8.998
麸皮	3	0.432	0.197	2	0.288	0.131
豆粕	16	7.552	1.646	15.2	7.174	1.564
棉籽粕	2	0.83	0.159	2	0.83	0.159
菜籽粕	2	0.77	0.16	2	0.77	0.160
花生饼	3	1.317	0.368	2.8	1.229	0.343
鱼粉	1.4	0.771	0.144	1.4	0.771	0.144
石粉	8			8		
骨粉	2			2		
合计	99.4	17	11.39	99.4	16.57	11.50

饲料配方：玉米 64%、麸皮 2%、豆粕 15.2%、棉籽粕 2%、菜籽粕 2%、花生饼 2.8%、鱼粉 1.4%、石粉 8%、骨粉 2%、食盐 0.35%、复合多维 0.04%、蛋氨酸 0.1%、赖氨酸 0.1%、杆菌肽锌 0.01%。

（四）饲料配方举例

1. 种用或蛋用土鸡的饲料配方 见表 3-11、表 3-12。

表 3-11 种用或蛋用土鸡的饲料配方

饲料成分/%	0~6 周龄			7~14 周龄			15~20 周龄			产蛋期		
	1	2	3	1	2	3	1	2	3	1	2	3
玉米	65	63	61	65	65	65	70.4	66	65	64.6	64.6	62
麦麸	0	2	2	6	7.3	6	14	13.4	13.5	0	0	0
米糠	0	0	0	0	0	0	0	5	7	0	0	0
豆粕	22	21.9	26.9	16.3	14	13	0	0	0	15	15	14
菜籽粕	2	0	2	4	2	4	2	6	5	0	0	0
棉籽粕	2	2	2	3	0	2	2	2	2	0	0	0
花生粕	2	6	2.6	0	3	6	0	0	0	4	4	8
芝麻粕	0	0	0	0	0	0	0	2	2	2	1	2.7
鱼粉	2	2	0	0	1	0	0	0	0	3.1	2	2
石粉	1.22	1.2	1.2	1.2	1.2	1.2	1.1	1.1	1.1	8	8	8
磷酸氢钙	1.3	1.4	1.8	1.2	1.2	1.5	1.2	1.2	1.1	1	1.1	1
微量添加剂	0.1	0.1	0.1	0	0	0	0	0	0	0	0	0
复合多维	0.04	0.04	0.04	0	0	0	0	0	0	0	0	0
食盐	0.26	0.3	0.3	0.3	0.3	0.3	0.3	0.3	0.3	0.3	0.3	0.3
杆菌肽锌	0.02	0.02	0.02	0	0	0	0	0	0	0	0	0
氯化胆碱	0.06	0.04	0	0	0	0	0	0	0	0	0	0
复合预混料	0	0	0	3	3	3	3	3	3	2	2	2
代谢能	12.1	11.9	11.8	11.7	11.7	11.7	11.5	11.7	11.4	11.3	11.3	11.3
粗蛋白质	19.4	19.5	18.3	16.4	16.35	16.5	12.5	16.35	12.3	16.5	16	17.1
钙	1.1	1	1	0.92	0.9	0.92	0.78	0.9	0.79	3.5	3.4	3.5
有效磷	0.45	0.04	0.41	0.36	0.35	0.36	0.35	0.32	0.38	0.38	0.36	0.38

注：微量添加剂是微量元素添加剂；代谢能的单位为兆焦/千克；粗蛋白质、钙、有效磷及其他饲料成分的单位为%。

表 3-12 蛋用土鸡的饲料配方

饲料成分	开产期	产蛋高峰期	其他产蛋期	冬季产蛋期
玉米/%	70.97	63.7	67.65	67.65
大豆粕/%	10	11.5	8	8
花生仁饼/%	8	8	8	5
棉籽饼/%			2	
苜蓿粉/%				5
鱼粉（国产）/%	2.2	4	3	3
磷酸氢钙/%	1.3	1.2	1.2	1.2
石粉/%	5.52	7.7	7.2	7.2
蛋氨酸/%	0.1	0.1	0.1	0.1
赖氨酸/%	0.11	0	0.05	0.05
植物油/%	1	3	2	2
食盐/%	0.3	0.3	0.3	0.3
添加剂/%	0.5	0.5	0.5	0.5
代谢能/（兆焦/千克）	12.05	12.18	12.20	12.2
粗蛋白质/%	16	17	16.1	15.8
钙/%	2.4	3.2	3	3
有效磷/%	0.43	0.45	0.43	0.43
赖氨酸/%	0.74	0.75	0.75	0.7
蛋氨酸/%	0.35	0.38	0.36	0.35
蛋氨酸+胱氨酸/%	0.62	0.65	0.62	0.6

2. 商品土鸡的饲料配方　见表3-13、表3-14。

表3-13　0~4周龄土鸡的配方

饲料成分	配方1	配方2	配方3
玉米/%	60	58	64
豆粕/%	22.4	22	15
菜籽粕/%	2	3	3
棉籽粕/%	1	3	5
花生粕/%	6	6	6
肉骨粉/%	2	0	0
鱼粉/%	2	3	1
油脂/%	0	1	1
石粉/%	1.2	1.2	1.2
磷酸氢钙/%	1.1	1.5	1.5
食盐/%	0.3	0.3	0.3
复合预混料/%	2	2	2
代谢能/（兆焦/千克）	12.2	12	12.3
粗蛋白质/%	20.8	21.2	21.5
钙/%	1.1	1.1	1.1
有效磷/%	0.46	0.46	0.46

表3-14　5周龄以上土鸡的饲料配方　　　　（%）

饲料成分	配方1	配方2	配方3	配方4	配方5	配方6
玉米	63.2	65	70	69.5	64	64
麸皮	3	3.1	0	0	5	7.5
豆粕	17	21	12	13.5	20	18
菜籽粕	0	0	0	0	0	0
棉籽粕	0	0	0	10	0	0
花生粕	5	0	0	0	0	0
蚕蛹	0	0	0	2	0	0
鱼粉	6	3	14	2	8	8
油脂	3	3	0	0	0	0
石粉	0.5	2	1.5	0.65	0.33	0.13
磷酸氢钙	1	1.5	1.2	1	1.3	1
食盐	0.3	0.4	0.3	0.35	0.37	0.37
复合预混料	1	1	1	1	1	1

第四章　土鸡场的场址选择和鸡舍建设

第一节　果园山林散养土鸡的场址选择

一、选择原则

（一）隔离防疫原则

疾病，特别是疫病，是影响鸡群生产性能和鸡场效益的主要因素。土鸡场的环境及附近的隔离卫生和防疫的条件好坏，对疾病的传播和发生有着重大的影响。要减少或避免疾病发生，在鸡场建设时必须遵循隔离防疫原则；对拟建场地要进行详细的调查，了解历史疫情和污染状况；场地要远离污染源，有良好的隔离条件；对场地要进行合理的规划布局，配备应有的隔离防疫设施，并能正常运行。

（二）生态原则

土鸡场场址的土壤土质、水源水质、空气、周围建筑环境符合生产标准要求，避免受到重工业、化工工业等工厂的污染；选择场址时还应考虑粪便、污水等废弃物的处理和利用条件，如周围有大片农田、林地等，可以消化大量的废弃物，避免对鸡场环境和周边环境造成污染而影响长远发展；一定要根据饲养规模选择散养地或根据散养地的载禽（畜）量确定散养规模，防止过度放牧鸡群破坏植被。

（三）经济实用原则

建设土鸡场要尽量节约土地。土地资源日益紧缺、紧张，场地（如土鸡种鸡场或孵化场）最好选择荒坡林地、丘陵或贫瘠的边次土地，少占或不占农田；鸡舍设计和建筑要科学、实用，在保证正常生产的前提下尽量减少固定资产投入。

二、场址选择

散养场址选择时一定要科学安排，要从交通、地势、土质、水质、电源、防疫以及虫草等各方面综合考虑。水源地保护区、旅游区、自然保护区、环境污染严重区、发生重大动物传染病疫区，其他畜禽场和屠宰厂附近、候鸟迁徙途经地和栖息地、山谷洼地易受洪涝威胁地段、退化的草场和草山草坡等不适宜建场。

（一）地势、地形

地势是指场地的高低起伏状况。地形是指场地的形状、范围及地物。应选择地势高燥，向阳背风，远离沼泽地区，以避免寄生虫和昆虫的危害。地面开阔、整齐、平坦而稍有坡度，以便排水。地面坡度以1%~3%为宜，最大不得超过25%。这种场地阳光充足、地势高燥、洁净卫生。低洼积水的地方不宜建场。山区建场要注意地质构造情况，避开断层、滑坡和塌方地段，也要避开坡底、谷底以及风口，以免受到山洪和暴雨的袭击。场区面积在满足生产、管理和职工生活福利的前提下，尽量少占土地。

（二）土壤

从防疫卫生观点出发，场地土壤要求透水性、透气性好，容水量及吸湿性小，毛细管作用弱，导热性小，保湿良好；不被有机物和病原微生物污染；没有地质化学环境性地方病；地下水位低和非沼泽性土壤。综上所述，在不被污染的前提下，选择沙壤土建场较理想。

(三) 水源

场址附近必须有洁净充足的水源，取用、防护方便。鸡场用水量较大，每只成鸡每天的饮水量平均为 300 毫升，生活用水及其他用水是鸡群饮水量的 2~3 倍。不经过处理或稍加处理即可饮用的水最理想。水中不含病原微生物，无臭味或其他异味，水质澄清透明，酸碱度、硬度、有机物或重金属含量符合无公害生态生产的要求。最好提取水样做水质的物理、化学和微生物污染等方面的化验分析。深层地下水水量较为稳定，并经过较厚的沙土层过滤，杂质和微生物较少，水质洁净，且所含矿物质较多，是较理想的水源。地面水源包括江水、河水、塘水等，其水量随气候和季节变化较大，有机物含量多，水质不稳定，多受污染，使用时必须经过处理。

(四) 其他方面

选择场址时，应注意鸡场与周围社会的关系，既不能使鸡场成为周围社会的污染源，也不能受周围环境的污染。应选在居民区的低处和下风处。但应避开居民污水排放口，更应远离化工厂、制革厂、屠宰场等易造成环境污染的企业。按无公害食品部颁标准规定要求，散养场地应距离大型化工厂、矿厂和其他养殖场、屠宰场、畜产品加工厂、皮革加工厂以及兽医院等生物污染严重的地点 3 000 米以上，距离干线交通公路、村庄和居民点 1 000 米以上，周围不能有任何污染源，空气良好。另外，要求供电充沛，并保证能连续供电。

(五) 散养场地

散养土鸡需要有良好的生态条件。山林果园散养的土鸡活泼好动，觅食力强，因此除要求具有较为开阔的饲喂、活动场地外，还需有一定面积的果园、农田、林地、草场或草山草坡等，以供其自行采食杂草、野菜、虫体、谷物及矿土等丰富的食料，满足其营养的需要，促进机体的发育和生长，增强体质，改善肉蛋品质。无论哪种散养地最好均有树木遮阴，在中午能为土鸡群提供休息的场所。

1. 果园　果园的选择，以干果、主干略高的果树和农药用药少的果园地为佳，并且要求排水良好。最理想的果园是核桃园、枣园、柿园和桑园等。这些果园的果树主干较高，果实结果部位亦高，果实未成熟前坚硬，不易被鸡啄食。其次为山楂园，因山楂果实坚硬，全年除防治 1~2 次食心虫外，很少用药。在苹果园、梨园、桃园养鸡，散养期应避开用药和采收期，以减少药害以及鸡对果实的伤害。

2. 林地　选择树冠较小、树木稀疏、地势高燥、排水良好的地方，空气清新，环境安静，鸡能自由觅食、活动、休息和晒太阳。林地以中成林为佳，最好是成林林地。鸡舍坐北朝南，鸡舍和运动场地势应比周围稍高，倾斜度以 10°~20° 为宜，不应高于 30°。树枝应高于鸡舍门窗，以利于鸡舍空气流通。

山区林地最好是果园、灌木丛、荆棘林或阔叶林等，土质以沙壤为佳，若是黏质土壤，在散养区应设立一块沙地。附近应有小溪、池塘等清洁水源。鸡舍建在向阳南坡上。

果园和林间隙地可以种植苜蓿为散养鸡提供优质的饲草。据试验，在鸡日粮中加入 3%~5% 的苜蓿粉不但能使蛋黄颜色变黄，还能降低鸡蛋胆固醇含量。

3. 草场　草场养鸡，以自然饲料为主，生态环境优良，饲草、空气、土壤等基本没有污染。草场是天然的绿色屏障，有广阔的活动场地，烈性传染病很少，鸡体健壮，药物用量少，无论是鸡蛋还是鸡肉均属绿色食品，有益于人体健康。草场具有丰富的虫草资源，鸡群能够采食到大量的绿色植物、昆虫、草籽和土壤中的矿物质。近年来，草场蝗灾频频发生，越干旱蝗虫越多，牧鸡灭蝗效果显著，再配合灯光、激素等诱虫技术，可大幅度降低草场虫害的发生率。选择草场一定要地势高燥，避免洼地，因洼地低阴潮湿，对鸡的健康不利。

草场中最好要有能为中午的鸡群提供遮阴或下雨时作为庇护场所的树木，若无树木则需搭设遮阳棚。选择草山草坡散养土鸡一定要避开风口、泄洪沟和易塌方的地方，并将棚舍搭建在避风向阳、地势较高的地方。

4. 农田　一般选择种植玉米、高粱等高秆作物的田地和棉田养鸡，要求地势较高，作物的生长期在 90 天以上，周围用围网隔离。农田散养鸡，以采食杂草、昆虫为主，这样就解除了除草、除虫之忧，减少了农药用量。鸡粪还是良好的天然肥料，可以降低农田种植业的投资。田间散养鸡，饲养条件简单，管理方法简便，但饲养密度不高，每 667 平方米土地不超过 60 只成年鸡或 90 只青年鸡。

田间养土鸡要注意错开苗期，要在土鸡对作物不造成危害后再散养。作物到了成熟期，如果鸡还不能上市，可以半圈养为主，大量补饲精料催肥。

三、散养土鸡场的规划布局

土鸡场的规划布局要科学，因地制宜，根据拟建场地的环境条件和具体情况进行，科学确定各区的位置，合理确定各类房舍、道路、供排水和供电等管线、绿化带等的相对位置及场内防疫卫生的安排。科学合理的规划布局可以有效地利用土地，减少建场投资，保持良好的环境条件和管理的高效方便。

（一）分区规划

分区规划有利于隔离和卫生，减少疾病发生。根据场地情况可以分为生产区、生活管理区、病鸡隔离区等。

1. 生产区　生产区是总体布局的中心主体。生产区内鸡舍的设置应根据常年主导风向，按孵化室（种鸡场）、育雏舍、散养鸡舍这一顺序布置鸡场建筑物，以减少雏鸡发病机会，利于鸡的转群。生产区内，按规模大小、饲养批次不同分成几个小区，区与区之间要相隔一定距离。散养土鸡舍间距不低于150米。

2. 生活管理区 生产区与生活区要分开，非生产人员不准随便进入生产区。

3. 病鸡隔离区 病鸡隔离区主要是用来治疗、隔离和处理病鸡的场所。为防止疫病传播和蔓延，该区应在生产区的下风向，并在地势最低处，而且应远离生产区。隔离舍尽可能与外界隔绝。该区四周应有自然的或人工的隔离屏障，设单独的道路与出入口。

林地、果园、荒坡、小丘陵地养鸡要实行轮牧饲养，因此，育雏舍尽可能建在轮放饲养地的中央位置。

（二）道路和储粪场

育雏区设置清洁道和污染道，清洁道供饲养管理人员、清洁的设备用具、饲料和新母鸡等使用，污染道供清粪、污浊的设备用具、病死和淘汰鸡使用。清洁道和污染道不交叉。鸡场设置粪尿处理区。粪尿处理区距鸡舍30~50米，并在鸡舍的下风向。

（三）鸡舍朝向

鸡舍朝向是指鸡舍长轴与地球经线是水平还是垂直。鸡舍朝向影响到鸡舍的采光、通风和太阳辐射。朝向选择应考虑当地的主导风向、地理位置、鸡舍采光和通风排污等情况。鸡舍朝南，即鸡舍的纵轴方向为东西向，对我国大部分地区的开放舍来说是较为适宜的。这样的朝向，在冬季可以充分利用太阳辐射的温热效应和射入舍内的阳光防寒保温；夏季辐射面积较少，阳光不易直射舍内，有利于鸡舍防暑降温。

鸡舍内的通风效果与气流的均匀性和通风量的大小有关，但主要看进入舍内的风向角多大。风向与鸡舍纵轴方向垂直，则进入舍内的是穿堂风，有利于夏季的通风换气和防暑降温，不利于冬季的保温；风向与鸡舍纵轴方向平行，风不能进入舍内，通风效果差。所以要求鸡舍纵轴与夏季主导风向的角度在45~90度较好。

(四) 防疫隔离设施

育雏的鸡场周围要设置隔离墙，墙体严实，高2.5~3米。鸡场大门设置消毒池和消毒室，供进入人员、设备和用具的消毒。

第二节　果园林地散养土鸡的鸡舍建设

一、鸡舍的建筑要求

(一) 保温隔热

散养土鸡鸡舍建在野外，舍内温度和通风情况随着外界气候的变化而变化，受外界环境气候的影响直接而迅速。尤其是育雏舍，鸡个体较小，新陈代谢功能旺盛，体温也比一般家畜高，需要人为提供适宜的育雏温度和保持温度稳定，否则育雏期间容易受冷、受热或过度拥挤，常易引起大批死亡。所以，鸡舍 (特别是雏鸡舍) 要保温隔热。

没有固定的育雏舍时，在散养地建设育雏舍育雏，可以利用一些廉价的隔热材料，如塑料布、彩条布等设置天棚，隔离一些小的空间等来增加鸡舍的保温性能。

(二) 光照充足

光照分为自然光照和人工光照。自然光照主要对开放式鸡舍而言，充足的阳光照射，特别是冬季可使鸡舍温暖、干燥和消灭病原微生物等。因此，利用自然采光的鸡舍首先要选择好鸡舍的方位。另外，窗户的面积大小也要恰当，种鸡舍窗户与地面面积之比以 1：5 为好，商品鸡舍可相对小一些。

（三）位置适当

散养土鸡的鸡舍要建在地势较高的地方，下雨不发生积水，容易干燥，空气、水源无污染。

（四）布列均匀

如果饲养规模大而棚舍较少，或散养地面积大而棚舍集中在一角，容易造成超载和过度放牧，影响正常生长，造成植被破坏，并易促成传染病的暴发。因此，应根据散养规模和散养场地的面积搭建棚舍，多棚舍要布列均匀，间隔 150~200 米。每一棚舍能容纳 300~500 只的青年鸡或 200~300 只的产蛋鸡。

（五）隔离卫生

无论何种类型的棚舍，在设计建造时必须考虑以后便于卫生管理和防疫消毒。鸡舍内地面要比舍外地面高出 30~50 厘米，鸡舍周围 30 米内不能有积水，以防舍内潮湿，滋生病菌。棚舍内地面要铺垫 5 厘米厚的沙土，并且根据污染情况定期更换。鸡舍的入口处应设消毒池。有窗鸡舍，窗户要安装铁丝网，以防止飞鸟、野兽进入鸡舍，避免引起鸡群应激和传播疾病。

二、鸡舍的类型及要求

山林果园散养鸡的鸡舍类型主要有育雏舍和散养鸡舍。育雏舍用于出壳到 3~6 周龄的雏鸡，对鸡舍条件要求较高，必须保温、卫生和干燥。散养鸡舍用于散养季节的青年鸡和产蛋鸡。在农田、果园和林间隙地中散养鸡，鸡舍作为鸡的休息和避风雨、保温暖的场所，除了避风向阳、地势高燥外，整体要求应符合散养鸡的生活特点，并能适应野外放牧条件。

（一）育雏舍

根据育雏舍的结构和材料可以分为普通舍和简易舍。无论什么形式的育雏舍，一要有较好的保温隔热能力。鸡舍的保温隔热能力影响舍内温热环境，特别是温度。保温隔热能力好，有利于冬天的保温和夏季的隔热，有利于舍内适宜温度的维持和稳定。由于雏鸡需要较高的环境温度，育雏期需要人工加温，所以，对保温性能要求更高些。鸡舍的维护结构设计要合理，具有一定的厚度，设置天花板，精细施工。为减少散热和保温，可以缩小窗户面积（每间可留两个1米×1米的窗户）和降低育雏舍的高度。二要有良好的卫生条件。鸡舍的地面要硬化，墙体要粉刷光滑，有利于冲洗和清洁消毒。三要有适宜的鸡舍面积。面积大小关系到饲养密度，影响培育效果，必须有适宜的鸡舍面积。培育方式不同、鸡的种类不同、饲养阶段不同，需要的面积不同，鸡舍面积根据培育方式、种类、数量来确定。根据场地形状大小、笼具规格和饲养数量确定育雏舍的长宽，一般高度为2.2~2.5米。

（二）散养鸡舍

散养鸡舍主要用于生长鸡或产蛋鸡散养期夜间休息或避雨、避暑。总体要求是保温防暑性能及通风换气良好，便于冲洗排水和消毒防疫，舍前有活动场地。

1. 普通鸡舍　普通鸡舍一般为砖木结构，修建成单坡屋顶或双坡屋顶，墙体是开放式或半开放式。鸡舍跨度4~5米，高2~2.5米，长10~15米。舍内置栖架，每只鸡所占栖架的位置不低于17~20厘米，每一棚舍能容纳300~500只的青年鸡或300只左右的产蛋鸡（图4-1）。产蛋鸡舍要求环境安静，防暑保温，每5只母鸡设1个产蛋窝。产蛋窝位置要求安静避光，窝内放入少许麦秸或稻草；开产时窝内放入1个空蛋壳或蛋形物以引导产蛋鸡在此产蛋。散养鸡舍要特别注意通风换气，否则，舍内空气污浊，会导致生长鸡增重减缓，饲养期延长或导致疾病暴发。

单坡和双坡鸡舍剖面图

平面图

图 4-1 普通鸡舍的剖面图和平面图

2. 简易鸡舍 简易的散养鸡舍分为一般简易鸡舍和塑膜大棚鸡舍。

（1）一般简易鸡舍：在果园、林地等散养区，在一块地势较高、背风向阳的平地，用油毡、无纺布及竹木、茅草等，借势搭建成坐北朝南的简易鸡舍。可直接搭成金字塔形，棚门朝南，另外三边可着地，也可四周砌墙，其方法不拘一格。随鸡龄增长及所需面积的增加，可以灵活扩展。棚舍能保温，能挡风。做到雨天不漏水，雨停棚外不积水，刮风棚内不串风即可。或用竹、木搭成"人"字形框架，棚顶高 2 米，南北檐高 1.5 米。扣棚用的塑料薄膜接触地面部分用土压实，棚的顶面用绳子扣紧。棚的外侧东、北、西三面要挖好排水沟，四周用竹片围起，做到冬暖夏凉，棚内安装电灯，配齐食槽、饮水器等用具。一般 500 只鸡为一个养鸡单位，按每平方米容纳 15~20 只鸡的面积搭棚。值班室和仓库建在鸡舍旁，方便看管和饲养。

（2）塑膜大棚鸡舍：简易塑料大棚的突出优点是投资少，见效快，不破坏耕地，节省能源；与建造固定鸡舍相比，资金的周转回收快。缺点是管理维护麻烦、不防火等。塑料大棚养鸡，在通风、取暖、光照等方面可充分利用自然能源，冬天利用塑料薄膜的"温室效应"提高舍温、降低能耗。夏天棚顶盖厚1.5厘米以上的麦秸草或草帘子，中午最热天，舍内比舍外低2~3℃；如果结合棚顶喷水，可降低3~5℃。一般冬天夜间或阴雪天，适当提供一些热源，棚内温度可达12~18℃。塑料大棚饲养散养鸡设备简单，建造容易，拆装方便，适宜小规模冬闲田、果园养鸡或轮牧饲养法（图4-2）。只要了解塑料大棚建造方法和掌握大棚养鸡的饲养管理技术特点，就能把鸡养好，并取得较好的经济效益。

图4-2 双坡式塑料大棚鸡舍

3. 组装鸡舍 组装鸡舍适用于喷洒农药和划区轮牧的棉田、果园、草场等，有利于充分利用自然资源和饲养管理，用于散养期间的青年鸡或产蛋鸡。组装鸡舍整体结构不宜太大，要求相对轻巧且结构牢固，易于组装。其主要支架材料采用木料、钢管、角铁或钢筋，周围和隔层用铁丝网，夜间用塑料布、塑编布搭盖，注意要留有透气孔。舍内设栖架、产蛋窝。底架要求牢固。

第三节 果园林地散养土鸡常用的设备用具

一、供温设备

（一）煤炉供温

在育雏室内设置煤炉和排烟通道，燃料用炭块、煤球、煤块均可。保温良好的房舍，每 20～30 平方米设置一个煤炉即可（图 4-3）。为了防止舍内空气污染，可以紧挨墙砌煤炉，把煤炉的进风口和掏煤渣口设置在墙外。这种方法优点是省燃料，温度易上升；缺点是费人力，温度不稳定。适用于专业户、小规模鸡场的各种育雏方式。

图 4-3 煤炉示意图

（二）保姆伞供温

保姆伞形状像伞样，撑开吊起，伞内侧安装有加温和控温装置（如电热丝、电热管、温度控制器等），伞下一定区域温度升高，达到育雏温度（图4-4）。雏鸡在伞下活动、采食和饮水。伞的直径大小不同，养育的雏鸡数量不等。现在伞的材料多是耐高温的尼龙，可以折叠，使用比较方便。其优点是育雏数量多，雏鸡可以在伞下选择适宜的温度带，换气良好；不足是育雏舍内还需要保持一定的温度（需要保持24℃）。适用于地面平养、网上平养。

图4-4　保姆伞示意图

（三）烟道供温

根据烟道的设置，可分为地下烟道育雏和地上烟道育雏两种形式（图4-5）。

1. 地下烟道育雏　在育雏室，顺着房的后墙地下修建两个直通火道，烟道面与地面平，火门留在育雏室中央，烟道最后从育雏室墙上用烟囱通往室外。为了保温在烟道上设有护板，并靠墙挖一斜坡，护板下半部是活动的，可以支起来，便于打扫。这种地下烟道，可根据舍内温度，昼夜烧火，可以使用当地任何燃料，是一种经济、简便、有效的供温设备，可广泛采用。

2. 地上烟道育雏　烟道设在育雏室的地面上，雏鸡活动在烟道下，这种烟道可使用任何燃料，也根据舍温调整烧火次数，以保证适宜的舍温。

图 4-5　烟道示意图

（四）热水、热气供温

大型鸡场育雏数量较多，可在育雏舍内安装散热片和管道，利用锅炉产生的热气或热水使育雏舍内温度升高。此法育雏舍清洁卫生，育雏温度稳定，但投入较大。

（五）暖风机供温

暖风机供温是将暖风机产生的热风引入育雏舍内，使舍内温度升高（图 4-6）。

二、通风设备

果园林地散养鸡舍主要利用舍内外温度差和自然风力进行舍内外空气交换（自然通风），利用门窗开启的大小和鸡舍屋顶上的通风口进行。通风效果取决于舍内外的温差、通风口大小和风力的大小。炎热夏季舍内外温差小，冬季鸡舍封闭严密都会影响通风效果。

图 4-6　暖风机

夏季舍内也可以安装风机进行机械通风，风机见图 4-7。

图 4-7　常用的轴流式风机

三、照明设备

鸡舍必须要安装人工照明系统。人工照明采用普通灯泡或节能灯泡，安装灯罩，以防尘和最大限度地利用灯光。根据饲养阶段采用不同功率的灯泡。如育雏舍用 40~60 瓦的灯泡，育成舍用 15~25 瓦的灯泡，产蛋舍用 25~45 瓦的灯泡。灯距为 2~3 米。笼养鸡舍每个走道上安装一列光源。平养鸡舍的光源布置要均匀（图 4-8）。

图 4-8　平养鸡舍光源布局图

四、笼具

果园林地散养土鸡，育雏期可以使用笼养，其笼具是育雏笼。常见的是四层重叠育雏笼。该笼四层重叠，层高 333 毫米，每组笼面积为 700 毫米×1 400 毫米，层与层之间设置粪盘，全笼总高为 1 720 毫米。一般采用 6 组配置，其外形尺寸为 4 404 毫米×1 450 毫米×1 720 毫米，总占地面积为 6.38 平方米。可育至7 周龄雏鸡 800 只，加热组在每层顶部内侧装有 350 瓦远红外加热板 1 块，由乙醚胀缩饼或双金属片调节器自动控温，另设有加湿槽及吸引灯，除与保温组连接一侧外，三面采用封闭式，以便保温。保温组两侧封闭，与雏鸡活动笼相连的一侧挂帆布帘，以便保温和雏鸡进出。雏鸡活动笼两侧挂有饲喂网格片，笼外挂饲槽或饮水槽。目前多采用 6~7 组的雏鸡活动笼。

五、喂料设备

（一）料盘

喂料盘主要供雏鸡开食及育雏早期（0~2 周龄）使用。市场上销售的料盘有方形、圆形等不同形状（图 4-9）。食盘上要盖料隔，以防鸡把料刨出盘外。料盘的面积大小视雏鸡数量而定，一般每只喂料盘可供 80~100 只雏鸡使用。

图 4-9 雏鸡开食盘

（二）料桶

料桶可用于地面垫料平养或网上平养2周龄以后的鸡，其结构为1个圆桶和1个料盘，圆桶内装上饲料，鸡吃料时，饲料从圆桶内流出（图4-10）。它的特点是一次可添加大量饲料贮存于桶内，供鸡不停地采食。目前市场上销售的饲料桶有4~10千克的几种规格。使用容量大的料桶饲喂，可以减少喂料次数，减少对鸡群的干扰，但由于布料点少，会影响鸡群采食的均匀度；使用容量小的料桶饲喂，喂料次数和布点多，可刺激食欲，有利于鸡加大采食量及增重，但增加工作量。一般每10只育成鸡或产蛋鸡一个大号料桶。料桶应随着鸡体的生长而提高悬挂的高度，要求料桶圆盘上缘的高度与鸡站立时的肩高相平即可。若料盘的高度过低，因鸡挑食溢出饲料而造成浪费；料盘过高，则影响鸡的采食，影响生长。

图4-10　料桶的立面和剖面图

（三）食槽

食槽适用于笼养或平养雏鸡、生长鸡、成年鸡，一般采用木板、镀锌板和硬塑料板等材料制作。雏鸡用料槽两边斜，底宽

5~7 厘米，上口宽 10 厘米，槽高 5~6 厘米，料槽长 70~80 厘米；生长鸡或成年鸡用料槽，底宽 10~15 厘米，上口宽 15~18 厘米，槽高 10~12 厘米，料槽长 110~120 厘米。要求食槽方便采食，不浪费饲料，不易被粪便、垫料污染，坚固耐用，方便清刷和消毒。为防止鸡踏入槽内弄脏饲料，可在槽口上方安装 1 根能转动的横杆或盖料隔，使鸡不能进入料槽，以防止鸡的粪便、垫料污染饲料。鸡需要的料槽的长度，育雏期为 4~5 厘米，育成期和产蛋期为 8~10 厘米。

六、饮水设备

散养鸡的活动半径一般在 100~500 米，活动面积相对较大；夏季天气炎热，又经常采食一些高黏度的虫体蛋白，饮水量较多。所以，对饮水设备要求既要供水充足、保证清洁，又要尽可能地节约人力，并且要与棚舍整体布局有机结合。

（一）水槽

水槽呈长条"V"字状或"U"字状，由镀锌铁皮或塑料制成，多用于笼养或网上平养，挂于鸡笼或围栏之前，可采用长流水供应。水槽结构简单，清洗容易，成本低，鸡喝水方便，但水易受到污染，易传播疫病。土鸡所占的槽位为 1~2 周龄 1 厘米/只，3~4 周龄 1.5 厘米/只，5~8 周龄 2 厘米/只。

（二）壶式饮水器

壶式饮水器由一个圆锥形或圆柱形的容器倒扣在一个浅水盘内组成。圆柱形容器浸入浅盘边缘处开有小孔，孔的高度为浅盘深度的 1/2 左右，当浅盘中水位低于小孔时，容器内的水便流出直至淹没小孔，容器内形成负压，水不再流出。壶式饮水器轻便实用，也易于清洗；缺点是容易污染，成年鸡使用时容易翻倒。

（三）自动饮水装置

野外大面积的散养土鸡场，最好采用大型的自动饮水装置。

比较适用的自动饮水装置有真空式自动饮水装置和碗（乳头）式自动饮水装置。

1. 真空式自动饮水装置　根据真空原理，利用铁桶或塑料桶作为储水器，储水器离地 30~50 厘米。地面放置长形水槽（也可将直径 10~12 厘米的塑料管沿中间分隔开），根据鸡群的活动面积铺设水槽的网络和长度。向储水器加水前关闭水槽注水管，加满水后关闭加水管，开启水槽注水管。进气管进气，水槽内液面升高，待水槽内液面升高至堵塞进气管口时，水桶内的气压形成负压，水槽注水管停止漏水；待鸡只饮用水槽内的水而使液面降低露出进气口后，进气管进气，水槽注水管漏水，如此反复而达到为鸡群提供饮水的目的。本装置储水器一次储水为 250 升，可供 500 只鸡 1 天饮水，节省了人工，但是水槽连接要严密，水管放置要水平，否则容易漏水溢水。如图 4-11 所示。

图 4-11　真空式自动饮水装置

2. 碗（乳头）式自动饮水装置　将一个水桶放于离地 3 米高的支架上，用直径 2 厘米的塑料管向鸡群散养场区内布管提供水源。每隔一定长度在水管上安置一个碗（乳头）式自动饮水器，该自动饮水器安装了漏水压力开关。当水槽内没有水时，自重较轻，弹簧将水槽弹起，漏水压力开关开启，水流入水槽。当水槽里的水达到一定量时，压力使水槽往下移动，推动压力弹簧，将漏水开关关闭。本装置用封闭的水管导水，污染程度相对较小，节约人工，且不容易漏水（图4-12）。

图4-12 碗（乳头）式自动饮水装置

散养土鸡的水槽尽量设置于树荫处，及时清除水槽内的污物，对堵塞进水口的水槽及时修理。

七、产蛋箱

果园林地散养产蛋鸡，在开产初期就要驯导其在指定的产蛋箱内产蛋，不然易造成丢蛋，或因发现不及时在野外时间长而造成鸡蛋品质无法保证。驯导方法是在产蛋箱内铺设垫草，并预先放入1个鸡蛋或空壳蛋，引导产蛋鸡在预置的产蛋箱产蛋。产蛋箱的材料和形状因地制宜，或根据饲养规模统一制作。简易的如竹篮、编筐、木箱等，统一制作可用砖瓦砌成统一规格的方形窝，离地面高度40~50厘米，一般设2~3层；窝内部空间一般宽 30~35 厘米、深 35~40 厘米、高 30~35 厘米。每 5 只鸡设 1 个产蛋箱，并且要设置在安静避光处。

八、诱虫设备

诱虫设备主要有黑光灯、高压灭蛾灯、白炽灯、荧光灯、支竿、电线、性激素诱虫盒或以橡胶为载体的昆虫性外激素诱芯片等。有虫季节在傍晚后于棚舍前活动场内，用支架将黑光灯或高压灭蛾灯悬挂于离地 3 米高的位置，每天开灯 2~3 小时。果园和农田每公顷放置 15~30 个性激素诱虫盒或昆虫性外激素诱芯片，30~40 天更换 1 次。

在远离电网、具备风力发电条件的散养场可配备 300~500 瓦风力发电设备或汽（柴）油动力发电设备，用于照明及灯光诱虫。

没有电源的地方还需要 300 瓦的风力发电机和 2 个 12 伏的大容量电瓶。在有沼气池的地方也可以用沼气灯进行傍晚灯光诱虫。

九、清洗消毒设施

（一）人员的清洗消毒设施

对本场人员和外来人员进行清洗消毒。一般在鸡场入口处设有人员脚踏消毒池，外来人员和本场人员在进入场区前都应经过消毒池对鞋进行消毒。

（二）车辆的清洗消毒设施

鸡场的入口处设置车辆消毒设施，主要包括车轮清洗消毒池和车身冲洗喷淋机。

（三）鸡舍清洗消毒设施

鸡舍常用的场内清洗消毒设施有高压冲洗机（图 4-13）、喷雾器（图 4-14）和火焰消毒器。

图4-13 高压冲洗机安装示意图

图4-14 常见的背负式手动喷雾器

十、其他用具

其他用具包括滴管、连续注射器、气雾机等防疫用具，以及自动断喙器和称重用具，清粪用的小车、铁钎等。

第五章　土鸡育雏期的饲养管理

土鸡按生长发育不同，一般可以分为育雏期（0~6 周龄）、育成期（7~22 周龄）和产蛋期（23~64 周龄）三个生理阶段。各个阶段在生理特点、生长发育规律和生产性能上存在很大差异。应根据不同的生理阶段，给予不同的饲养管理。

第一节　土雏鸡的生理特点

掌握雏鸡生长发育特点，可以为雏鸡提供适宜的条件，满足雏鸡的各种需要，更好地做好育雏工作。

一、体温调节功能弱

初生的幼雏体小娇嫩，大脑的体温调节功能还没有发育完善（如刚出壳雏鸡体温低于成年鸡 1~3 ℃，到 3 周龄左右才达到成年鸡的体温），热调节能力弱。雏鸡体重愈小，表面积相对愈大，散热愈多。加之雏鸡绒毛稀而短（刚出壳无羽毛，在 4~5 周龄、7~8 周龄、12~13 周龄、18~20 周龄分别脱换 4 次羽毛，直到产蛋结束再进行换羽），机体保温能力差。所以对外界环境的适应能力很差，特别对低温的适应力极差，需要人工控制温度，为雏鸡创造温暖、干燥、卫生、安全的环境条件。

二、生长发育迅速

土雏鸡正常出壳的体重为37克左右，2周龄末体重可达到140克左右，6周龄雏鸡体重410克左右，可见雏鸡代谢旺盛，生长发育迅速，需要较多的营养物质。因此，育雏期的日粮中营养物质要全面、充足和平衡，并创造有利的采食条件，如光线充足，饲喂用具合理配置。由于雏鸡代谢旺盛，单位体重的耗氧量和废气排出量也大大高于成年鸡，必须保证充足的新鲜空气。

三、消化功能尚未健全

雏鸡代谢旺盛、生长发育快，但是消化器官容积小（消化道长度只是成年鸡的2/3），消化酶不充足，消化功能差。因此，雏鸡的日粮不仅要求营养浓度高，而且要易于消化吸收。要选择容易消化的饲料配制日粮，棉籽粕、菜籽粕等一些非动物性蛋白饲料，雏鸡难以消化，适口性差，利用率较低，要适当控制添加比例，增加玉米、豆粕、鱼粉等优质饲料的用量。饲喂时还要注意少喂勤添。

四、抗病能力差

雏鸡体小质弱，对疾病抵抗力很弱，易感染疾病，如鸡白痢、大肠杆菌病、法氏囊病、球虫病、慢性呼吸道病等。育雏阶段要严格控制环境卫生，切实做好防疫隔离。

五、胆小怕惊

雏鸡比较敏感，胆小怕惊吓。雏鸡生活环境一定要保持安静，避免有噪声或突然惊吓。非工作人员应避免进入育雏舍。在雏鸡舍和运动场上应增加防护设备，以防鼠、蛇、猫、狗、老鹰等的袭击和侵害。

六、群居性强

雏鸡模仿能力强，喜欢大群生活，一起采食、活动和休息，因此可以大群高密度饲养。但雏鸡对一些恶癖，如啄斗也具有模仿性，生产中应加以严格管理，避免密度过高，光线过强，发现啄斗者及时挑出，防止发生和蔓延。

第二节 育雏的方式

一、平面饲养

（一）地面平养

1. 更换垫料育雏 一般把雏鸡养在铺有垫料的地面上，垫料厚3~5厘米，要经常更换。育雏前期可在垫料上铺上黄纸，有利于饲喂和雏鸡活动。换上料槽后可去掉黄纸，根据垫料的潮湿程度更换或部分更换。垫料可重复利用。

对垫料的要求是：重量轻、吸湿性好、易干燥、柔软有弹性、廉价适于作肥料。常用的垫料有稻壳、花生壳、松木刨花、锯屑、玉米芯、秸秆等。更换垫料育雏的优点是简单易行，农户容易做到；但缺点也较突出，雏鸡经常与粪便接触，容易感染疾病，饲养密度小，占地面积大，管理不够方便，劳动强度大。

2. 厚垫料育雏 厚垫料育雏指在地面上铺上10~15厘米厚的垫料，雏鸡生活在垫料上，以后经常用新鲜的垫料覆盖于原有垫料上，到育雏结束才一次性清理垫料和废弃物。这种方式的优点是劳动强度小，雏鸡感到舒适（由于原料本身能发热，雏鸡腹部受热良好），并能为雏鸡提供某些维生素（厚垫料中微生物的活动可以产生维生素 B_{12}，有利于促进雏鸡的食欲和新陈代谢，提高蛋白质利用率)。

（二）网上育雏

现阶段，大多商品蛋鸡场采用网上育雏，就是将雏鸡养在离地面 80~100 厘米高的网上。网面的构成材料种类较多，有钢制的（钢板网、钢编网）、木制的和竹制的，现在常用的是竹制的，将多个竹片串起来，制成竹片间距为 1.2~1.5 厘米的竹排，将多个竹排组合形成育雏网面，育雏前期在上面铺上塑料网，可以避免别断雏鸡脚趾，雏鸡感到舒适。网上育雏的优点是粪便直接落入网下，雏鸡不与粪便接触，减少了病原感染的机会，大大减少了球虫病暴发的危险，同时，由于养在网上，提高了饲养密度，减少了鸡舍建筑面积，可减少投资，提高经济效益。

二、立体育雏（笼养）

就是把雏鸡养在多层笼内，这样可以增加饲养密度，减少建筑面积和占用土地面积，便于机械化饲养，管理定额高，适合于规模化饲养。育雏笼由笼架、笼体、料槽、水槽和托粪盘构成。规模不等，一般笼架长 100 厘米，宽 60~80 厘米，高 150 厘米。从离地 30 厘米起，每层 40 厘米，笼底与托粪盘相距 10 厘米。

第三节　育雏前的准备

准备工作做得好坏，关系到育雏期的成活率和育成鸡的质量，直接影响培育效果。

一、制订育雏计划

育雏计划包括进雏时间、批次、数量，以及饲料、设备用具和人力的配备安排等。育雏计划制订应考虑育雏舍大小、饲养方式及鸡群的整体周转安排等。最好是采用全进全出制，每批育雏后的空闲时间为 1 个月，这是防病和提高成活率的关键措施。首先应根据市场需求以及不同品种的生产性能、适应性等情况，确定饲养的品种。通过调查，选择非疫区、信誉好、正规的种鸡场，根据鸡舍面积、资金状况、饲养管理水平、散养场地的面积等确定进雏数量，然后根据市场供需、散养时间等确定进雏的时间。

二、育雏鸡舍准备

（一）育雏舍的面积和要求

1. 育雏舍的面积　育雏舍的面积根据育雏数量、育雏方式和育雏时间来确定。如饲养 1 000 只鸡，饲养到 6~8 周龄：笼养，每平方米可饲养 50 只，需要 20 平方米的育雏舍；网上平养，每平方米容鸡量为 18 只左右，需要 60 平方米的育雏舍；地面平养的容量为 15 只左右，需要 70 平方米的育雏舍。根据笼和网床设备的规格、摆放形式以及场地状况确定育雏舍的规格。

2. 育雏舍的要求　育雏舍不应靠近其他鸡舍，同其他鸡舍的间隔至少要有 50 米，鸡舍四周应有围墙隔离，出入围墙的大门应有消毒池，使车辆进出能经过此池消毒。育雏舍门口设置消毒池，并保持有效的消毒药；舍内安装好光照系统，保证光线明亮和均匀；有良好的排水和供水系统。

（二）育雏舍的清洁消毒

按照鸡的数量要求准备好育雏舍，并对鸡舍进行消毒。进鸡前对鸡舍进行彻底的清洁消毒。清洁消毒的方法和步骤如下。

1. 清理、清扫、清洗　先清理鸡舍内的设备、用具和一切杂物，然后清扫鸡舍。清扫前在舍内喷洒消毒液，可以防止尘埃飞扬。把舍内墙壁、天花板、地面的角落清理干净。清扫后用高压水冲洗机清洗育雏舍，不能移动的设备用具也要清扫消毒。

2. 墙壁、地面消毒　育雏舍的墙壁可用 10% 石灰乳加 5% 氢氧化钠（火碱）溶液抹白，新建育雏舍可用 5% 的火碱溶液或 5% 的福尔马林溶液喷洒。地面用 5% 的火碱溶液喷洒。

3. 设备用具消毒　把移出的设备、用具，如料盘、料桶、饮水器等清洗干净，然后用 5% 的福尔马林溶液喷洒或在消毒池内浸泡 3~5 小时，移入育雏舍。

4. 熏蒸消毒　把育雏使用的设备用具移入舍内后，封闭门窗进行熏蒸消毒。常用的药品是福尔马林和高锰酸钾。根据育雏舍的污浊程度，选用不同的熏蒸浓度（表 5-1）。熏蒸步骤如下。

表 5-1　不同熏蒸浓度的药物使用量

药品名称	浓度 I	浓度 II	浓度 III
福尔马林（毫升/米³ 空间）	14	28	42
高锰酸钾（克/米³ 空间）	7	14	21

第一步：封闭育雏舍的窗和所有缝隙，根据育雏舍的空间分别计算好福尔马林和高锰酸钾的用量。

第二步：把高锰酸钾放入陶瓷或瓦制的容器内（育雏舍面积大时可以多放几个容器），将福尔马林溶液缓缓倒入，迅速撤离，封闭好门。

第三步：熏蒸效果最佳的环境温度是 24 ℃ 以上，相对湿度 75%~80%，熏蒸时间 24~48 小时。熏蒸后打开门窗通风换气 1~2 天，使其中的甲醛气体逸出。不急用的可以不打开门窗，使用前再打开门窗通风。

第四步：熏蒸时要注意，由于熏蒸时两种药物反应剧烈，因此盛装药品的容器应尽量大一些；熏蒸后可以检查药物的反应情况。若残渣是一些微湿的褐色粉末，则表明反应良好。若残渣呈紫色，则表明福尔马林量不足或药效降低。若残渣太湿，则表明高锰酸钾量不足或药效降低。

第五步：育雏舍周围环境消毒。用 10% 的甲醛或 5%~8% 的火碱溶液喷洒育雏舍周围和道路。

(三) 育雏舍周围环境的清洁消毒

清除育雏舍外所有的垃圾废物、杂草。对路面和鸡舍周围 5 米以内的环境用酸或碱消毒剂冲洗消毒。进鸡前 1~2 周和进鸡前 2 天各进行消毒一次。

(四) 育雏舍的温度调试和升温

安装好供温设备后要调试，观察温度能否上升到要求的温度，以及需要的时间。如果达不到要求，要采取措施尽早解决。育雏前 2 天，要使温度上升到育雏温度且保持稳定。根据供温设备情况提前升温，避免雏鸡入舍时温度达不到要求影响育雏效果。

三、其他准备

(一) 人员准备

提前对饲养人员进行培训，以便掌握基本的饲养管理知识和技术。育雏人员在育雏前 1 周左右到位并着手工作。

(二) 饲料准备

不同的饲养阶段需要不同的饲料。育雏料在雏鸡入舍前 1 天进入育雏舍，每次配制的饲料不要太多，能够饲喂 5~7 天即可，饲料太多存放时间长容易变质或营养损失。

(三) 药品准备

准备的药品包括：疫苗等生物制品；防治白痢、球虫的药物，如球痢灵、杜球、三字球虫粉等；抗应激剂，如维生素 C、速溶多维；营养剂，如糖、奶粉、多维电解质等；消毒药，如酸类、醛类、氯制剂等，准备 3~5 种消毒药交替使用。

第四节　育雏条件

环境条件影响雏鸡的生长发育和健康，只有根据雏鸡生理和行为特点提供适宜的环境条件，才能保证雏鸡正常的生长发育。

一、温度

适宜的温度是饲养土雏鸡的首要条件，温度不仅影响雏鸡的体温调节、运动、采食、饮水及饲料营养消化吸收和休息等生理环节，还影响机体的代谢、抗体产生、体质状况等。只有适宜的温度才有利于雏鸡的生长发育和成活率的提高。适宜的育雏温度见表5-2。

表5-2　育雏育成期适宜温度表

周龄	1~2天	1	2	3	4	5	6	7~20
温度/℃	35~33	33~30	30~28	28~26	26~24	24~21	21~18	18~16

正确测定温度也很重要，如果温度计不准确或悬挂位置不当，导致测定的育雏温度不正确会直接影响育雏效果。温度计使用前要校对，其方法是：将一支标准温度计（体温计）和校对的温度计放入35~38℃的温水中，观察其差值，如果与标准温度计一致，说明准确；如果低于标准温度计A℃，可在校对的温度计上贴上白色胶布，并标注+A℃；如果高于标准温度计A℃，可在校对的温度计上贴上白色胶布，并标注-A℃。温度计的位置也要正确，温度计位置过高测得的温度比要求的育雏温度低而影响育雏效果的情况在生产中常有出现。使用保姆伞育雏，温度计挂在距伞边缘15厘米、高度与鸡背相平（大约距地面5厘米）处。暖风式加温，温度计挂在距地面、网面或笼底面5厘米高处。育雏期不仅要保证适宜的育雏温度，还要保证适宜的舍内温度。

注意观察雏鸡的行为表现来判断育雏温度是否适宜。温度适宜时，雏鸡在育雏舍内分布均匀，食欲良好，饮水适度，采食量每日增加；精神活泼，行动自如，叫声轻快，羽毛光洁整齐；粪便正常；饱食后休息时均匀地分布在保姆伞周围或地面、网面上，头颈伸直，睡姿安详。高温和低温时雏鸡的表现见表5-3。

表5-3　高温和低温时雏鸡的表现

	行为表现	危害
高温	幼雏远离热源，两翅和嘴张开，呼吸加深加快，发出吱吱鸣叫声，采食量减少，饮水量增加，精神差。若幼雏长时间处于高温环境，采食量下降，饮水频繁，鸡群体质减弱，生长缓慢，易患呼吸道疾病和啄癖。炎热的夏季育雏育成时容易发生	温度过高时雏鸡食欲减退，饮水增多，体质弱，发育缓慢，易发生感冒、呼吸道疾病和啄癖，体重轻，均匀度差，羽毛生长不良。雏鸡对高温的适应能力强于低温，但在高温高湿和通风不良的情况下，雏鸡的代谢受到严重阻碍，难以适应，伸颈扬头或伏地频频喘气，瘫软不动，衰竭死亡
低温	温度低的情况下，雏鸡拥挤叠堆，向热源靠近。行动迟缓，缩颈拱背，羽毛蓬松，不愿采食和饮水，发出尖而短的叫声。休息时不是头颈伸直，睡姿很安详，而是站立、雏体萎缩，眼睛半开半闭，休息不安静	低温时，雏鸡不愿采食和运动，拥挤叠堆，相互挤压引起窒息死亡；雏鸡受冻下痢，易发生感冒。消化吸收发生障碍，卵黄吸收不良，腹部硬、大、发绿。雏鸡不能很好地休息，体质衰弱，甚至死亡。育雏温度骤然下降，雏鸡会发生严重的血管反应，循环衰竭，窒息死亡

二、湿度

　　适宜的湿度使雏鸡感到舒适，有利于雏鸡的健康和生长发育。育雏舍内过于干燥，雏鸡体内水分随着呼吸而大量散发，则腹腔内的剩余卵黄吸收困难，同时由于干燥饮水过多，易引起拉稀，脚爪发干，羽毛生长缓慢，体质瘦弱；育雏舍内过于潮湿，由于育雏温度较高，且育雏舍内水源多，容易造成高温高湿的环境，雏鸡闷热不适，呼吸困难，羽毛凌乱污秽，易患呼吸道疾病，增加死亡率。一般育雏前期为防止雏鸡脱水，相对湿度较高，为70%~75%，可以用在舍内火炉上放置水壶、在舍内喷热水等方法提高湿度；10~20天，相对湿度降到65%左右；20日龄以后，由于雏鸡采食量、饮水量、排泄量增加，育雏舍易潮湿，所以要加强通风，更换潮湿的垫料和清理粪便，以保证舍内相对湿度在40%~55%之间。

三、通风

新鲜的空气有利于雏鸡的生长发育和健康。鸡的体温高，呼吸快，代谢旺盛，呼出二氧化碳多。雏鸡日粮营养丰富，消化吸收率低，粪便中含有大量的有机物，有机物发酵分解产生的氨气（NH_3）和硫化氢（H_2S）多。加之人工供温燃料不完全燃烧产生的一氧化碳（CO），都会使舍内空气污浊，有害气体含量超标，危害鸡体健康，影响生长发育。加强通风换气可以驱除舍内污浊气体，换进新鲜空气。同时，通风换气还可以减少舍内的水汽、尘埃和微生物，调节舍内温度。

育雏舍既要保温，又要通风换气，保温与通气是一对矛盾，应在保持温度的前提下，进行适量通风换气。通风换气的方法有自然通风和机械通风两种，自然通风的具体做法是：在育雏舍内设通风窗，气温高时，尽量打开通风窗（或通气孔），气温低时把它关好；机械通风多用于规模较大的养鸡场，可根据育雏舍的面积和所饲养雏鸡的数量，选购和安装风机。育雏舍内空气以人进入舍内不刺激鼻、眼，不觉胸闷为适宜。通风时要切忌间隙风，以免雏鸡着凉感冒。

四、饲养密度

饲养密度过大，雏鸡发育不均匀，易发生疾病，死亡率高，所以保持适宜的饲养密度是必要的（表5-4）。

表5-4　育雏期不同饲养方式的饲养密度

周龄	地面平养/（只/米²）	网上平养/（只/米²）	立体笼养/（只/米² 笼底面积）
1~2	40~35	50~40	60
3~4	35~25	40~30	40
5~6	25~20	25	35
7~8	20~15	20	30

五、光照

育雏前3天，采用24小时的连续光照制度，光线强度为50勒克斯（相当于1平方米15~20瓦白炽灯），便于雏鸡熟悉环境，尽快学会采食，也有利于保温。4~7日龄每天光照20小时，8~14日龄每天光照16小时，以后采用自然光照，光线强度逐渐减弱。

六、卫生

雏鸡体小质弱，对环境的适应力和抗病力都很差，容易发病，特别是传染病。所以入舍前要加强对育雏舍和育成舍的消毒，加强环境和出入人员、用具设备的消毒，经常带鸡消毒，并封闭育雏舍、育成舍，做好隔离，减少污染和感染。

第五节　雏鸡的选择和运输

一、雏鸡的选择

由于种鸡的健康、营养和遗传等因素的影响，以及孵化、长途运输、出壳时间过长等后天因素的影响，初生雏鸡中常出现有弱雏、畸形雏和残雏等，需要淘汰。选择健康土雏鸡是育雏的首要工作，也是育雏成功的基础。

（一）健康雏鸡的标准

健康雏鸡表现活泼好动，无畸形和伤残，反应灵敏，叫声清脆响亮；绒毛光亮，长短适中；眼亮有神，反应敏感；两腿粗壮，腿脚结实，站立稳健；腹部平坦、柔软，卵黄吸收良好（不是大肚子鸡），羽毛覆盖整个腹部，肚脐干燥，愈合良好；肛门附近干净，没有白色粪便黏着；雏体大小一致，握在手中感到饱满有劲，挣扎有力。如脐部有出血痕迹或发红呈黑色、棕色，或为脐疗者，腿和喙、眼有残疾、畸形以及不符合品种要求的要淘汰。初生雏鸡的分级标准见表5-5。

表5-5 初生雏鸡的分级标准

级别	健雏	弱雏	残次雏
精神状态	活泼好动，眼亮有神	眼小细长，呆立嗜睡	不睁眼或单眼、瞎眼
体重	符合本品种要求	符合本品种要求或过小	过小、干瘪
腹部	大小适宜，平坦柔软	过大或较小、肛门粘污	过大、或软或硬、青色
脐部	收缩良好	收缩不良、大肚脐、潮湿等	蛋黄吸收不完全、血脐、疗脐
绒毛	长短适中、毛色光亮，符合品种标准	长或短、脆、色深或浅、粘污	火烧毛、卷毛、无毛
下肢	两肢健壮、行动稳健	站立不稳、喜卧、行走蹒跚	弯趾跛腿、站不起来
畸形	无	无	有
脱水	无	有	严重
活力	挣脱有力	软绵无力似棉花状	无

种用雏鸡除符合上述要求以外，还要在订购或接雏前做细致的调查，要求符合如下标准：一是品种纯正，外貌特征符合本品种要求；二是血缘清楚，符合本品种的配套组合要求；三是无垂直传染病和烈性传染病；四是母源抗体水平高且整齐。

（二）选择方法

选择方法可归纳为一看、二听、三摸、四问。

一看，就是看雏鸡的外表。健雏活泼好动，眼亮有神，羽毛整洁光亮，腹部收缩良好。弱雏通常缩头闭眼，伏卧不动，羽毛蓬乱不洁，腹大松弛，腹部无毛且脐部愈合不好，有血迹、发红、发黑、疔脐、丝脐等。

二听，就是听雏鸡的叫声。用手轻敲雏鸡盒或发出其他响声，雏鸡受到惊吓会发出叫声。健雏叫声洪亮清脆；弱雏叫声微弱，嘶哑，或鸣叫不休，有气无力。

三摸，就是触摸雏鸡的体温、腹部等。随机抽取不同盒里的一些雏鸡，握于掌中，若感到温暖、体态匀称、腹部柔软平坦、挣扎有力的便是健雏；如感到鸡身较凉、瘦小、轻飘、挣扎无力、腹大或脐部愈合不良的是弱雏。

四问，询问种蛋来源、孵化情况以及马立克疫苗注射情况等。来源于高产健康适龄种鸡群的种蛋，孵化过程正常，出雏多且整齐的雏鸡一般质量较好；反之，雏鸡质量较差。

二、雏鸡的运输

雏鸡出壳后，经过一段时间绒毛干燥、挑选、雌雄鉴别、查数鸡数、注射马立克疫苗等处理后就可以接运了。接运的时间越早越好，即使是长途运输也不要超过48小时，最好在24小时内将雏鸡送入育雏舍内，时间过长对鸡的生长发育都有较大的影响。雏鸡的运输也是一项重要的技术工作，稍不留心就会造成较大的经济损失。

（一）装箱

运雏要使用专用雏鸡箱，现多采用的是长 50 ~ 60 厘米、宽 40 ~ 50 厘米、高 18 厘米的箱子，箱子四周有直径 2 厘米左右的通气孔若干；箱内分 4 个小格，每个小格放 25 只雏鸡，每箱 100 只雏鸡。所有运雏用具和物品都要经过严格消毒之后方可使用。

（二）运输工具

土雏鸡的运输工具多种多样，选用由数量、路程远近和季节而定。汽车运输时间安排比较自由，又可直接送达养鸡场，中途不必倒车。火车、飞机也是常用的运输方式，适合于长距离运输和夏冬季运输，安全快速，但不能直接到达目的地。选用的运输工具要快速、便捷和平稳安全。

（三）证件齐全

土雏鸡运输的押运人员应携带检疫证、身份证、合格证和种畜禽生产经营许可证、路单以及有关的行车手续。

（四）运雏人员选择

运雏人员必须具备一定的专业知识和运雏经验，还要有较强的责任心。最好是饲养者亲自押运雏鸡。

（五）运雏的适宜时间

初生雏鸡体内还有少量未被利用的蛋黄，可以作为初生阶段的营养来源，所以雏鸡在 48 小时内可以不用饲喂，这是一段适宜运雏的时间。此外，还应根据季节和天气确定启运时间。夏季启运宜在日出前或傍晚凉快时进行。冬季和早春则宜在中午前后气温相对较高的时间启运。

（六）运输中的管理

1. 保持适宜的温度　雏鸡的运输应防寒、防热、防闷、防压、防雨淋和防震动。运雏时雏鸡箱之间温度应保持在 20 ~ 22 ℃，每摞雏鸡箱不要超过 5 个，这时雏鸡箱内的温度应在 30 ℃以上。冬季和早春运雏要带棉被、毛毯等用品。夏季要带遮阳、防雨用品。特别注意早春和晚秋，使用棉被或单子覆盖严密会导致雏鸡出汗，引起感冒。

2. 注意通风　运雏过程中，不注意通风，会使雏鸡受闷缺氧，严重的还会导致窒息死亡。因此，装车时要将雏鸡箱错开摆。箱周围要留有通风空隙，重叠高度不要过高；气温低时不要盖得太严；要避免冷风直吹鸡体（一般运输工具的进风口留在后面），引起伤风感冒。

3. 定时检查　运输人员要经常检查雏鸡的情况，通常每隔0.5~1小时观察1次。如见雏鸡张嘴抬头，绒毛潮湿，说明温度太高，要掀盖通风，降低温度。如雏鸡挤在一起，吱吱鸣叫，说明温度偏低，要加盖保温。当因温度低或是车子震动而使雏鸡出现扎堆挤压的时候，还需要将上下层雏鸡箱互相调换位置，以防中间、下层雏鸡受闷而死。

4. 避免停车　装车后要立即启运，运输过程中应尽量避免长时间停车。

（七）雏鸡的入舍

先将雏鸡数箱一摞放在地上，最下层要垫1个空箱或是其他东西，静置30分钟，让雏鸡从运输的应激状态中缓解过来。同时适应一下鸡舍的温度环境，然后再入舍、分群或装笼。

最好能根据雏鸡的强弱大小，分开安放。弱的雏鸡要安置在离热源最近、温度较高的地方。少数俯卧不起的弱雏，放在35℃的温热环境中特别饲养。

第六节　雏鸡的饲养管理

一、饮水

水在鸡体内占有很高的比例，且是重要的营养素。鸡的消化吸收、废弃物的排泄、体温调节等都需要水，如果饮水不良，必然会影响生长发育。所以，育雏期必须保证供应充足饮水。

（一）入舍后的饮水

据研究，雏鸡出壳后 24 小时消耗体内水分的 8%，48 小时消耗 15%。加之运输、入舍等，体内水分容易消耗，所以，一般应在出壳 24~48 小时内让雏鸡饮到水。雏鸡入舍后先饮水，可以缓解运输途中给雏鸡造成的脱水和路途疲劳，提高雏鸡的适应力。出壳过久饮不到水会引起雏鸡脱水和虚弱，而脱水和虚弱又直接影响到雏鸡尽快学会饮水和采食。

为保证雏鸡入舍就能饮到水，雏鸡入舍前 1~3 小时将灌有水的饮水器放入舍内。为减轻路途疲劳和脱水，可让雏鸡饮营养水，即水中加入 5%~8% 的糖（白糖、红糖或葡萄糖等），或 2%~3% 的奶粉，或多维电解质营养液。为缓解应激，可在水中加入维生素 C 或其他抗应激剂。

如果雏鸡不知道或不愿意饮水，应采用人工诱导或驱赶的方法（把雏鸡的喙浸入水中几次，雏鸡知道水源后就会饮水，其他雏鸡也会学着饮水），使雏鸡尽早学会饮水，对个别不饮水的雏鸡可以用滴管滴服。

（二）饮水器的位置

小型鸡使用小号饮水器，中型或大型鸡用中号饮水器。保姆伞育雏时，饮水器放在保姆伞边缘外的垫料上；暖房式育雏（整个育雏舍内温度达到育雏温度）时，饮水器放在网面上、地面上或育雏笼的底网上。摆放饮水器的地方要温暖、明亮、靠近料盘（距料盘不超过 1 米），摆放要均匀（图 5-1），边缘高度与鸡背相平，每 100 只雏鸡应有 2~3 个饮水器。

图 5-1　饮水器和料盘的摆放位置

（三）饮水温度

0~3 日龄雏鸡饮用温开水，水温为 16~20 ℃，以后可饮洁净的自来水或深井水。

（四）饮水量

雏鸡正常的饮水量见表 5-6。

表 5-6　雏鸡的正常饮水量　　[单位：毫升/（天·只）]

周龄	1~2	3	4	5	6	7	8
饮水量	自由饮水	40~50	45~55	55~65	65~75	75~85	85~90

（五）注意事项

1. 饮水器有水　保证饮水器中经常有水，发现饮水器中无水时，要立即加水，不要等所有饮水器无水时再加水（雏鸡有定位饮水习惯），避免鸡群缺水后的暴饮。

2. 饮水给药要适当　药水要现用现配以免失效，掌握准确药量，防止过高或过低，过高易引起中毒，过低无疗效。饮水免疫的前后 2 天，饮用水和饮水器不能含有消毒剂，否则会降低疫苗效果，甚至使疫苗失效。

3. 饮水器洁净　经常刷洗和消毒饮水器，保持干净卫生。

4. 注意观察雏鸡是否都能饮到水　发现有雏鸡饮不到水的

要查找原因，立即解决。若饮水器少，要增加饮水器数量；若光线暗或不均匀，要增加光线强度；若温度不适宜，要调整温度。

二、雏鸡的开食与饲喂

（一）雏鸡的开食

雏鸡首次喂料叫开食。雏鸡开食要适时，原则上 1/3 的雏鸡有觅食行为时即可开食。一般是幼雏进入育雏舍，休息、饮水后就可开食。最重要的是保证雏鸡出壳后尽快学会采食，学会采食时间越早，采食的饲料越多，越有利于早期生长和体重达标。

开食最合适的饲喂用具是大而扁平的容器或料盘。因其面积大，雏鸡容易接触到饲料和采食饲料。每个规格为 40 厘米×60 厘米的开食盘可容纳 100 只雏鸡采食。有的鸡场在地面或网面上铺上厚实、粗糙并有高度吸湿性的黄纸。开食料过去常用小米、玉米，南方也有用大米的。如将小米煮七成熟后，控控水即可。现在常用配合饲料，将全价配合饲料用温水拌湿（手握成块一松即散），撒在开食盘或黄纸上面让鸡采食。湿拌料既可以提高适口性，又能保证雏鸡采食的营养物质全面（因许多微量物质都是粉状，雏鸡不愿采食或不易采食，拌湿后，粉可以粘在粒料上，雏鸡一并采食）。对不采食的雏鸡群要人工诱导其采食，即用食指轻敲纸面或食盘，发出小鸡啄食的声响，诱导雏鸡跟着手指啄食，有一部分小鸡啄食，很快全群便会采食。

【小知识】雏鸡的早期饲喂可以使雏鸡的消化道及早接触饲料，促进消化器官发育。同时，可以尽早为雏鸡提供营养。雏鸡孵出后虽然体内存留有 7~8 克卵黄，可以给雏鸡提供早期营养，但卵黄含有大量免疫球蛋白，作为营养利用会影响到雏鸡抗病力。如果及早饲喂，雏鸡可以通过饲料获得营养，使卵黄更多地作为免疫球蛋白被利用，可增强雏鸡的抗病力和促进生长。

开食后，第一天喂料要少撒勤添，每 1~2 小时添料一次，添料的过程也是诱导雏鸡采食的一种措施。

开食后要注意观察雏鸡的采食情况，保证每只雏鸡都吃到饲料，尽早学会采食。开食几小时后，雏鸡的嗉囊应是饱的，若不饱应检查原因（如光线太弱或不均匀、食盘太少或撒料不匀、温度不适宜、体质弱或其他情况）并加以解决和纠正。开食好的鸡采食积极、速度快，采食量逐日增加。

（二）饲喂

1. 饲喂次数　在前两周每天喂 6 次，其中早晨 5 时和晚上 10 时各一次；3~4 周每天喂 5 次；5 周以后每天喂 4 次。育成期一般每天饲喂 1~2 次。

2. 饲喂方法　进雏前 3~5 天，饲料撒在黄纸或料盘上，让雏鸡采食，以后改用料桶或料槽。前两周每次饲喂不宜过饱。幼雏贪吃，容易采食过量，引起消化不良，一般每次采食九成饱即可，采食时间约 45 分钟。三周以后可以自由采食。生产中要根据鸡的采食情况灵活掌握喂料量，下次添料时余料多或吃得不净，说明上次喂料量较多，可以适当减少一些，否则，应适当增加喂料量。既要保证雏鸡吃好，获得充足营养，又要避免饲料的浪费。

3. 饲料中加入药物　为了预防沙门杆菌病、球虫病，可以在饲料中加入药物。在饲料中加药时，剂量要准确，拌料要均匀，以防药物中毒。生产中呋喃唑酮、球虫药中毒情况时有发生。

4. 定期饲喂沙砾　鸡无牙齿，靠肌胃蠕动和胃内沙砾研磨食物。4 周龄时，每 100 只鸡喂 250 克中等大小的不溶性沙砾（不溶性是指不溶于盐酸。可以将沙砾放入盛有盐酸的烧杯中，如果有气泡说明是可溶性的）。8 周龄后，垫料平养每 10 只鸡每周补充 450~500 克沙砾，网上平养和笼养每 100 只鸡每 4~6 周补充 450~500 克不溶性沙砾，粒径为 3~4 毫米，一天用完。

三、断喙

舍内饲养，特别是笼养的鸡，由于种种原因，如饲养密度大，光照强，通气不良，饲料不平衡及机体自身因素等会引起鸡群之间相互叼啄，形成啄癖，包括啄羽、啄肛、啄翅、啄趾等。由于鸡的模仿性强，一旦出现啄癖，轻则伤残，重者造成死亡，损失很大，所以生产中要对鸡进行断喙。同时，断喙可节省饲料，减少饲料浪费，使鸡群发育整齐。

果园林地散养土鸡的环境发生了很大变化，土鸡有充足的活动空间，饲养密度较小，可以自由觅食青饲料和一些矿物元素，并且有丰富的嬉戏空间和"工具"，有利于减少恶癖。山林果园散养的土鸡断喙与否，可以根据具体情况确定。如果饲养的是种鸡，母鸡可以断喙，而种公鸡则不可断喙；如果散养的密度小，可以不断喙，散养密度大，可以断喙；如果散养的产蛋鸡群有相互啄食的现象，可适当断喙。但散养鸡断喙的程度不应像舍内饲养或笼养鸡那样严重，轻微断喙即可，以免影响鸡的啄食。

（一）时间和用具

断喙时间应严格掌握，一般在 6~9 日龄断喙。断喙对雏鸡来说是较大的应激，断喙时间晚，喙质硬，不好断；断喙过早，雏鸡体质弱，适应能力差，都会引起较严重的应激反应。

较好的用具是自动断喙器。在农村，可采用 500 瓦的电烙铁固定在椅子上代用，但以烙代切，会对雏鸡造成较大的应激。

（二）标准和方法

用拇指捏住鸡头后部，食指捏住下喙咽喉部，将上下喙合拢，放入断喙器的小孔内，用灼热的刀片将喙尖与鼻孔 1/3 处前端断掉（比笼养鸡断喙略轻），并烧烙 2~3 秒止血，防止感染。

（三）注意事项

1. 雏鸡健康无病 断喙时要求鸡群健康状况良好，在鸡群发病前后，或接种疫苗前后，不宜断喙，以免因应激而致雏鸡发病死亡。

2. 刀片的温度适宜 刀片的温度在 650~750℃ 为适宜，此时断喙器刀片呈暗红色。温度太高，会将喙烫软变形；温度低，起不到断喙的作用，即使断去喙，也会引起出血、感染。

3. 操作准确 断过的喙应上短下长才合要求。断喙不可过长，一则易出血不易止血，二则影响以后的采食，引起生长缓慢。刀片不能接触鸡舌。断喙时，用拇指按住雏鸡头的上部或侧面，食指轻压雏鸡咽部使其缩舌，可避免舌与热刀片接触。

断喙时热刀片接触喙的时间为 3 秒，可使切面完全止血，切面角端圆滑。注意热刀片接触喙的时间过短，不利于止血；接触喙的时间过长，不利于雏鸡今后的生长。

4. 加强管理 断喙对鸡是一个较大的应激，为减少应激，断喙前后 2 天内应在饮水或饲料中添加足量的抗应激剂；为防止断喙后出血，在断喙前后 3 天，料内加维生素 K 3 毫克/千克；断喙后食槽中应有 1~2 厘米厚度的饲料，以避免雏鸡采食时喙与槽底接触引起疼痛影响以后采食；断喙后要细致观察，如有出血应立即用热刀片烙切面止血。

5. 严格消毒 断喙器使用前要消毒，以防断喙时交叉感染。

四、日常管理

保持良好的温度、湿度、通风、光照、饲养密度等环境条件是育雏成功的基础，除了控制好环境条件外，还应注意如下管理。

（一）加强对弱雏的管理

随着日龄增加，雏鸡群内会出现体质瘦弱的个体。注意及时挑出小鸡、弱鸡和病鸡，隔离饲养，可在饲料中添加糖、奶粉等营养剂，或加入维生素 C 或速溶多维等抗应激剂，必要时可使用土霉素、链霉素等抗菌药物，并精心管理，以赶上整个鸡群的发育。

（二）注意观察鸡群

观察鸡群能及时发现问题，把疾病消灭于萌芽状态。所以每天都要细致地观察鸡群。观察从以下几个方面进行。

1. 采食情况　正常的鸡群采食积极，食欲旺盛，触摸嗉囊饱满。个别鸡不食或采食不积极应隔离观察。有较多的鸡不食或采食不积极，应该引起高度重视，找出原因。其原因一般有：一是突然更换饲料，如两种饲料的品质或饲料原料差异很大，突然更换，鸡只没有适应引起不食或少食；二是饲料的腐败变质，如酸败、霉变等；三是环境条件不适宜，如育雏期温度过低或过高、温度不稳定，育成期温度过高等；四是疾病，如鸡群发生较为严重的疾病。

2. 精神状态　健康的鸡活泼好动；不健康的鸡会呆立一边或离群独卧，低头垂翅等。

3. 呼吸系统情况　观察有无咳嗽、流鼻、呼吸困难等症状，在夜深人静时，蹲在鸡舍内静听雏鸡的呼吸音，正常情况下鸡舍内安静，听不到异常声音。如有异常声音，应引起高度重视，做进一步的检查。

4. 粪便状态　粪便可以反映鸡群的健康状态，正常的粪便多为不干不湿黑色圆锥状，顶端有少量尿酸盐沉着。发生疾病时粪便会有不同的表现，如鸡白痢排出的是白色带泡状的稀薄粪便，球虫病排出的是带血或肉状粪便，法氏囊病排出的是稀薄的白色水样粪便等。粪便观察可以在早上开灯后进行，因为晚上鸡只卧在笼内或网上排粪，鸡群没有活动前粪便的状态容易观察。

（三）调教

喂鸡时给固定信号，如吹哨、敲盆等，声音一定要轻，以防炸群，久而久之，鸡就建立起条件反射，每当鸡听到信号就会过来采食，为以后散养做准备。

(四) 卫生管理

笼养和网上育雏时，每2～3天清一次粪，以保持育雏舍清洁卫生。厚垫料育雏时，及时清除粘污粪便的垫料，更换新垫料；搞好环境卫生及环境和用具的消毒，定期用百毒杀、新洁尔灭等带鸡消毒。

(五) 疾病预防

严格执行免疫接种程序，预防传染病的发生。每天早上通过观察粪便了解雏鸡健康状况，主要看粪便的稀稠、形状及颜色等。2～7日龄，为防止肠道细菌性感染要进行预防投药。20日龄后，要预防球虫病的发生，尤其是地面散养的鸡群，应投喂抗球虫药物。

(六) 记录和成本核算

认真做好各项记录。每天检查记录的项目如下。

1. 日常记录 包括雏鸡的精神状态、环境条件（温度、湿度、光照、通风换气、卫生等）、死亡淘汰情况、采食情况（饲料、饲喂时间、采食量、采食速度等）以及外界气候变化。

2. 用药防疫记录 使用药物的名称、含量、剂量、用药期和用药效果；疫苗的种类、生产厂家、有效期、使用剂量、接种时间和方法等；消毒药物的名称、有效成分、配比浓度、消毒时间和方法等；添加剂的名称、有效成分、添加的剂量和使用时间等。

3. 财务记录 人员配备及费用；使用饲料、药物和其他物资的数量、价格和费用；出售的产品收入等。

4. 雏鸡成本

雏鸡成本=育雏期的总成本（元）÷成活的雏鸡数（只）
　　　　=（饲料费+人工费+医药费+折旧费+其他费用-粪便等收入）÷成活的雏鸡数

第六章　土鸡散养期的饲养管理

当雏鸡养育到一定阶段，能够适应外界环境条件变化后，就可以在果园林地进行散放饲养，生产优质的商品鸡和土鸡蛋。散养的鸡按用途可划分为育成土鸡、商品土鸡和产蛋土鸡，在饲养管理方面有些相同，但由于饲养土鸡的目的和日龄不同，饲养管理方面又有很多不同，既要注重共性，又要区别对待。

第一节　果园林地散养土鸡的活动规律

散养与笼养相比，差异很大。了解散养土鸡的活动规律，有利于确定鸡群的散养密度、饲养规模和管理模式。

一、散养鸡的生活规律

早出晚归是散养条件下鸡的一般生活习性。鸡的外出和归牧与太阳活动有密切关系。一般在日出前 0.5~1 小时离开鸡舍，日落后 0.5~1 小时归舍。其采食的主动性以日落前后最强，早晨次之。中午多有休息的习惯。但冬季的中午活动比较活跃。

二、散养鸡的产蛋规律

散养鸡产蛋的时间分布，80%左右集中在中午以前，以 9~

11 时为产蛋高峰期。但其产蛋时间持续全天，不如笼养鸡集中。这可能与散养条件下其营养获取不足有关。

三、散养鸡的活动范围

（一）一般活动半径

一般活动半径指 80% 以上鸡的活动半径。研究观察发现，不同饲养密度条件下，鸡的活动半径不同。随饲养密度的增加，鸡的活动半径逐渐增加，但 80% 以上的鸡活动半径在 100 米以内。

（二）最大活动半径

最大活动半径指群体中少数生命力较强的鸡超出一般活动范围，达到离鸡舍最远的活动距离。低密度条件下，最大活动半径在 500 米以内，随着饲养密度的增加，最大活动半径增加。高密度饲养，最大半径可达到 1 000 米。

土鸡散养的活动半径（范围）还受其他因素影响。鸡的一般活动半径和最大活动半径与草场植被和地势有关。有较好较多植被的山场，鸡的活动半径较小；而退化山场，可食牧草较少，植被覆盖率较低，鸡的活动半径增大。高低不平的地块，无论下行还是往上爬行，鸡的活动半径均缩小；而在平坦的地块，鸡的活动半径增大。活动半径还与鸡舍门口位置、朝向、补料和管理有关。一般往鸡舍门口方向前行的半径大，背离门口方向的半径小。大量补充饲料会使鸡产生依赖性，其活动半径缩小；经过调教后，一般活动半径增大，对最大活动半径没有明显影响。

第二节　果园林地散养土鸡散养前的准备

由舍内饲养突然转移到放牧地，环境发生了很大变化，饲养管理也会发生变化，需要做好一些准备工作。

一、散养场地的选择

散养场地应符合产地环境质量标准 NY/T391 的要求。

有土鸡可食的饲料资源，如昆虫、饲草、野菜等，可选用山地、林地、果园、农田、荒地、草场、草山及草坡等，地势平坦或缓坡，背风向阳，一般每公顷散养 100~400 只。

二、散养模式的确定

散养模式，是指散养鸡的周期性安排，如什么时间进雏，什么时间散养，饲养周期多长，以产肉还是产蛋为主，何时出栏等。散养模式的确定，不仅影响环境资源和饲料资源的利用，而且影响产品的销售价格和养殖效益。

（一）散养模式确定的原则

1. 气候特点　外界天气的变化对土鸡的生长和产蛋都有较大影响。由于育雏期需要额外供温，生长期和产蛋期需要一定的温度，所以，把生长期和产蛋的高峰期尽量安排在天气最适宜的时候，以充分利用自然资源；出栏期则安排在自然天气条件不适宜的季节内，如冬季。

2. 资源特点　散养土鸡以自由采食野外自然饲草饲料为主，如野草、野菜、虫体、腐殖质等，而这些自然食物具有很强的季节性。从我国华北大多数地区的自然条件看，从每年的 4 月上旬至 10 月下旬，均可获得数量不等的饲料，而最佳时期是 6~10月。因此，应将土鸡生长和产蛋的高峰期安排在这一时期，以通过大量采食优质的自然饲料，提高产品质量，降低投入，提高效益。

3. 市场特点　鸡肉或鸡蛋的零售价格在一年四季不断波动。应根据一般规律，将出栏时间或产蛋高峰期安排在需求量较大的节日或月份，以同样的产品产量获得较多的收益。

（二）合理的散养模式

北方地区，合理的散养模式如下。

模式一：年生产两批模式（生产肉土鸡）。第一批，3月中旬进雏，4月下旬散养，7月中旬出栏；第二批，6月中旬进雏，7月中旬散养，9月底至10月初出栏。

一年在同一地块出栏两批鸡。第一批在气候较温暖的4月上旬育雏。育雏结束后，野生饲料资源丰富，在整个育成期以放牧为主，大量利用野生饲料，补充少量饲料，7月上旬后选择生长较快的公鸡先出栏，直至中旬全部出售。第一批全部出栏1个月前，开始育雏第二批雏鸡。第一批鸡出栏后，即可散养第二批鸡，使两批鸡散养有一定的时间间隔。由于此时气温很高，育雏只需要少量的供暖，1个月左右便可散养。出栏时间正值中秋节和国庆节两大节日，无论公鸡还是母鸡，全部出栏，市场价格高。鸡全部出栏后，也正赶上农忙季节，即秋收秋种，这时可腾出时间用于农活。

模式二：年生产一批模式。一种是产蛋产肉鸡，1月上旬进雏（冬季育雏），3月散养（春季育成），6月上、中旬产蛋（牧草生产旺季产蛋），翌年1月淘汰。生产周期1年。年饲养一批，使产蛋期有充足的自然饲料资源，生产优质鸡蛋，降低饲养成本，并使鸡蛋的出售赶上中秋节、国庆节和元旦等几个大的节日。在产蛋高峰过后，也就是元旦期间，停止饲养，全部作为肉鸡淘汰，获得较高的效益。但这一模式育雏期和育成期是在较寒冷的季节，需要的投入较多，也要求较高的技术支撑。在鸡全部淘汰的同时，又引进下一年度的雏鸡，形成1年1个生产周期。另一种是肉土鸡。4月上旬进雏，5月上旬散养，到9月底至10月初出栏。年饲养一批，使散养期有充足的自然饲料资源、适宜的环境条件，降低饲养成本，并使土鸡在国庆节前后出售。

模式三：500天散养模式（产蛋为主）。4月下旬至5月上旬进雏，6月中旬散养，10月上旬产蛋，翌年10月上旬作为肉用淘汰。育雏期安排在气候较温暖的5月，由于外界温度较高，可以降低育雏成本；散养期在整个自然资源比较充足的季节，可以降低饲养成本；产品供应正值供求紧张的中秋节、国庆节、元旦和春节，市场产品价格较高；产蛋1周年后淘汰，也是在供求矛盾的中秋节和国庆节期间。

三、搭建棚舍

根据散养场地的面积、散养土鸡的数量确定棚舍的面积和数量。每个棚舍能容纳300~500只青年鸡或200~300只产蛋鸡。多列棚舍要布列均匀，坐北朝南，间隔150~200米。

棚舍跨度4~5米，高2.5米；棚舍内设置栖架，每只鸡所占栖架的位置不低于17~20厘米；产蛋棚舍要环境安静，防暑保温；每5~6只母鸡设1个产蛋窝，安静避光，窝内放入少许麦秸或稻草。

棚舍材料可以使用砖瓦、竹竿、木棍、角铁、钢管、油毡、石棉瓦、篷布、书编布等搭建；棚舍四周要留通风口；对简易棚舍的主要支架要用铁丝从东南西北4个方向拉牢固定。

四、围网筑栏

果园林地散养土鸡的场地比较大，要用尼龙网或铁丝网将散养场地围栏封闭。围网筑栏对于成功散养土鸡具有重要意义。

（一）防止丢失

刚刚放牧的时候，通过围网限制其活动范围，以防止丢失；以后逐渐放宽活动范围，直至自由活动。

（二）放牧均匀

当一个群体数量很大的时候，鸡有一定的群集性。由于鸡的活动半径较小（一般100米以内），众多的土鸡生活在较小的范围内，容易形成鸡经常活动的区域出现过牧现象，形成"近处光秃秃，远处绿油油"。通过围栏筑网，将较大的鸡群隔离成若干小的鸡群，防止出现这种现象。

（三）限制活动区域

果园或农田，病虫害是难免发生的。为了防治病虫害，需要使用农药。尽管目前推广的均为高效低毒农药，但为了保证安全，需要在喷施农药期间停止放牧1周以上。若在果园或农田围栏筑网，喷施农药有计划地进行，使鸡放牧时处于没有喷施农药或喷施一周以上的地块。

在农区或山区，农田、果园、山场或林地由家庭承包。在多数情况下，农民承包的面积有限。在有限的地块养鸡，如果不限制鸡的活动，鸡的活动范围往往超出自家。为了安全，同时为了防止鸡群对周围作物的破坏，减少邻里摩擦，最好采取围网的方式。

（四）分区轮牧

散养鸡，让鸡充分采食自然饲料，包括青草、昆虫和腐殖质等。但是，多数情况下，青草的生长速度往往低于鸡的采食速度，很容易出现过牧现象。为了防止过牧现象的发生，将一个地块用围网分成若干小区（一般3个左右），使鸡轮流在3个区域内采食，即分区轮牧，每个小区放牧1~2周，有利于资源开发和提高资源利用效率。

五、设备用具准备

在散养场地安装好自动饮水装置，配备足够数量的饮水器，满足土鸡散养时的饮水需求。舍内安装栖架，产蛋舍安装产蛋箱。在鸡舍一侧可专门设置一个补料区，放置饲槽等用具。

六、免疫接种

按照制订的免疫程序，进行确切的免疫接种，为散养期提供良好的健康保证。

第三节 果园林地散养土鸡的分群管理

根据放牧条件和土鸡的具体情况，将不同品种、不同性别、不同年龄和不同体重的鸡分开饲养，以便于有针对性地采取有效管理措施，就是分群。规模化散养，散养的数量大，通过科学的分群管理，可以提高成活率，提高生长速度和饲料效率，充分地利用自然资源，最大限度地提高劳动效率，获得较好的经济效益。

一、分群的时间

分群可在从育雏室转到散养场地时进行。要在晚上进行，以减少应激发生。

二、分群方法

可以根据不同日龄、不同体重和不同生理阶段将土鸡分为不同的群体，避免大小混养。不同日龄、不同体重和不同生理阶段的鸡，其营养需要、饲料类型、管理方式和疾病发生的种类及特点都不一样。如果将它们混养在一起，无法有针对性地饲养和管理。例如，产蛋鸡和大雏鸡混养，饲料无法配制和提供。如果按照产蛋鸡补料，饲料中含钙、磷过高，大雏鸡采食过多会产生疾病。而若按照大雏鸡的营养需要补料，产蛋鸡明显钙、磷不足而严重影响产蛋率和鸡蛋品质。特别是疾病预防，难以按照防疫程序执行，一旦发病，相互传染，导致疾病不断而无法控制。

一般同一批散养的鸡分群应与育雏阶段的分群相一致，即育雏室内每个小区内的雏鸡最好分在一个鸡舍内。根据散养场地每个简易鸡舍容纳鸡的数量，一次性放进足量的小鸡。如果散养场地简易鸡舍的面积较大，安排的土鸡数量较多，应将鸡舍分割成若干单元，每个单元容纳的鸡数量最好小于 500 只。

三、群体大小

群体的大小应依据品种、周龄、性别和放牧地的可食植被状况及鸡舍之间的距离、鸡舍大小确定。一般而言，土鸡活泼爱动，体质健康，适应性强，活动面积大，群体可适当大些。小鸡阶段采食量小，饲养密度和群体适当大些；大鸡的采食量较大，在有限的活动场地散养的数量适当小些。植被状况良好，群体适当大些；植被较差，饲养密度和群体都不应过大，否则容易产生过牧现象。公、母鸡混养，公鸡的活动量大，生长速度快，可提前作为肉鸡出栏，群体可适当大些；若饲养母雏，一直饲养到整个生产周期结束，群体都不宜过大。

群体大小要适宜。如根据植被状况、鸡的日龄和活动范围、鸡舍之间的距离和鸡舍的大小来确定的话，一般平原地区的草场、农田和果园等，以鸡舍为圆心，70%以上的鸡在半径 50 米以内活动，90%以上在半径 100 米以内活动。因此，群体大小应以 50~100 米为半径的圆面积为 1 个活动单元，根据牧草的情况，确定单位面积散养鸡的数量。如一般草地每 667 平方米容纳鸡的数量为 20~30 只，好的草场可达到 40~50 只，最高不宜超过 80 只。以这样计算，1 个饲养单元应控制在 7 000~30 000 平方米，将鸡群体控制在 300~500 只。

群体过小，管理不方便，资源浪费；群体过大，饲养效果差。第一，群体大，在较小的放牧面积内饲养过多的鸡，容易造成草地的过牧现象而使草地退化。第二，由于过牧，草生长受到严重影响，鸡在野外获取的营养较少，主要依靠人工饲喂，因此，更多的鸡会在鸡舍附近活动，形成采食依赖性，不仅增加了饲养成本，而且鸡的生长发育和产品品质都受到影响。第三，在较小的范围内有较多的鸡活动，饲养密度过大，疾病的发生率较高。第四，密度大，营养供应不足或营养单调，容易发生恶癖，如啄肛、啄羽和打斗等。

第四节　果园林地散养土鸡的调教

调教是指在特定环境下给予特殊信号或指令，使之逐渐形成条件反射或产生习惯性行为。调教是散养鸡饲养管理工作不可缺少的技术环节。早上放鸡、晚上收鸡以及饲喂、饮水等，必须有统一的集体行动，特别是遇到不良天气和野生动物侵入时，如刮风、下雨、冰雹、老鹰或黄鼠狼侵害等，应在统一的指挥下进行规避。同时，也可避免相邻鸡群之间的混杂。

鸡尽管具有顽固性，但也具有可塑性和学习的能力，通过调教，可以建立起一定的条件反射，对土鸡的调教应该从小进行。调教包括喂食和饮水的调教、放牧的调教、归巢的调教、上栖架的调教和紧急避险的调教等。

一、喂食和饮水的调教

散养鸡每天的补料量是有限的，因此，要保证每只鸡都获得应获数量的饲料，应在补充饲料时同一个时间段共同采食。在野外饮水条件有限时，为了保证饮水的卫生，尽量减少开放式饮水器暴露在外的时间，需要定时饮水，也需要统一同时进行。

喂食和饮水的调教应在育雏时开始，在散养时进一步强化，并形成条件反射。一般以一种特殊的声音作为信号。这种声音应该柔和而响亮，不可使用爆破声和模仿野兽的叫声，持续时间可长可短。生产中多用吹口哨和敲击金属物品。

以喂食为例，调教前应使其有一定的饥饿时间，然后，一边给予信号（如吹口哨），一边喂料，喂料的动作尽量使鸡看得到，以便听觉和视觉双重感应，加速条件反射的形成。每天反复如此动作，一般3天以后即可建立条件反射。

二、放牧的调教

很多鸡的活动范围很小，尽管远处有丰富的饲草资源，但它宁可饥饿，也不远行一步。为使牧草得到有效利用，应当对鸡群进行调教。调教的方法是：一人在前面引导，即一边慢步前行，一边按照一定的节奏给予一定的语言口令（如不停地说：走……），一边撒扬少量的食物（作为诱饵）；后面一人手拿驱赶工具，一边发出驱赶的语言口令，一边缓慢舞动驱赶工具前行，直至到达牧草丰富的草地。这样连续几日后，这群鸡即可逐渐习惯往远处采食。

三、归巢的调教

土鸡具有晨出暮归的特性。每天日出前便离巢采食，出走越早、越远的鸡，采食越多，生长越快，抗病力越强。而日落前多数鸡从远处向鸡舍集中。但是个别鸡不能按时归巢，有的是由于外出过远，有的是由于迷失了方向，也有的个别鸡在外面找到了适于自己夜宿的场所。如果放任不管，以后不归巢的鸡可能越来越多而造成损失。因此，应于傍晚前，在放牧地的远处查看，是否有仍在采食的鸡，并用信号引导其往鸡舍方向返回。如果发现个别鸡在舍外的远处夜宿，应将其抓回鸡舍圈起来，将其营造的窝破坏。第二天早晨晚些时间将其放出采食，傍晚再检查其是否在外宿窝。如此几次后，便可按时归巢。

四、上栖架的调教

鸡具有栖居的特性，善于在高处过夜。但在野外散养条件下，有时由于鸡舍面积小，比较拥挤，有些鸡抢不到有利位置而不在栖架上过夜。野外鸡舍地面比较潮湿，加之粪便的堆积，长期卧地容易诱发疾病。因此，在开始转群时，每天晚上打开手电筒，查看是否有卧地的鸡，有卧地的应及时将其抓到栖架上。经过几次调教之后，形成固定的位次关系，也就按时按次序上栖架过夜。

第五节　山林果园散养土鸡的补料、补草、供水和诱虫

一、补料

补料是指野外散养条件下人工补充精饲料。山林果园散养的鸡，仅仅靠野外自由觅食天然饲料是不能满足其生长发育需要的。无论是生长期、后备期，还是产蛋期，都必须补充饲料。但应根据鸡的日龄、生长发育、草地类型和天气情况，决定补料次数、时间、形态、营养浓度和补料数量。

（一）补料次数

补料次数多少对养鸡非常重要。研究发现，补料次数越多，饲养效果越差。有的鸡场每天补料 3 次甚至更多，这样使鸡养成了等、靠、要的懒惰恶习，不到远处采食，每天在鸡舍周围等主人喂料。在鸡舍周围的鸡，尽管它获得的补充饲料数量较多，但生长发育却最慢，疾病发生率也高。而不依赖喂食的鸡，生长反

而更快，抗病力更强。李英等试验，在相似地块不同的鸡群（均为同批孵化的 80 日龄生长鸡），分别实施下午 5 时左右 1 次补料（每日每只喂料数量为 27 克）、中午和傍晚 2 次补料（每日每只喂料数量为 30 克）和早、中、晚 3 次补料（每日每只喂料数量为 33 克）三种补料方式，饲喂 1 个月后发现，无论是生长速度，还是成活率，喂料 3 次的不如喂料 2 次的，喂料 2 次的不如喂料 1 次的。所以，散养土鸡每天补料 1 次最为适宜。如下雨、刮风、冰雹等不良天气或野生饲料严重不足，难以保证鸡在外面的采食量时，可临时增加补料次数。但一旦天气好转或野生饲料充足，立即恢复每天 1 次补料。

（二）补料时间

补料的时间安排在傍晚效果最好。一是早晨和傍晚是鸡食欲最旺盛的时候。如果早晨补料，鸡采食后就不愿意到远处采食，影响全天的野外采食量。中午鸡的食欲最低。中午是鸡的休息时间，应让其得到充分的休息。二是傍晚鸡的食欲旺盛，可在较短的时间内将补充的饲料采食干净，防止撒落在地面的饲料被污染或浪费。三是在傍晚补料，可根据一天的采食情况（看嗉囊的鼓胀程度和鸡的食欲）确定补料量。如果在其他时间补料，难以准确判断补料数量是否合理。四是鸡在傍晚补料后便上栖架休息，经过一夜的静卧歇息，肠道对饲料的利用率高。五是傍晚补料可配合信号的调教，诱导鸡回巢，减少窝外鸡。

（三）补料形态

饲料形态大体可分为粒料（原粮）、粉料和颗粒料。粒料即未经加工破碎的谷物，如玉米、小麦、高粱、谷子、稻子等；粉料即经过加工粉碎的（单一、配合的或混合）原粮；颗粒料是将配合的粉料经颗粒饲料机压制后形成的颗粒饲料。

从鸡采食的习性来看，粒状是理想的饲料形态。粒料容易饲喂，鸡喜欢采食，消化慢，故耐饥饿，适于傍晚投喂。其最大缺点是营养不完善，不宜单独饲喂。

粉料的优点是加工费用较低，经过配合后营养较全面，鸡采食的速度慢，所有的鸡都能均匀采食，适于各种日龄的鸡。但其缺点更为突出：第一，鸡不喜欢粉状饲料，采食速度慢，不利于其消化液的分泌。尤其是放牧条件下，每天傍晚补料1次，如果在较长时间内不能将饲料吃完，日落后不方便采食。如果在傍晚前提前补料，将影响鸡在野外的采食。第二，粉料容易造成鸡的挑食，使鸡的营养不平衡。第三，投喂粉料必须增加料槽或垫布等饲具。大面积野外养鸡，饲具有时难以解决。第四，野外投喂粉料容易被风吹飞散失，也容易因采食不净而造成一定浪费。如果投喂粉料，细度应在1~2.5毫米，太细，鸡不容易下咽，适口性更差。

颗粒饲料的适口性好，鸡采食快，不易剩料和浪费，可避免挑食，保证了饲料的全价性。在制作颗粒饲料的过程中，短期的高温使部分抗营养因子灭活，破坏了部分有毒成分，杀死了一些病原微生物，饲料比较卫生。但也有一些缺点，如加工成本高，一部分营养（如维生素）受到一定程度的破坏等。但从总体来说，颗粒料饲养效果比较好。

（四）补料注意的问题

1. 补料工具　为了防止饲料的浪费和饲料的污染，有条件的地方可在特定地方补料，不要到处乱撒料。

2. 信号　每次补料应与信号相结合，尤其是在散养前期更应强化信号。一般是先给予明确的信号（吹口哨或敲击金属），使在较远地方采食的鸡能听到声音，促使其回返吃料。

3. 补料数量　每次补料量应根据鸡的采食情况而定。在每次撒料时，不要一次撒完，要分几次撒，直至多数鸡已经满足。采食不急时，记录补料量，作为下次补料量的参考数据。一般是次日较前日稍微增加补料量。也可以定期测定鸡的生长速度，即每周的周末，随机抽测一定数量鸡的体重，看与标准体重的符合度。如果体重严重低于标准，应该逐渐增加补料量；若体重超标，可适当减少补料量。

4. 采食均匀度 补料时应观察整个鸡群的采食情况，防止胆子小的鸡不敢靠近采食。据此，可将部分饲料撒向补料场的外围，也可以延长补料时间，使每只鸡都能采食足够的饲料，以便发育整齐。

二、补草

一般情况下，在散养期间应让鸡自由采食野草野菜。但是，当经常放牧的场地野草野菜生长不良，不能满足采食需要时，为减少对牧地生态的破坏，同时也为降低饲养成本，提高养殖效益（通过投喂青草减少精饲料的喂量）和效果（经常采食野草野菜的鸡，其产品无论是鸡蛋，还是鸡肉，质量高于精料喂养的同类产品），往往在其他地方采集青草喂鸡。

人工采集青草喂鸡有三种方法：第一种，直接投喂法，即将采集到的青草直接投放在鸡的放牧场地或集中采食场地，让其自由采食。这种方法简便，省工省力，但有一定浪费。第二种，剁碎投喂法，即将青草用菜刀剁碎后饲喂，一般投放在饲料槽里，这种方法虽然花费了一定劳动，但浪费较少。第三种，打浆饲喂法，即将青草用打浆机打成浆，然后与一定的精饲料搅拌均匀饲喂。这种方式适合规模较大的鸡场，同时配备一定的人工牧草种植。虽然这种方式投入较大，但可有效利用青草，减少饲料浪费，增加鸡的采食量，饲养效果最好。

三、供水

尽管鸡在野外散养可以采食大量的青绿饲料，但是水的供应也是必不可少的。没有充足的饮水，就不能保证鸡快速地生长、较高的产蛋率、健康的体质以及饲料的有效利用，尤其是在植被状况不好、风吹日晒严重的牧地更应重视水的供应。

饮水用具以自动饮水器最佳，可以减少饮水污染，保证水的随时供应。自动饮水应设置完整的供水系统，包括水源、水塔、输水管道、供水器（饮水器）等。输水管道最好在地下埋置，而终端饮水器应设在放牧地块，根据面积大小设置一定的饮水区域，最好与补料区域结合，以便鸡采食后饮水。饮水器的数量应根据鸡的多少设置足够的数量。

但更多的鸡场不具备饮水系统，特别是水源（水井）的问题难解决，一般采取异地拉水。对于这种情况，可制作土饮水器，即利用铁桶作为水罐，利用负压原理，将水输送到开放的饮水管或饮水槽。

四、诱虫

诱虫的目的有两个：一是通过诱虫，为鸡提供一定的动物蛋白，降低养殖成本，提高养殖效果。昆虫虫体不仅富含蛋白质和各种必需氨基酸，还含有抗菌肽及多种未知生长因子。二是消灭虫害，降低作物和果园的农药使用量，实现生态种植与养殖的有机结合。实践表明，若是鸡采食一定量的昆虫饲料，则生长发育速度快，发病率降低，成活率提高。可能由于昆虫体内存在的特殊抗菌物质，经常采食昆虫的鸡，对于一些特殊的疾病（如病毒性马立克病）有一定的抵抗力，发病率较低。

诱虫一般采用3种方法，即黑光灯诱虫、高压电弧灭虫灯诱虫和性激素诱虫。

（一）黑光灯诱虫

黑光灯诱虫是生产中最常见的，一般使用两种光源诱虫，一种是高压自镇汞灯泡，一种是黑光灯泡。夏季既是散养鸡的最佳季节，也是昆虫大量滋生的季节。利用昆虫的趋光性，使用黑光灯可大量诱虫。黑光灯发出的光波波长为 3 800 纳米，大多数昆虫如飞蛾、蝗虫、螳螂、蚊蝇等，对波长为 3 000~4 000 纳米的光波极为敏感。黑光灯诱虫需要有 220 伏交流电源（50 赫兹），有 20 瓦、30 瓦、40 瓦及高功率灯具等多种。安装时应在其上设 1 个防雨的塑料罩，或 3 块挡虫玻璃板，尺寸为 690 毫米×140 毫米×3 毫米（长×宽×厚）。可将黑光灯安装在果园一定高度的杆子上，或吊在离地面 1.5~2 米高的地方。安装要牢固，不要左右摇摆。一般每隔 200~300 米安装 1 个。黑光灯诱虫采取傍晚开灯，昆虫飞向黑光灯，碰到灯即撞昏落入地面，被鸡直接采食；或落入安装在灯管下面的虫体袋内，次日将收集在袋内的虫体喂鸡。黑光灯诱虫效果受天气影响较大，高温、无风的夜间虫子较多，大风、雨天和低温的天气昆虫较少。因此，遇不良天气时不必开灯。雨后 1 小时也不要开灯。灯具的周围不要使用其他强光灯具，以免影响应用效果。使用黑光灯一定要注意用电安全，灯具工作时不要用手触摸。一个鸡场使用 9YH-20 型黑光灯，1 盏 20 瓦的灯在 6~9 月，平均每夜诱捕昆虫量在 20 千克左右。

从不同时间诱虫效果看，从当日 20 时至翌日凌晨 2 时均可诱到一定的成虫，但高峰在当日 21~22 时，20~24 时诱虫的效率均较高。因此，利用高压电网黑光灯诱杀成虫，其时间在 20~24 时为佳。通过不同天气诱虫数量的观察发现，晴朗无风天气诱虫效果最好。雨后阴天仅为晴天的 12%，而且雨后地面和空气潮湿易导电，因此，雨后不宜开灯。

（二）高压电弧灭虫灯诱虫

利用昆虫趋光性的原理，以高压电弧灯（一般为 500 瓦）发出的强光诱集昆虫于灯下，让鸡捕捉采食。将高压电弧灯悬吊于宽敞的放牧地上方，高度可调整，每天傍晚开灯。由于此灯的光线极强，可将周围 2 000 米的昆虫吸引过来。资料显示，每盏灯每天晚上开启 4 小时，1 500 只鸡每天的补料量可减少 30%。

（三）性激素诱虫

利用性激素诱虫也是农田和果园诱杀虫子的一种方法。不过相对于光线诱虫而言，其主要应用于作物或果树的虫情测报和降低虫害发生率（多数是捕杀雄性成虫，使雌性成虫失去交配机会而降低虫害的发生率）。性激素与传统杀虫剂的区别如表6-1所示。

表6-1　性激素与传统杀虫剂的区别

项目	性激素	传统杀虫剂
对天敌的影响	天敌能生存	常引起次生害虫发生
环境污染	易被微生物降解	污染比较严重，不可忽视
抗药性	至今未见报道	一般引起抗药性
施用次数	每年1~2次	每年多次
种群密度	高密度时无效	高密度时有效
处理区面积	较大的处理面积更有效	小面积亦有效
处理时间	前世代成虫的整个飞翔期	仅在损失上升之前有效
气候	无风和较大的风速受到影响	雨中无效
选择性	仅对靶子虫种有效	一种药能控制多种虫害

生产中使用的性激素是人工合成的，利用现代分析化学的方法，将不同虫子的性激素成分进行解密，然后人工合成，其诱虫效果较自然激素还要高。

资料报道，用人工方法制成了多种害虫的雌性激素信息剂，每逢害虫成虫盛发期，在放牧地块里扎上高约1米的三脚架，架上搁1个盛大半盆水的诱杀盆，中央悬挂1个由性激素剂制成的信息球，此球发出的雌性信息比真雌虫还强，影响距离更远。当雄性成虫嗅到雌性信息后便从四面八方飞来，撞入水盆被淹死，然后即可作为鸡的饲料。

性激素诱虫的效果受到多种因素的制约。例如，性激素的专一性、种群密度、靶子害虫的飞行距离（即搜寻面积的大小）、性诱器周围的环境及气象条件，尤其是温度和风速。性诱器周围的植被也影响诱捕效率。

第六节　果园林地散养土鸡的兽害控制

老鼠、鹰、黄鼠狼和蛇等动物会伤害散养鸡群，必须采取措施防治。

一、防鼠

老鼠对放牧初期的小鸡有较大的危害性，因为此时的小鸡防御能力差，躲避能力低，很容易受到老鼠的侵袭，即便大一些的鸡，夜间受到老鼠的干扰也会造成惊群。预防老鼠的危害可采用鼠夹法、毒饵法、灌水法及养鹅驱鼠等。

（一）毒饵法

放牧前 2 周，在放牧地投放一定的毒饵，一般每 667 平方米的地块投放 2~3 处，记住投放位置，设置明显的标志。每天在放牧地块检查被毒死的老鼠，及时捡出并深埋。连续投放 1 周后，将剩余的毒饵全部取走，一个不剩。然后继续观察 1 周，将死掉的老鼠全部清除。

（二）鼠夹法

放牧前 7 天，在放牧地块里投放鼠夹等捕鼠工具。一般每 667 平方米投放 2~3 个捕鼠工具，每天傍晚投放，翌日早晨观察。凡是捕捉到老鼠的鼠夹，应经过处理（如清洗）后再重新投放（曾经夹住老鼠的鼠夹，带有老鼠的气味，会使其他老鼠产生躲避行为）。但在放牧期间不可投放鼠夹。

（三）灌水法

在放牧前，将经过训练的猫或狗牵到放牧地，让其寻找鼠洞，然后往洞内灌水，迫使其从洞内逃出，然后捕捉。注意防备部分老鼠一洞多口而从其他洞口逃出。

（四）养鹅驱鼠

以生物方法驱鼠、避鼠是值得提倡的。实践中，鸡鹅结合，防治天敌的生物防范兽害技术可以取得良好效果。

鹅是由灰雁驯化而来的，经过人类的长期驯化，具有群居性和可调教性，很容易与饲养人员建立友好关系。利用鹅的警觉性、攻击性、合群性、草食性、节律性等特点，进行以鹅护鸡，可收到较好的效果。李英等试验，将鹅圈养在鸡舍周围，平时同样放牧，单独补饲，以吃饱为度。试验设置4组，鸡、鹅比例分别为100∶1、100∶2、100∶3和100∶0（对照组）。结果表明对照组的兽害伤亡率为2.45%。3个试验组的兽害伤亡率分别比对照组低1.45%、2.15%和2.45%。可见，养鹅防范散养土鸡的兽害伤亡效果明显。鸡、鹅比以100∶（2~3）为宜。

二、防鹰类

鹰类是益鸟，具有敏锐的双眼、飞翔的翅膀和锋利强壮的双爪，可以灭鼠、捕兔。因此，人们将老鹰称为草原的保护神，其对于农作物和草场的鼠害与兔害的控制，维护生态平衡起到了非常重要的作用。但是，它们对于散养鸡（特别是草场散养鸡）具有一定的威胁。

鹰类总的活动规律基本上与鼠类活动规律相同，即初春和秋季多，盛夏和冬季相对较少；上午（9~11时）、下午（4~6时）多，中午少；晴天多，大风天少。鼠类活动盛期，也是鹰类捕鼠高峰期。鼠密度大的地方，鹰类出现的次数和频率也高。鹰类在山区和草原出现较多，平原较少。无论在山区还是平原，鹰的活动都会对鸡群造成一定伤害。由于鹰类是益鸟，不能捕杀，因此，在散养鸡的过程中，对它们只能采取驱避的措施。

（一）鸣枪放炮法

放牧过程中有专人看管，注意观察老鹰的行踪。发现老鹰袭来，立即向老鹰方向的空中鸣枪，或向空中放两响鞭炮，使老鹰受到惊吓而逃跑。连续几次之后，老鹰不敢再接近放牧地。

（二）稻草人法

在放牧地里，布置几个稻草人，尽量将稻草人扎得高一些，上部捆一些彩色布条，最上面安装1个可以旋转、带有声音的风向标，其声音、颜色及风吹的晃动，对老鹰产生威慑作用而使其不敢凑近。

（三）人工驱赶法

放牧时有专人看管，手持长柄扫帚或其他工具，发现老鹰接近，立即边跑、边挥舞工具、边高声驱赶。如果配备牧羊犬效果更好。

三、防黄鼠狼

黄鼠狼（黄狼、黄鼬）身体细长，四肢短，尾毛蓬松，全身棕黄色，鼻尖周围、下唇有时连到颊部有白色，雄体体重平均在0.5千克以上。是我国分布较广的野生动物之一。

黄鼠狼生性狡猾，一般昼伏夜出，黄昏前后活动最为频繁。主食野兔、鸟类、蛙、鱼、泥鳅、家鼠及地老虎等。其在野生食物采食不足时，对鸡形成威胁，尤其是在野外散养鸡，经常会遭到黄鼠狼的侵袭，可采取养鹅护鸡的方法来驱避黄鼠狼。

四、防蛇

蛇属于爬行纲，蛇目。按照其毒性又分为有毒蛇和无毒蛇。

蛇是捕鼠的能手，对于保护草场生态起到了重要作用。但是野外散养土鸡，蛇也是其天敌之一，尤其是在我国南部的省份为甚。其主要对育雏期和散养初期的小鸡危害大。可采取驱避的方法防止蛇害。

1. 凤仙花驱避法　蛇对凤仙花有忌讳，不愿靠近。在散养的地边种植一些凤仙花。可有效地预防蛇的进入和对鸡的伤害。

2. 其他植物驱避法　据资料介绍，七叶一枝花、一点红、万年青、半边莲、八角莲、观音竹等，均对蛇有驱避作用；还可在鸡场隔离区种些芋艿，不仅能遮阴，而且芋艿汁碰到蛇身上就会让它蜕一层皮，所以蛇也不敢靠近芋艿地。

有报道，用亚胺硫磷（果树农药）0.5千克加水拌匀喷洒在散养的牧地周围，蛇类闻到药味也会逃之夭夭，以后则极少在此间出没活动，效果非常显著。

养鹅是预防蛇害非常有效的手段。无论是大蛇，还是小蛇、毒蛇，或是菜蛇，鹅均不惧怕，或将其吃掉，或将其驱逐。

第七节　果园林地散养土鸡的应激控制

"应激"是外界不利因素影响所引起的非特发性生物现象的总称，包括伤害和防卫（指各种不良因素对鸡体的刺激而产生的不良反应）。如严寒酷暑的刺激、暴风骤雨的袭击、雷声的惊吓、噪声、营养失调、饲喂方法突变、捕捉、驱虫、接种疫苗等对鸡体的影响，以及鸡体被迫做出某些生理的反应等都可引起应激反应。

山林果园散养的土鸡，受到外界气候、野生动物、饲料结构和环境条件等多种因素的变化影响较大，容易产生应激而影响到健康和生产，必须加强应激的控制。

一、应激的主要因素

引起应激反应的因素多种多样，有些因素的单独应激作用虽然不大，但多种因素合在一起就会造成大的应激，使鸡达不到理想的生产水平。引起鸡出现应激反应的因素主要有如下方面。

（一）天气应激因素

天气应激因素包括强风侵袭，雨淋日晒，严寒酷暑，雷鸣闪电等。

（二）环境应激因素

环境应激因素包括高温、低温及气温突变（夏季超过 28 ℃，冬季低于 5 ℃，以及日温差 10 ℃以上）；冬季和夏季环境湿度过高等；舍内换气不良；饲养密度过大；突发性噪声恐吓；光照的不适宜。

（三）饲养管理应激因素

饲料管理应激因素包括饲料品质不良（饲料营养含量过低或霉变等）；断料断水；长途运输、转群和移舍；断喙、捉鸡、注射疫苗；野兽的侵袭；药物或农药使用不当（如磺胺类、呋喃类、灭鼠药、农药）等。

二、防止应激的措施

（一）防止天气突变

果园林地散养土鸡，天气变化对鸡群的影响最大。包括突然降温、突然升温、大雨、大风、雷电和冰雹。突然降温造成的危害是鸡在鸡舍内容易扎堆，相互挤压在一起，发现不及时容易造成底部的鸡被压死和窒息。高温造成的危害是鸡容易中暑。风雨交加或冰雹的出现，往往造成大批死亡。在几年生态散养鸡的实践中，我们对不同鸡场的鸡散养期死亡情况进行分析，因疾病死亡占据非常小的比例，而天气的变化所造成的死亡占50%左右。

在放牧期间，突遇大雨和大风，鸡躲避不及，被雨水淋透。大雨必然伴随降温，受到雨水侵袭的鸡饥寒交迫，抗病力减退，如不及时发现，很容易继发感冒和其他疾病而死亡。若及时发现，应将其放入温暖的环境，使其羽毛快速干燥，可避免死亡。

放牧期间，雷电对鸡群的影响也很大。打雷的剧烈响声和闪电强烈光亮的刺激，往往使鸡出现惊群现象，大批的鸡拥挤在一起，造成底部被压的鸡窒息而死。没有被挤压的鸡，由于受到强烈的刺激，几天才能逐渐恢复。因此，若遇到这样的情况，必须观察鸡群，发现炸群，及时将挤压的鸡群拨开。所以，散养土鸡，必须注意当地的天气预报。遇有不良天气，提前采取措施。

（二）创造适宜的生活环境

尽可能设法维持鸡舍内良好的环境。做好夏季防暑降温和冬季防寒保暖工作，尽量保持鸡舍最佳温度；鸡舍相对湿度保持在50%~60%；鸡舍通风良好，舍内空气新鲜；经常清除粪便，防止氨气含量超标；保持舍内安静，防止出现突然声响或噪声过大；保持适宜的光照，产蛋期实行16小时光照，光照强度以每平方米3~5瓦为宜，光照制度要稳定；保持合适的饲养密度，产蛋鸡地面散养或网上平养密度以每平方米6~8只为宜。

（三）科学饲养管理

1. 稳定饲喂制度　饲喂制度，如饲喂时间、饮水时间、放牧时间或归牧时间等的改变都会对土鸡造成一定的应激，影响土鸡的生长和产蛋，所以要保持饲喂制度的稳定，不应轻易变更。

2. 避免饲养人员更换　在长期的接触中，鸡对饲养人员形成了认可。如果饲养人员突然被更换，对鸡群是一种无形的应激。因此，应尽量避免人员的更换。如果更换饲养人员，应该在更换之前让两个人共同饲养一段时间，使鸡对新的主人产生感情，确认其主人地位。

3. 固定鸡舍和设备位置　在某一地点和环境中放牧一段时间后，鸡群对其生活周围的环境比较熟悉，也逐渐适应，如果更换鸡舍（鸡棚）、饲喂和饮水用具的位置等，对鸡都有不良影响。比如说，将鸡舍拆掉，在其他地方建筑一个非常漂亮的鸡舍，但这群鸡宁可在原来鸡舍的位置上露天过夜，承受恶劣的环境条件，也决不到新建的鸡舍里过舒适生活。

4. 科学捕捉　果园山林散养土鸡，转群移舍、免疫接种等许多环节都要捕捉鸡只，容易产生应激和伤亡（引起鸡骨折、挫伤甚至死亡）。只有科学捕捉，才能减少应激和伤亡。

（1）要尽量选在早、晚，光线较暗、温度较低时捉鸡。因为昏暗环境下鸡的活动减少，便于捕捉。

（2）捉鸡前要将地面或网上所有的设备，如料桶、饮水器等升高或移走，以免鸡在跑动过程中发生碰撞而致皮下出血或骨折。如果是鸡出栏，应在屠宰前 12 小时停食，以减少屠宰污染；但至抓鸡装笼时都不能停水，以防长时间缺水造成鸡体重下降。

（3）捉鸡前用隔网将鸡群分成小群，以减少惊吓、拥挤造成的死亡。用隔网围起的鸡群大小应视鸡舍温度、鸡体重和捕捉人手多少而定。

（4）捕捉动作要轻柔快捷。对较小的鸡，可用手直接抓住其整个身体，但不可抓得太紧；对较大的鸡，可从后面握住其双腿，倒提起轻轻放入筐内，严禁抓翅膀和提一条腿，以免导致骨折。鸡出栏时，每筐装的鸡不可过多，以每只鸡都能卧下为度。

5. 严禁动物闯入　在放牧期间，家养动物的闯入（以狗和猫为甚），对鸡群有较大的影响。特别是在植被覆盖较差的地块放牧，鸡和其他闯入动物均充分暴露，动物的奔跑、吠叫，会对鸡群造成较强的应激。应避免其他动物进入放牧区。有条件的鸡场，可将放牧区用网围住。

（四）添加饲喂抗应激添加剂

1. 维生素　遇到应激（如转群、免疫、散养和天气突变）的前后几天，在饲料或饮水中加入 100 毫克的维生素 C 或复合维生素等预防应激；发生应激时可加倍添加饲喂。日粮中添加维生素 C 有助于热应激条件下的鸡维持正常体温。给热应激的鸡按

0.02%~0.04%的比例添加维生素 C，可以使血浆中的钠、蛋白质和皮质醇的浓度恢复正常。维生素 E 有保护细胞膜和防止氧化的作用，高水平的维生素 E 可降低细胞膜的通透性，减少应激时肌肉细胞中肌醇激酶的释放，从而防止过多的钙离子内流而造成对正常细胞代谢的干扰。维生素 E 还可缓解由于高温时肾上腺激素释放而引起的免疫抑制，提高抗病力。

2. 微量元素　应激能造成鸡体内某些微量元素的相对缺乏或需要量增加，适当补充饲喂锌、碘、铬等元素可减轻应激反应。

3. 药物　安定药有较强的镇静作用，能降低中枢系统功能的紧张度，使动物镇定和安宁，有抗应激效果。在鸡转群、断喙、接种疫苗前 1~1.5 小时，在每千克饲料中加入氯丙嗪 30 毫克，可降低鸡对应激的反应。某些天然中草药有抗应激效果，投喂抗惊镇静药，如钩藤、菖蒲、延胡索、枣仁等，能使鸡群避免骚动，保持安静；投清热泻火、清热燥湿、清热凉血的中草药，如石膏、黄芩、柴胡、板蓝根、蒲公英、生地、白头翁等，可缓解热应激；投喂开胃消食的中药，如山楂、麦芽、神曲等，可维持正常食欲，提高抵抗力。

4. 其他添加剂　某些饲料添加剂能促进营养物质的消化吸收，增强畜禽抗病能力，有抗应激作用，如杆菌肽锌、阿散酸、酶制剂、黄霉素等。

（五）做好疫病防治

保持鸡舍清洁，定期进行消毒，严格执行免程序，防止疾病发生。适时在饲料中投放驱虫药，预防寄生虫病。在鸡群转群、断喙、免疫接种或天气突变等强应激情况下，加喂抗菌药物，防止细菌感染。

第八节　果园林地散养土鸡育成期的饲养管理

一、土鸡育成期的培育目标

育成鸡的培育目标是通过精心的饲养管理，培育出个体质量和群体质量都优良的育成新母鸡（18~22周龄的母鸡），为以后高产奠定基础。

（一）个体质量

个体质量就是每一只鸡的质量。要求鸡群中每只鸡都健康无病。健康的鸡应活蹦乱跳，反应灵敏，挣扎有力，食欲旺盛，采食有力；体形良好，羽毛紧凑光洁，鸡冠、脸、肉髯颜色鲜红，眼睛突出，鼻孔洁净，肛门羽毛清洁，粪便正常；胸骨平直，肌肉和脂肪配比良好等。否则，就不健康。

（二）群体质量

群体质量就是整个鸡群质量。

1. 品种优质　雏鸡应来源于持有生产许可证场家的优质土鸡品种。

2. 体重发育好　体重发育符合标准，鸡群均匀整齐，大小一致。

3. 抗体水平符合要求　鸡群抗体水平的高低反映鸡群对疾病的抵抗力和健康状况，优质育成土鸡群的抗体结果应符合安全指标。

二、土鸡育成期的生理特点

土鸡育成阶段羽毛已经丰满，长出成羽，体温调节能力健全，对外界适应能力强。消化能力增强，采食多，鸡体容易过肥；对钙、磷的吸收能力不断提高，骨骼发育处于旺盛时期，此时肌肉生长最快。适当降低饲粮的蛋白质水平，保持微量元素和维生素的供给，育成后期增加钙的补充。

小母鸡从第 11 周龄起，卵巢滤泡逐渐积累营养物质，滤泡渐渐增大；小公鸡 12 周龄后睾丸及附性腺发育加快，精子细胞开始出现。18 周龄以后性器官发育更为迅速，由于 12 周龄以后鸡的性器官发育很快，对光照时间长短的反应非常敏感，应注意控制光照。

三、散养前的准备

育雏一般是在舍内饲养，舍内的环境与散养环境有巨大的差异，不做好准备而突然进行山林果园散养，鸡群会不适应而引起不必要的损失。所以，散养前要做好一些准备工作。

（一）加强训练

1. 消化功能训练 育雏期根据室外气温和青草生长情况而定，一般为 4~8 周。为了适应散养期大量采食青绿饲料和采食一定的虫体饲料的特点，应在育雏期进行消化功能适应性训练，即在放牧前 1~3 周，在育雏料中添加一定的青草和青菜，有条件的鸡场还可加入一定的动物性饲料，特别是虫体饲料（如蝇蛆、蚯蚓、黄粉虫等），使土鸡的消化功能得到应有的训练，减少散养后的饲料应激。青绿饲料的添加量，要由少到多逐渐添加，防止一次性增加过多而造成消化不良或腹泻。在放牧前，青绿饲料的添加量应占到雏鸡饲喂量的 50%以上。

2. 适应外界温度的训练 放牧对于雏鸡而言，环境发生了很大的变化。特别是由室内转移到室外，由温度相对稳定的育雏舍转移到气温多变的野外，土鸡容易产生应激。散养最初 2 周是否适应散养环境的温度条件，在很大程度上取决于放牧前温度的适应性锻炼。在育雏后期（散养前 1~2 周），应逐渐降低育雏室的温度，使舍内温度与外界气温一致，也可适当进行较低温度和小范围变温的训练，使小土鸡具有一定的抗外界环境温度变化的能力，以便适应室外散养的条件，有利于提高散养初期的成活率。

3. 活动的训练　育雏期雏鸡仅仅在育雏室内有限的地面上活动，活动范围小，活动量少，而放入山林果园后，活动范围突然扩大，活动量成数倍增加，很容易造成短期内的不适应而出现因活动量过大造成的疲劳并诱发疾病。因此，在育雏后期，应逐渐扩大雏鸡的活动范围和增加运动量（必要时可以驱赶鸡群，加强运动），增强其体质，以适应广阔的散养环境。

（二）管理转变

舍内育雏，为了保证雏鸡成活率和良好的生长发育，必须进行精细的饲养管理，提供适宜的环境条件，科学地配制饲料和合理地饲喂等。在育雏后期，为了提高土鸡适应野外生活的能力，在管理上要有所转变，逐渐由精细管理过渡到粗放管理。如在饲喂制度、饮水方式、管理形式、环境条件等方面接近散养下的状态，特别是要注意调教，形成条件反射，为散养奠定良好的基础。

（三）减少应激

放牧前和放牧的最初几天，由于转群、脱温、环境变化等影响，会出现一定的应激，免疫力下降。为避免散养后出现应激性疾病，可在补饲饲料或饮水中加入适量维生素 C 或复合维生素，以预防应激。

四、育成期的饲养管理

果园山林散养土鸡育成期除了做好前面的一般饲养管理外，还要注意做好如下管理。

（一）放牧过渡期的管理

由育雏室转移到野外放牧的最初 1~2 周是散养成功与否的关键时期。如果前期准备工作做得较好，过渡期管理得当，小鸡很快适应放牧环境，不会因为饲养环境的改变而影响生长发育。

选择在天气暖和的晴天转群。转群时间安排在晚上，当育雏室灯光关闭后，鸡群稍微安静后可以开始转群。为减少鸡群的骚动和便于转群，可以使用手电筒，在手电筒头部蒙上红布，或在舍内留一个功率较小的光源，用红布或红纸包裹，使之放出黯淡的红色光，有利于鸡群保持安静。转群人员应抓住鸡脚，轻轻将鸡放到运输笼，然后装车。按照分群计划，一次性放入鸡舍，使鸡在散养地的舍内过夜，第二天早晨不要马上放鸡，要让鸡在鸡舍内停留较长的时间，以便熟悉其新居。待到 9 时或 10 时以后放出喂料，饲槽放在离鸡舍 1~5 米远处，让鸡自由觅食，切忌惊吓鸡群。转群时动作要轻，避免粗暴而引起鸡的伤残。

转群后的饲料与育雏期相同，不要突然改变。开始几天，每天放鸡的时间可以短些，以后逐日增加散养时间。为了防止个别小鸡乱跑而不会自行返回，可设围栏限制，并不断扩大散养面积。5 天内仍按舍饲喂量给料，日喂 3 次。5 天后要限制饲料喂量，分两步递减饲料：首先是 5~10 天内饲料喂量为平常舍饲日粮的 70%；其次是 10 天后直到育成或出栏，饲料喂量减少 1/2，只喂平常各生长阶段舍饲日粮的 30%~50%，日喂 1~2 次（天气好时喂 1 次，天气不好的时候喂 2 次），饲喂的次数越多效果越差，因为鸡有懒惰和依赖性。

（二）补料和饮水

饲料的补充量不足，或者投料工具的实际有效采食面积小，会严重影响鸡的采食，使那些体小、体弱、胆小的鸡永远处于竞争的不利地位而影响生长发育。根据鸡在野外获得的饲料情况，合理补充饲料，满足其营养要求，并集中补料，增加采食面积，保证每一只鸡在相同时间内获得需要的饲料量。使用自动饮水装置饮水，饮水碗或水槽应靠近饲喂区，数量充足。育成期间一般不限制饮水，特别在夏季，要保证充足供水。料槽和饮水器每周要清洗消毒 2~3 次。

(三) 饲养规模和密度

群体规模适中，过大的群体规模易造成群体参差不齐（规模过大，个体过小的和过弱的个体不易获得饲料营养，并且容易受到践踏，导致群体的差距越来越大）。一般来说，群体规模控制在 500 只左右，最多也不应超过 1 000 只。对于数万只的鸡场，可以分成若干个小区隔离饲养。

散养密度是一个动态指标，它因地而异、因鸡而异、因季节而异。首先散养地的植被情况决定了散养密度，植被情况（品种和数量）良好，散养密度可大一些。根据经验，一般每 100 平方米草场面积可散养 5 只左右，稍好点的草场可散养 8 只左右，最好的草场也不能超过 12 只，某些次一点的草场也就散养 3 只，有些植被很差的草场仅能散养 1 只，荒漠化草场不可散养。

在散养初期，因鸡的体重很小，采食量也不是很大，散养密度可高一些；随鸡体重的增加，采食量加大，鸡自主觅食半径的增加，散养密度也要随之下降。确定散养密度还要考虑季节因素，早春与初冬季节，地表上绿色植被很少，这时的散养密度要降下来；而夏秋季节，植被丰富，昆虫也处于生长繁殖的旺季，这时的散养密度可相应提高。

(四) 体重控制

育成新母鸡的体重与以后的产蛋关系密切，所以，育成期应加强体重控制，保证育成结束时体重达标，为产蛋奠定良好基础。

1. 体重测定　从育雏期开始至育成末期，每周或每 2 周抽测体重一次。测定体重的时间应安排在周末夜间同一时间进行。

晚上关灯鸡群安静以后，手持手电筒，蒙上红布，使之发出较弱的红色光。随机轻轻抓取鸡，使用电子秤逐只称重，并记录。设计固定记录表格，每次将测定数据记录在同一表格内，并长期保存。最后将体重绘制成完整的鸡群生长发育曲线。

测定体重抽取的样品应具有代表性，做到随机取样。在鸡舍的不同区域、栖架的不同层均要取样，防止取样偏差。每次抽测的数量依据群体大小而定。一般为群体数量的5%，大规模养鸡不低于群体数量的2%，小规模养鸡每次测定数不小于50只。

2. 体重的调整 测定体重并计算平均数后，根据体重大小进行必要的调整。如果育成期发育缓慢，没有达到标准体重，应查找原因。如果营养不足，应根据体重的变化与标准的比较，酌情补料。育成期阶段，是生长发育最快的时期，仅靠采食一些植物性青饲料，很难满足鸡自身快速生长的需要，不能满足能量和蛋白质总量的需求，必然影响生长发育。根据每周称测的体重情况，调整补充的饲料量，既满足育成鸡的营养，又避免饲料的浪费，获得体重符合要求的新母鸡。

同时要注意及时淘汰体重过小的鸡（有叫"拉腿鸡"）和体质过弱的鸡。这些鸡开产期非常晚，产蛋性能也差。

（五）减少散养丢失

一些鸡场在放牧过程中鸡只数量越来越少，但没有发现死亡和兽害，说明放牧过程中不断丢失。这是由于没有进行有效的信号调教，也没有采取先近后远、逐步扩大散养范围的散养方法。

（六）注意观察

1. 观察环境变化 注意观察天气变化，遇到天气的突然变化，要提前采取防范措施。如下大雨前要及早收鸡或不放土鸡出舍等，防止鸡被雨淋；注意观察有没有野生动物的入侵，可以借助摄像头、音响报警器等设备，避免鸡受到野兽侵害等；及时观察和了解散养场地状况，如有没有喷洒农药以及一些人为破坏的迹象，减少对鸡的伤害。

2. 观察鸡群状况 对鸡群进行细致的观察是日常管理中的重要一环，通过观察能随时掌握鸡群的健康情况，发现问题，及早处置。

（1）精神状态：健康鸡羽毛整洁，精神饱满，鸡冠与肉髯鲜红；病弱鸡羽毛不整，凌乱不堪，冠髯苍白，低头垂翅，精神萎靡。

（2）采食情况：食欲旺盛，说明鸡生理状况正常，健康无病。减食，一般是因饲料突然改变、饲养员更换、鸡群受惊以及有病等因素所致；不食，表明鸡处于重病状态；异食，说明饲料营养不全，特别是矿物质与微量元素不足；挑食，是由于饲料搭配不当、适口性差所致。

（3）粪便状态：灰色干粪是正常粪便，通常灰色粪便上覆盖有点状白色粪，其量的多少可以衡量饲料中蛋白质含量的高低及吸收水平。如果有1/5的鸡排酱色便，这是盲肠粪便，属正常。病弱鸡排便稀且不成形，颜色也不正常。褐色稠粪也属于正常粪便，其恶臭的气味是由于鸡粪在直肠内停留时间较长所致；红色、棕红色稀粪，说明肠道内有血，可能是患有白痢杆菌病或球虫病；黄绿色或黄白色并附有黏液、血液等的恶臭稀粪，说明胆汁排到肠道内，多见于新城疫、霍乱、伤寒等急性传染病，发现后应立即隔离，全面诊断予以淘汰；白色糊状或石灰浆样的稀粪，多见于雏鸡白痢杆菌病、传染性法氏囊病等，发现后立即隔离，全面诊断，予以淘汰。

（4）呼吸系统状况：呼吸系统疾病就一定有异常表现。晚上关灯后，细听鸡的呼吸声，若有呼啦呼啦等异常声音，说明有呼吸道疾病。

（七）卫生管理

鸡栖息的棚舍及附近场地要坚持每天打扫、消毒；定期清洗消毒料槽、水槽，保持清洁卫生。定期驱虫，8~9 周，每只鸡 0.5 片鸡虫净，研磨拌料，一次投服，或 0.03%~0.04% 呋喃唑酮拌料使用 5 天；17~18 周龄，每只鸡 1 片左旋咪唑，一次投服，连用 2 次。注意驱虫后要清理粪便进行堆积发酵处理。

第九节　果园林地散养商品土鸡的饲养管理

一、饲养管理

果园林地散养商品土鸡的饲养管理还要注意如下几点。

（一）精选良种

选养皮薄骨细、肌肉丰满、肉质鲜美、抗逆性强、体形中小、有色羽的著名地方品种，根据当地的饲养习惯及市场消费需求，选育适合当地饲养的优良土鸡品种。如在南方市场销售，可以选择饲养农村的土杂鸡所产的蛋孵化的雏鸡，价格高，好销售；如果在北方市场销售，可以饲养芦花鸡、固始鸡以及麻鸡等品种。

（二）适时散养

散养的商品土鸡，在育雏室内育雏 5 周。一般夏季 30 日龄、春季 45 日龄、寒冬 50~65 日龄可以开始散养。竹园、果园、茶园、桑园等散养场地要求地势高燥、避风向阳、环境安静、饮水方便、无污染、无兽害。鸡只既可吃害虫及杂草，还可积（施）肥。散养场地可设沙坑，让鸡沙浴。散养场可设置围栏，放一批鸡换一个地方，既有利于防病，又有利于鸡只觅食。

（三）科学饲喂

优质土鸡育雏期应饲喂易消化、营养全面的雏鸡全价饲料。饲养中粗蛋白质含量为 16%~17%。散养期要多喂青饲料、农副产品、土杂粮，以改善肉质，降低饲料成本；一般仅晚归后补喂配合饲料。要保证育肥土鸡有充足的饮水，可给育成鸡添喂占饲料量10%~20%的青饲料。中后期配合饲料中不要添加人工合成色素、化学合成的非营养添加剂及药物等，应加入适量的橘皮粉、松针粉、大蒜、生姜、茴香、八角、桂皮等自然物质以改变肉色，改善肉质和增加鲜味。

（四）适当催肥

育成土鸡在13~14周龄时，生长速度较快，容易沉积脂肪，在饲养管理上应采取适当的催肥措施。采用原粮饲喂的，可适当增加玉米、高粱等能量饲料的比例；饲喂鸡饲料的，可购买肉鸡生长料。出售前3~4周，如鸡体较瘦，可增加配合饲料喂量，限制散养进行适度催肥。

（五）严格防疫及驱虫

一般情况下，散养土鸡抗病力强，较圈养快大型肉鸡发病少。但因其散养于野外，接触病原体的机会多，因此，要特别注意防治球虫病（一般在20~35日龄预防一次为好）、卡氏白细胞虫病及消化道寄生虫病。每月进行一次驱虫为佳。肉鸡中后期，防治疾病时尽可能不用人工合成药物，多用中药及采取生物防治，以减少和控制鸡肉中的药物残留，便于上市。

（六）适时销售

饲养期太短，鸡肉中水分含量多，营养成分积累不够，鲜味素及芳香物质含量少，达不到优质土鸡的标准；饲养期过长，肌纤维过老，饲养成本太大，不合算。

因此，小型公鸡100天，母鸡120天上市；中型公鸡110天，母鸡130天上市。此时上市鸡的体重、鸡肉中营养成分、鲜味素、芳香物质的积累基本达到成鸡的标准，肉质又较嫩，是体重、质量、成本三者的较佳结合点。

二、提高鸡肉风味的措施

鸡肉的风味影响人们的食欲和消费欲望。影响鸡肉风味的主要因素有遗传、饲料营养和环境等。遗传因素主要有品种、日龄、性别，营养因素主要是饲料，环境因素包括饲养管理和小气候因素等。在土鸡饲养过程中可以通过添加一些物质来提高鸡肉风味，见表6-2。

表6-2 提高鸡肉风味的物质

物质名称	效果
绿茶粉或废茶粉	饲料中添加3%，可显著增加鸡脯肉中维生素A和维生素E的含量，同时还可以增加鸡肉的鲜味
党参、丁香、川芎、砂姜、辣椒、八角以及合成调味剂；鲜味剂（主要含谷氨酸钠、肌苷酸、核苷酸、鸟苷酸等）	饲喂后期肉鸡，结果鸡肉中氨基酸及肌苷酸含量明显提高，从而增进鸡肉风味（韦凤英等报道）
杜仲、黄芪、白术等中药	按等量比例配伍饲喂鸡，结果提高肉鸡肉中粗蛋白质含量与脂肪的沉积能力，提高鸡肉的营养价值和风味，改善肉品质（宁康健报道）
生姜、大蒜、辣椒叶、艾叶、陈皮、茴香、花椒、桑叶、车前草、黄芪、甘草、神曲和崔草等13味中草药制成中草药饲料添加	与益生菌添加剂结合配制成益生中草药合剂饲喂鸡，实验结果表明，鸡肉风味具有天然调味料的浓郁香味，口感良好，味道纯正，综合效益良好（黄亚东等报道）
女贞子水提物	添加0.4%，显著改善鸡肉的嫩度（郭晓秋报道）
大蒜、辣椒、肉豆蔻、丁香和生姜等	饲喂肉鸡，改善鸡肉品质，使鸡肉香味变浓（聂国兴报道）

续表

物质名称	效果
沙棘嫩枝叶	添加日粮中，提高鸡肉中氨基酸和蛋白质的含量，改善鸡肉品质，并能增强动物机体免疫能力（邵淑丽等报道）
大蒜	饲料中添加 10% ~ 20% 捣烂大蒜或 0.2% 大蒜素，鸡肉的香味变得更浓，脚胫皮肤着色较黄（郑诚等报道）
芦荟和蜂胶	作为饲料添加剂，具有提高蛋白质的代谢率、胸肌率、腿肌率和降低腹脂率的作用，从而改善了鸡肉品质（杨雪娇报道）
桑叶粉	出栏前 4 周的肉鸡在饲料中添加 3% 桑叶粉，能大幅度提高肉鸡的品质，使肉质香味更浓。口感好，降低氨气含量
维生素（维生素 E、维生素 D 等）、矿物质（钙、镁、硒等）	能够缓解动物应激，增强机体抗氧化能力，减少脂质氧化，改善肉的嫩度，减少滴水损失等

第十节　果园林地散养土鸡产蛋期的饲养管理

　　果园林地散养土鸡产蛋期产蛋率高低主要取决于两个方面，一方面是育成新母鸡的质量，另一方面是产蛋期的饲养管理。在培育优质育成新母鸡的基础上，做好产蛋期的饲养管理工作，就可以获得良好的饲养效果。

一、土鸡产蛋规律

　　土鸡开产后产蛋率和蛋重的变化具有一定的规律，饲养管理中应注意观察这一规律，采取相应措施，增加产蛋量，提高蛋的质量。

（一）始产期

在农村少量散养时，由于营养水平偏低，土鸡的开产日龄较晚，而且各群差别明显。在规模饲养下，配合饲料和人工光照的应用，土鸡一般在 22~23 周龄即可达到 5% 的产蛋率，到 28 周龄时，产蛋率可达到 50%。我们把 22~28 周龄、产蛋率为 5%~50%，这一时期称为始产期。始产期内产蛋规律性不强，各种畸形蛋比例较大，蛋重较小。

（二）主产期

从 28 周龄开始，产蛋率稳步上升，在 31~33 周龄时最高产蛋率可达到 80% 以上，维持 80% 以上产蛋率 2~3 个月后，产蛋率缓慢下降，在 55 周龄时，下降到 60% 左右。28~55 周龄这一阶段称为主产期。主产期内，产蛋周期已经形成，蛋的重量逐渐达到最大。主产期产蛋的多少，直接关系到整个产蛋期的产蛋量。

（三）终产期

55 周龄以后，随着产蛋率的下降，蛋重逐渐增大，到 68 周龄时，产蛋率下降到 45%~50%，一个产蛋年结束。这时种鸡可以淘汰或再利用 1 年。一般土鸡第 2 个产蛋年的产蛋率为第 1 年的 80% 左右。

二、土鸡产蛋期的饲养管理

土鸡产蛋期的饲养管理除了做好前面的散养准备、分群、调教、诱虫补草、防止兽害和应激控制外，还要做好如下方面的饲养管理工作。

（一）做好开产前的准备

开始产蛋的前一周，将产蛋箱准备好，让土鸡适应环境。每 4~5 只鸡准备 1 个产蛋箱，产蛋箱放置在较暗的地方，产蛋箱中铺些垫草，并放上假蛋；根据鸡群的免疫程序要求和抗体水平接种疫苗；安装好产蛋期需要的各种设备；进行全面彻底的消毒。

(二) 科学补料

由于山林果园的野生饲料资源有限，不能完全满足土鸡产蛋的营养需要，为避免影响产蛋性能的发挥，需要补充饲喂。

1. 影响补料量的因素　影响山林果园散养土鸡产蛋期精料补充量的因素主要有鸡的品种、产蛋阶段和产蛋率、自然饲料资源状况和饲养密度。

（1）品种：不同品种的鸡适应能力和觅食能力不同，采食的野生饲料资源种类和数量不同，需要补充的饲料量也不同。土鸡的觅食力较强，觅食的范围较广，产蛋性能较低，补料量可以少一些。而培育的高产杂交品种鸡对野外生存环境的适应性较差，自我寻找食物的能力低，加之生产性能较高，因此，饲料补充量需要多一些。

（2）产蛋阶段和产蛋率：土鸡产蛋前期产蛋率不断提高，体重和蛋重不断增加，需要的营养物质多，补充的饲料量也多；产蛋后期产蛋率不断下降，体重不再增加，需要的营养物质比较稳定，可以适当减少补料饲料量；产蛋高峰期，为保证产蛋率的稳定，要维持适宜的补料量。生产中发现，同样的鸡种、同一产蛋日龄，但产蛋率差异很大。有的高峰期产蛋率80%左右，需要较多的补料量；而有的高峰期产蛋率仅仅40%，补料量就应该少些。所以，应根据鸡群的具体情况灵活掌握补料量，对于不同的鸡群饲料的补充量不能千篇一律。

（3）自然饲料资源状况和饲养密度：山林果园散养鸡主要依靠其自身在山林果园采食自然饲料，补充饲料仅是营养的补充，而采食自然饲料的多少，主要受到自然饲料资源状况和饲养密度的影响。当草地的自然饲料资源充足（可食牧草很多，虫体很多），同样的散养密度下，补饲的精料数量就可以少一些；否则，补饲的精料数量就多。一定的自然饲料资源状况，如果饲养密度较低，自然饲料资源基本可以满足鸡的营养要求时，每天仅少量补充饲料即可。否则，饲养密度较大，山林果园可供采食的植物性饲料和虫体饲料较少，那么主要营养的提供需人工补料，就必须增加补料量。

2. 补料量确定 由于散养鸡采食的饲料种类和数量难以确定，所以，很难给出一个绝对的补充饲料数量。在生产中，具体补充饲料数量的确定可根据如下情况灵活控制。

（1）体重变化：开产前通过科学饲养、分群等措施使鸡体重达到标准，而且均匀整齐。如果体重不达标，要增加饲喂量，促进增重；刚开产，土鸡的体重应该有所增加，在40~45周龄体重达到最大，以后体重保持稳定。开产时应在夜间抽测鸡的体重。45周龄以前，土鸡体重稍有增加，说明管理恰当，补料适宜。体重降低或不变，说明营养不足，需要增加补料量。45周龄以后，体重应保持稳定，如果增重过多，说明营养过剩，应减少饲料补充量（在山林果园散养条件下，除了停产以外，很少出现鸡体过肥现象）。如鸡体重下降，说明营养不足，应提高补料质量和增加补料数量，以保持良好的体况。

（2）蛋重变化：初产蛋较小，随着日龄增加，蛋重不断增加。如土鸡初产的蛋一般只有35克左右，2个月后蛋重增加到42~44克，基本达到土鸡蛋标准。开产后蛋重在不断增加，每千克鸡蛋平均23~24个，说明鸡营养适当。营养不足时鸡蛋的重量小，如果每个鸡蛋不足40克，说明土鸡的营养不平衡或不足，或管理不当，需要增加补料量。

（3）蛋形变化：正常的蛋，蛋形圆满，大小端分明。若蛋大端偏小，大小两头没有明显差异，这是营养不足的表现。这样的鸡蛋往往重量小，需要增加补料量。

（4）产蛋率变化：开产后产蛋率上升很快，在2个多月、最迟3个月达到产蛋高峰期（土鸡60%以上），说明营养和饲料补充得当。如果产蛋率上升较慢，波动较大，甚至出现下降，可能在饲料的补充和饲养管理上出现了问题。

（5）产蛋时间分布：大多数鸡在中午以前产蛋，上午10时左右产蛋比较集中，12时之前产蛋占全天产蛋率的77%以上。如果产蛋率不集中，下午产蛋的较多，说明饲料补充不足。

（6）食欲情况：每天傍晚喂鸡时，鸡来得慢，不聚拢，不争食，不抢食，说明食欲差或已觅食吃饱，应少喂些。如果很快围聚争食，说明食欲旺盛，鸡对营养的需求量大，可以适当多喂些

（7）行为表现：如果鸡群正常，没有发现相互啄食现象，说明饲料配制合理，营养补充满足。如果出现啄羽、啄肛等异常情况，说明饲料搭配不合理，必需氨基酸比例不合适，或饲料的补充不足，应查明原因，及时治疗。

3. 补充饲料的营养浓度和参考配方　见第三章中饲养标准和参考配方。

4. 饲料的更换　不同阶段饲喂不同的饲料，既可以降低饲料成本，又能满足营养需要。开产前要调整饲料中的钙含量，产蛋鸡对钙的需要量比生长鸡多3~4倍。笼养条件下，产蛋鸡饲料中一般含钙3%~3.5%，不超过4%。而散养鸡的产蛋率低于笼养鸡，此外，在散养场地鸡可获得较多的矿物质。因此，散养鸡的钙补充量低于笼养鸡。散养情况下，19周龄以后，饲料中钙的水平提高到1.75%，20~21周龄提高到3%。

散养土鸡产蛋鸡补钙要适量，如果产蛋鸡喂过多的钙，不但抑制其食欲，也会影响磷、铁、铜、钴、镁、锌等矿物质的吸收。同时也不能过早补钙，补早了反而不利于钙在骨骼中的沉积。这是因为生长后期如饲料中含钙量少时，小母鸡体内保留钙的能力就较高，此时需要的钙量不多。生产中，散养土鸡产蛋鸡补钙的方法一般是：鸡群见第一枚蛋时，或开产前2周在饲料中加贝壳或碳酸钙颗粒，也可加一些矿物质于料槽中，任开产鸡自

由采食，直到鸡群产蛋率达 5%，再将生长饲料改为产蛋饲料。

当产蛋率达到 25% 以上时，应将生长料更换为蛋鸡料。开产时增加光照时间要与改换日粮相配合，如只增加光照，不改换饲料，易造成生殖系统与整个鸡体发育的不协调；如只改换日粮不增加光照，又会使鸡体积聚脂肪，故一般在增加光照 1 周后改换饲粮。

（三）环境控制

1. 温、湿度的控制 蛋鸡产蛋需要适宜的温、湿度。舍外散养，注意气温低时晚放鸡，早收鸡；气温高时早放鸡，晚收鸡。夏季充分利用树木等植物遮阳，冬季由于外界气温低，可以舍内饲养。

2. 光照的控制 光照是影响蛋鸡生产性能的重要因素。蛋鸡每日的光照时间和光照强度对其生产性能起决定性的作用，即对蛋鸡的性成熟、排卵和产蛋等均有影响。其作用机制：一般认为，禽类有两个光感受器，一个为视网膜感受器即眼睛，另一个位于下丘脑。光线的刺激经视神经叶的神经到达下丘脑，光线也可以直接通过颅骨作用于松果体及下丘脑。下丘脑接受刺激后分泌促性腺素释放激素，这种激素通过垂体门脉系统到达垂体前叶，引起卵泡刺激素和排卵激素的分泌，促使卵泡的发育和排卵。发育的卵泡产生雌激素，促使母鸡输卵管发育和第二性征显现。排卵激素则引起母鸡的排卵。

规模化山林果园散养土鸡，应该做好土鸡产蛋期的光照控制，提高其产蛋性能。

（1）土鸡的光照原则：光照时间的基本原则是育成期光照时间渐减或恒定，不能增加；产蛋期光照时间保持恒定或渐增，不能缩短。一般产蛋高峰期光照时间应控制在 15～16 小时，如果自然光照时间不足需要人工光照补足。产蛋期的光照强度要达到 10～20 勒克斯。

（2）土鸡的补光方法：土鸡的补光可以采取两头补光，即早晨和傍晚两次将光照时间补充到规定的时长。生产中，采取晚上补光比较好，这样可以配合喂料和进行光照诱虫，一举多得。

（3）光照程序的制订：见表6-3。

表6-3　果园林地散养土鸡产蛋期的光照程序

	顺季出雏时间（月）						逆季出雏时间（月）					
北半球	9	10	11	12	1	2	3	4	5	6	7	8
南半球	3	4	5	6	7	8	9	10	11	12	1	2
日龄	光照时数											
1~2	辅助自然光照补充到23小时						辅助自然光照补充到23小时					
3	辅助自然光照补充到19小时						辅助自然光照补充到19小时					
4~35	逐渐减少到自然光照						逐渐减少到自然光照					
36~140	保持14小时						自然光照					
141~147	增加0.5小时						增加0.5小时					
148~154	增加0.5小时						增加0.5小时					
155~161	增加0.5小时						增加0.5小时					
162以后	保持16~17小时（光照强度20~30勒克斯）						保持16~17小时（光照强度20~30勒克斯）					

（4）光照注意事项：

1）熟悉当地自然光照情况。我国大部分地区自然光照情况是冬至到夏至期间日照时间由短逐渐变长，称为渐长期。从夏至到冬至期间由长逐渐缩短，称为渐短期。应从当地气象部门获取当地每日光照时间资料，以便制订每日的光照计划。

2）人工补充光照，应尽量使光照基本稳定，促进产蛋性能相应提高。不要突然增加光照时间，应逐渐完成补光程序，一经固定下来，就不要轻易改变。

3）增加光照逐渐进行。21周龄开始逐渐增加光照。正如上面所述，增加光照与改换饲料相配合。

3. 保持环境稳定、安静　产蛋高峰期最忌讳应激，特别是惊吓，如陌生人的进入、野生动物的侵入、剧烈的爆炸声和其他噪声等。

（四）注意观察鸡群

平时要认真观察鸡群的状况，发现个别鸡出现异常，及时分析和处理，防止传染性疾病的发生和流行。

1. 观察精神状态　观察鸡群的精神状态，可及时发现病鸡，及时治疗和隔离，以免疫情传播。每天早晨放鸡时观察鸡群活动情况，健康鸡总是争先恐后向外飞跑，弱者常常落在后边，病鸡则不愿离舍或留在栖架上。每天补料时观察鸡的精神状态，健康鸡特别敏感，往往显示迫不及待感，病弱鸡不吃食或被挤到一边，或吃食动作迟缓，反应迟钝或无反应。病重鸡表现精神沉郁、两眼闭合、低头缩颈、翅膀下垂、呆立不动等。

2. 观察粪便变化　粪便变化能够反映出土鸡的健康状况，粪便异常鸡群就可能出现问题。正常的鸡粪便是软硬适中的堆状或条状物，上面覆有少量的白色尿酸盐沉积物。若粪过稀，则为摄入水分过多或消化不良。如为浅黄色泡沫粪便，大部分是由肠炎引起的。白色稀便则多为白痢病。排泄深红色血便，则为鸡球虫病。白绿色稀便可能是新城疫等。

3. 观察呼吸系统状况　每天晚上观察鸡群的呼吸状况，晚上关灯后倾听鸡的呼吸是否正常，如果带有咯咯声，说明鸡群呼吸道有疾病。

4. 观察产蛋情况　观察蛋的数量、蛋壳的质量和颜色等有无异常。

5. 观察其他情况

（1）啄癖：产蛋高峰期，由于光照或营养不足，可能出现个别鸡互啄（啄肛、啄羽等）现象。如果发现不及时，被啄的鸡很快会被啄死。因此，应认真观察，及时隔离被啄鸡，并予以治疗。如果发生啄癖的鸡比例较高，应查明原因，尽快纠正。

（2）羽毛情况：如果鸡周身掉毛，但鸡舍内未见羽毛，说明已被其他鸡吃掉，这是鸡体内缺硫所致，应采取补硫措施。鸡在换羽结束、开产前及开产前期羽毛是光亮的，如果此期羽毛不光亮是由于缺乏胆固醇的缘故，要补喂一些含胆固醇高的饲料。产蛋后期羽毛不光亮、污浊或背部掉毛的为高产鸡。

（3）肛门污浊情况：鸡在产蛋期，肛门周围大都有粪便污染的痕迹。停产期及不产蛋鸡的肛门清洁，腹部羽毛丰满光滑。若肛门周围有黄色、绿色粪便或有黏液附着，并伴有其他异常表现，则表明鸡患有疾病（有黏液状的鸡患有卵巢炎、腹膜炎，已没有生产价值，应尽快淘汰）。

（五）集蛋管理

山林果园养殖土鸡，虽然鸡蛋的内在品质提高，但如果管理不善，处理不当，也会带来一些问题，影响散养土鸡所产鸡蛋的外在品质，如出现窝外蛋多、蛋壳脏、污染严重，极大地影响鸡蛋的外观和保存期。所以，要了解散养土鸡的产蛋习性，提供适宜的条件，加强集蛋管理，减少窝外蛋，提高土鸡蛋的内外品质。

1. 产蛋习性

（1）喜暗性：鸡喜欢在光线较暗的地方产蛋，所以，产蛋箱要避开光源直射，应背光放置，放置在光线较暗的地方或遮掩，使土鸡能够安静地进入产蛋箱产蛋。

（2）定巢性：鸡的第一枚蛋产在什么地方，以后会仍到此处产蛋。如果这个地方被别的鸡占用，宁可在巢门口等候也不愿进入旁边的空巢，在等不及时往往几只鸡同时挤在一个产蛋箱内，这样就发生等窝、争窝现象，相互争斗和踩破鸡蛋，斗败的鸡就另寻去处或将蛋产在箱外。另外，等待时间过长会抑制排卵，推迟下次排卵而减少产蛋量。所以，要设置充足的产蛋箱。

（3）色敏性：禽类的视觉较发达，能迅速识别目标，但对颜色的区别能力较差，只对红、黄、绿光敏感。有研究认为，母鸡喜欢在深黄色或绿色的产蛋箱内产蛋，如果产蛋箱颜色能与此一致，则效果较好。

（4）隐蔽性：鸡喜欢到安静、隐蔽的地方产蛋，这样有安全感，产蛋也较顺利。因此，产蛋箱的设置要有一定的高度和深度，鸡进入其中隐蔽性较好，能免受其他鸡的骚扰。饲养员在操作中要轻、稳，以免弄出突然的响声惊吓正在产蛋的鸡，而产生双黄蛋等异常现象。

（5）探究性：母鸡在产第一枚蛋之前，往往表现出不安，寻找合适的产蛋地点。临产前爱在蛋箱前来回走动，伸颈凝视箱内。认好窝后，轻踏脚步试探入箱，将箱内垫料刨成窝形。离窝回顾，发出产蛋后特有的叫声。因此，土鸡蛋箱的踏步高度应不超过40厘米。

2. 产蛋箱放置 产蛋箱的数量、位置、高度以及箱内垫料情况等，对鸡的产蛋行为和鸡蛋的外在质量影响较大。

（1）产蛋箱放置时间：开始产蛋的前1周（土鸡在20周龄左右），将产蛋箱准备好，让其适应环境。

（2）产蛋箱的数量：产蛋箱数量少，容易造成争窝现象，久而久之使争斗的弱者离开而到窝外寻找产蛋处。因此，配备足够数量的产蛋窝很有必要。由于散养土鸡的产蛋率较低，产蛋时间较分散，一般4~5只母鸡配备1个产蛋箱。

（3）产蛋箱摆放：产蛋箱放置应与鸡舍纵向垂直，均匀分布，即产蛋箱的开口面向鸡舍中央。产蛋箱应尽可能置于避光幽暗的地方。要遮盖好产蛋箱的前上部和后上部。开产前将产蛋箱放在地面上，鸡很容易熟悉和适应产蛋环境，避免了部分母鸡在产蛋箱下较暗的地方做窝产蛋。产蛋高峰期再将产蛋箱逐渐提高，此时鸡已经形成了就巢产蛋习惯，便不再产地面蛋。

产蛋是鸡繁衍后代的行为，它喜欢在最安全的地方产蛋。产蛋箱要安置稳定，底板结实，维护良好，母鸡进出产蛋箱时不应摇晃或活动。进出产蛋箱的板条应有足够的强度，能同时承受几只鸡的重量。

（4）产蛋箱中的垫料：产蛋箱中的垫料不仅影响土鸡窝外蛋的数量，而且影响蛋的外在质量。垫料包括垫料的颜色、垫料卫生和垫料厚度等。

1）垫料颜色对窝外蛋的影响。垫料颜色会影响鸡的窝外蛋百分率。资料显示，产蛋鸡对垫料的颜色有选择性，褐色的垫料比橘黄色、白色和黑色的同种垫料更受鸡的喜欢，而灰色垫料明显地受母鸡偏爱。国外的有关科学家进行了较细致的研究，专门比较了褐色和灰色两种垫料的窝外蛋的百分率。结果是开产时在灰色垫料产蛋箱中下蛋的母鸡产较少的窝外蛋，而褐色垫料组表现出较高的窝外蛋百分率。另外，灰色垫料产蛋箱中产蛋的母鸡产蛋总数增加（窝内蛋与窝外蛋总和），并且表现出较好的饲料转化率（整个40周龄）。分析认为，这种增加可能有两个原因：一种是由于窝外蛋的减少，将所有的鸡蛋全部收集，没有遗漏损失；还有一种可能是母鸡找到了更适宜自己的产蛋环境而产较多的蛋。

2）垫料卫生和厚度对蛋品质的影响。鸡产出的蛋首先接触的便是产蛋窝内的垫料，如果垫料污浊和厚度不够，会引起蛋壳的污染和破裂，影响蛋品质量。由于刚产出的蛋表面有一层胶质层，比较湿润，容易黏附一些污浊物质，刚产出的蛋本身温度（鸡的体温是41 ℃，蛋内温度应该等于体温）与室温温差较大，表面细菌极易侵入，因此，要保证产蛋箱内垫料干燥、清洁、无鸡粪，及时清除窝内垫料中的异物、粪便或潮湿的垫料，经常更换新的、经消毒过的疏松垫料；垫料的厚度大约为产蛋箱深度的1/3，带鸡消毒时对产蛋箱一并喷雾消毒。

3. 诱导窝内产蛋 鸡具有学习的能力，山林果园散养土鸡时要做好训练母鸡进入产蛋箱产蛋的工作。为了诱导母鸡进入产蛋箱，可在里面提前放入鸡蛋或鸡蛋样物——引蛋（如空壳鸡蛋、乒乓球等）。鸡进入产蛋期后，饲养人员应经常在棚架区域内走动。早晨是母鸡寻找产蛋地点的关键时期，饲养员在舍内走动时密切关注母鸡的就巢情况。较暗的墙边、角落、台阶边、棚架边、钟形饮水器下方和产蛋箱下方比较容易吸引母鸡去就巢。饲养员应小心地将在这些地点筑窝的母鸡放到产蛋箱内，最好关闭产蛋箱，使其熟悉和适应这个产蛋环境，不再到其他地点筑窝。如果母鸡继续在其他地点筑窝，必要时可以用铁丝网进行隔开。通过几次干预，母鸡就会在比较安静的产箱内产蛋。发现非产蛋箱处有蛋，应及时捡起。

4. 捡蛋 捡蛋次数影响蛋的破损率和污染程度，捡蛋次数越多，蛋的破损率和污染程度越低。最好是刚产下时即捡走，但生产中捡蛋不可能如此频繁，这就要求捡蛋时间、次数要制度化。大多数鸡在上午产蛋，第一次和第二次的捡蛋时间要调节好，尽量减少蛋在窝内的停留时间。一般要求每天捡蛋 3~4 次，捡蛋前用 0.1% 的新洁尔灭洗手消毒，持消毒后的清洁蛋盘捡蛋。捡蛋时要净、污蛋分开，薄、厚壳蛋分开，完好蛋和破损蛋分开，将那些表面有垫料、鸡粪、血污的蛋和地面蛋以及薄壳蛋、破蛋单独放置。在最后一次收集蛋后要将窝内鸡只抱出。

5. 蛋的处理 捡蛋后，将脏蛋、破壳蛋、沙壳蛋、钢皮蛋、皱纹蛋、畸形蛋，以及过大、过小、过扁、过圆、双黄和碎蛋挑出，单独放置。对有一定污染的鸡蛋（脏蛋），可先用细纱布将污物轻轻拭去，并对污染处用 0.1% 百毒杀进行消毒处理（不能用湿毛巾擦洗，这会破坏鸡蛋的表面保护膜，使鸡蛋更难以保存）。

6. 优质蛋品的鉴别

（1）外在质量：优质蛋外表洁净光滑，无沙壳、裂纹、畸形等。

（2）新鲜度：果园林地散养鸡生产的蛋，多是鲜蛋销售，要求必须新鲜。鸡蛋新鲜度的鉴别有如下方法：

1）外观鉴别。观察蛋的外观形状、色泽、清洁程度。蛋壳干净、无光泽，壳上有一层白霜，色泽鲜明，则是新鲜鸡蛋；蛋壳表面的粉霜脱落，壳色油亮，呈乌灰色或暗黑色，有油样浸出，可能有较多霉斑的是陈旧蛋。

2）耳听鉴别。相互碰击声音清脆，手握蛋摇动无声的是新鲜蛋；蛋与蛋相互碰击发出嘎嘎声（孵化蛋）、空空声（水花蛋），手握蛋摇动时有晃荡声的是陈旧蛋。

3）照蛋鉴别。在光线下观察钝端气室部位，也可用专门的照蛋器（或用一箱子，上面挖一个小洞，箱子里放一盏灯泡，将需要检验的鸡蛋放在小洞上），通过从下射出的灯光观察鸡蛋内的结构和轮廓。新鲜鸡蛋一般里面是实的，没有气室形成；而陈旧鸡蛋气室已经形成，放的时间越长，气室越大。新鲜的鸡蛋呈微红色、半透明、蛋黄轮廓清晰；而陈旧的鸡蛋发污，较混浊，蛋黄轮廓模糊。

（六）抱性催醒

抱性即就巢性，属禽类繁殖后代的一种正常生理现象。就巢性的强弱与品种类型有直接关系。高产杂交蛋鸡由于长期的选育，几乎没有抱性，而土鸡仍具有较强的抱性。就巢的发生与鸡体内激素变化有关，是下丘脑 5-羟色胺活性增强和腺垂体催乳素分泌增加的结果，这些激素的产生会抑制排卵，所以就巢性严重影响鸡群体的产蛋水平。

一般来说，母鸡就巢与季节和气温有关。也就是说，有利于鸡孵化即繁衍后代的气候条件，就容易发生抱窝现象。抱窝多发生在春末夏秋。同时，环境因素也会诱发鸡的就巢性。幽暗环境和产蛋窝内积蛋不取，可诱发母鸡就巢性。一旦一只鸡出现抱窝，其声音和行为对其他鸡有诱导作用。如果发生抱性，可以进行催醒，催醒方法见表6-4。

表6-4　催醒方法

方法	操作
丙酸睾丸素法	肌内注射丙酸睾丸素5~10毫克/只，用药后2~3天就醒抱，1~2周后即可恢复产蛋。丙酸睾丸素可抑制和中和催乳素，使体内激素趋于平衡而醒抱
异烟肼法	按就巢母鸡每千克体重0.08克异烟肼口服，一般1次投药可醒抱55%左右；对没有醒抱的母鸡次日按每千克体重0.05克再投药1次，第二次投药后醒抱可达到90%；剩下的就巢母鸡第三天再投药1次，药量也为每千克体重0.05克，可完全消除就巢现象（当出现异烟肼急性中毒时，可内服大剂量维生素B_6以解毒，并配合其他对症治疗）
三合激素法	三合激素（即丙酸睾丸素、黄体酮和苯甲酸雌二醇的油溶液），对抱窝母鸡进行处理，按1毫升/只肌内注射，一般1~2天即可醒抱
水浸法	将抱窝母鸡用竹笼装好或用竹栏围好，放入冷水中，以水浸过脚高度。如此2~3天，母鸡便可醒抱。其原理在于鸡在水中加速降温和增加环境应激，抑制催乳素的分泌
悬挂法	将抱窝母鸡放入笼中，悬吊在树上，并使鸡笼不断地左右摇摆，很快即可促使其醒抱
易地法	将抱窝母鸡放入另一鸡群中，改变其生活环境。由于环境陌生，并受到其他鸡的追逐，可促使母鸡醒抱
解热镇痛法	服用安乃近或APC（复方阿司匹林），取0.5克安乃近或0.42克APC，每只鸡1片喂服，同时喂给3~5毫升水，10小时内不醒抱者再喂1次，一般15天后即可恢复产蛋
硫酸铜法	每只鸡注射20%硫酸铜水溶液1毫升，促使其脑垂体前叶分泌激素，增强卵巢活动而离巢

方法	操作
针刺法	用缝衣针在其冠点穴，脚底深刺2厘米，一般轻抱鸡3天后可下窝觅食，很快恢复产蛋。若第三天仍没有醒抱，按上法继续进行3次即可见效
酒醉法	每只抱窝鸡灌服40°~50°白酒3汤匙，促其醉眠，醒酒后即可醒抱
灌醋法	趁早晨空腹时喂抱窝鸡1汤匙醋，到晚上再喂1次，连续3~4天即可
清凉解热法	早晚各喂人丹13粒左右，连用3~5天
盐酸麻黄素法	每只抱窝鸡每次服用0.025克盐酸麻黄素片，兴奋其中枢神经。若效果不明显，第三天再喂1次，效果很好
剪毛法	把抱窝鸡大腿、腹部、颈部、背部的长羽毛剪掉，翅膀及尾部羽毛不剪。这样，鸡很快停止抱性，且对鸡的行动没有影响，1周内可恢复产蛋
复合药物法	将冰片5克、己烯雌酚2毫克、咖啡因1.8克、大黄苏打片10克、氨基比林2克、麻黄素0.05克，共研细末，加面粉5克、白酒适量，搓成20粒丸，每日每只喂服1粒，连喂3~5天
感冒胶囊法	发现抱窝母鸡，立即分早、晚2次口服速效感冒胶囊，每次1粒，连服2天便可醒抱。醒抱后的母鸡5~7天就可产蛋
磷酸氯喹片法	每日1次，每次0.5片（每片0.25克），连服2天，催醒效果在95%以上。用1~2粒盐酸奎宁丸有同样效果
清凉降温法	用清凉油在母鸡脸上擦抹，注意不要抹入眼内；热天还可以将鸡用冷水喷淋或每天直接浸浴3~4次，以降低体温，促其醒抱

（七）淘汰低产鸡

鸡群中鸡的产蛋性能和健康状况有很大差别，特别是本地土鸡，缺乏系统选育，无论是体形外貌，还是生产性能，相差悬殊。如果将低产鸡、停产鸡、僵鸡、软脚、有病的鸡及早淘汰，将高产健康的鸡选留后继续饲养，不仅生产性能进一步提高，而且可以消耗较少的饲料，增加抗风险能力，获得更大的效益。

1. 低产、停产鸡形成的原因　一是品种质量差；二是育成的新母鸡体重小、群体不均匀；三是培育阶段光照时间增长或在自然光照渐增的季节内育成，使性成熟过早，开产早而产蛋疲劳和早衰；四是产蛋期环境应激，如突然停止光照、炎热、大风或雷鸣闪电等；五是疾病影响，如患卵黄性腹膜炎、马立克病、传染性支气管炎、血液原虫病及其他寄生虫病等，造成停产或低产，或因难产脱肛或被其他鸡啄肛，失去正常产蛋能力。

2. 淘汰低产鸡的时间　除了随时淘汰发现的低产鸡和停产鸡外，在生产周期内，应集中安排淘汰2~3次。第一次淘汰可安排在产蛋高峰初期（即30~32周龄），此时可将一些因生理缺陷或发育差未开产的鸡淘汰，特别是在青年鸡阶段一些患过某些疾病的鸡，其生殖器官严重受损（如患支气管炎后，输卵管萎缩、肿胀等）而发育不良，终生不能产蛋（有的叫"石鸡"）。第二次淘汰可安排在产蛋高峰过后（43~45周龄）。高产鸡经过产蛋高峰之后产蛋率逐渐下降，但其产蛋曲线并非陡降，而是稳中有降。而低产鸡产蛋率下降严重，也有一些鸡已经停产。第三次淘汰可在第二个产蛋年，即产蛋1周年左右进行（72~73周龄）。此期结合人工强制换羽，将没有饲养价值的鸡淘汰，选留部分优良鸡经过强制换羽后，继续饲养一段时间，挖掘其遗传潜力。

3. 产蛋高低的鉴别　淘汰低产鸡的首要问题是怎样鉴别高产和低产或停产鸡、健康与患病鸡。我国养鸡工作者在生产实践中积累了丰富的经验，可根据表型与生产性能的相关性，鉴别高产与低产鸡（或停产鸡）（表6-5）。

表 6-5　高产与低产鸡的鉴定

项目	高产鸡	低产鸡或停产鸡
头部	眼睛明亮有神；鸡冠、肉髯大而红润，富有弹力，用手触之有温暖的感觉	眼神迟钝；鸡冠小而萎缩，苍白无光泽，以手触之有凉的感觉
羽毛	羽毛蓬松稀疏，比较粗糙、干燥；换羽晚，但换羽速度较快	羽毛光滑，覆盖较严密，富有光泽、丰满；换羽早但换羽速度较慢
肛门	肛门宽大，湿润，扩张	肛门干燥而收小，无弹性
腹部	腹部容积大，触摸皮肤细致、柔软有弹性，两耻骨末端柔软、有弹性	腹部容积小，触摸皮肤粗糙、发硬、无弹性，两耻骨末端坚硬
耻骨	耻骨之间分开有伸缩性，间距大	低产鸡耻骨之间间距小；停产鸡耻骨固定紧贴
色素	白色鸡种开产以后皮肤的黄色素从肛门、眼睑、耳朵、喙、脚（从脚前到脚后）、膝关节依次褪色	褪色较慢或仍为黄色（停产约 3 周的鸡喙呈黄色，停产约 10 天的鸡喙的基部是黄色）
反应	较温驯，活动不多，易捕捉	活动异常灵活、快捷而不易捕捉
出入窝	出窝早，归窝晚，采食勤奋	出窝晚，归窝早，采食位置不固定，常来回走动，随意性较大
粪便	早晨粪便松软成堆、量多	早晨粪便干成细条状（不产蛋鸡消化慢，消化道变形）
其他		可能出现啼鸣，趴窝不下蛋等

4. 淘汰方法　根据外形可以选择淘汰比较明显的低产鸡和停产鸡。淘汰要在夜间进行，两人配合，一人持手电筒并进行捉鸡，另一人观察淘汰。鸡看到灯光就会抬起头来，通过观察鸡冠、羽毛，触摸耻骨等，或根据腿部标记的布条，将被淘汰的鸡轻轻捕捉，放在专用鸡笼内，集中运走。如果外形鉴别比较困

难，可以在早上 4~5 时，手持手电筒，触摸鸡的子宫，凡是子宫内有蛋的鸡在其腿部系 1 根布条。经过 3 天的检测，凡是有 2~3 根布条的鸡全部保留，没有布条的鸡全部淘汰，只有 1 根布条的酌情处理。这种方法尽管笨了些，但是非常可靠。

淘汰鸡的工作一定要细致，操作动作要轻，小心谨慎，防止惊群。淘汰鸡的前后 2 天，在饮水中添加电解多维素，以降低淘汰过程对鸡群的影响。一般来说，淘汰鸡后的 1~2 天，鸡群的产蛋率略有下降，但很快恢复，并且产蛋率有个新的高峰（淘汰低产鸡和停产鸡的缘故）。

（八）土鸡羽毛脱落及处理

果园林地散养土鸡容易出现脱毛，影响销售和产蛋。羽毛脱落的原因和处理措施如下。

1. 自然脱毛 脱毛是一个生理现象，包括现有羽毛的脱落、被新羽毛生长的替代，通常伴随着蛋产量的减少甚至完全停产。自然脱毛先于成年羽毛之前，鸡生命过程要经历新旧羽毛交替的几次脱毛阶段。第一次换毛，绒毛被第一新羽替代，发生在 6~8 日龄至 4 周龄结束；第二次换毛，第一新羽被第二新羽替代，发生在 7~12 周龄；第三次换毛，发生在 16~18 周龄，这次换毛对生产是很重要的。产蛋母鸡自然换毛发生在每年白昼变短的时期，如我国冬至前后（约 12 月 20 日前后），此时甲状腺的激素分泌决定了换毛过程。

脱毛的程度取决于家禽品种和家禽个体。脱毛持续的时间长短是可变的，较差的蛋鸡在 6~8 周龄重新长出羽毛，而优良的蛋鸡则短暂停顿后（2~4 周）较快地完成换毛过程。从生理上讲，产蛋停止使更多的日粮用于羽毛生长（自身合成的主要蛋白质）。雌激素是产蛋过程中释放的一种激素，起阻碍羽毛形成的作用，产蛋的停止减少了雌激素水平。因此，羽毛形成加快。

2. 啄羽 严重的啄羽往往是由于过度拥挤、光照问题和营养不平衡的日粮所致，且会伤及鸡只。啄羽导致的受伤伴随着出血，会吸引更进一步的同类相残的啄食。为了防止同类相残，最好的办法是隔离病弱的或受害的鸡只。受伤的鸡只应在伤口上撒消炎杀菌粉处理，伤口用深暗色的食品颜料或焦油涂抹，以减少进一步被其他鸡只的啄食攻击，也可以撒些难闻的粉末于受伤的鸡身上。修喙或者已断喙的鸡群将会减少啄羽或自相残杀的可能性，特别是与光线、饲养密度和营养有关的问题得到改进后。另外，也发现某些品种的鸡群更易发生啄羽现象（遗传特异性）。啄羽的恶习一旦形成很难控制。因此，最好的治疗措施就是预防。

3. 摩擦　脱羽也可能是由于其他鸡只或环境摩擦所致，特别是鸡只在密闭的环境中。为了减少脱羽，鸡群密度应降低，消除所有的鸡舍内尖锐、粗糙的表面。

4. 交配　如果是散养的种鸡，或许是将部分公鸡放入母鸡群，交配时，公鸡踩踏母鸡，母鸡的背部羽毛被公鸡的爪子撕扯掉。为了降低由此引起的羽毛脱落，雏鸡出壳后应该对公雏进行剪趾，即用剪刀将公雏鸡的内侧趾剪掉。

（九）强制换羽

自然换羽需要 3~4 个月，为了缩短换羽时间，可以采用人工强制换羽。

1. 强制换羽前的准备工作

（1）合理确定强制换羽的时间：是否强制换羽，应根据实际情况确定。一般有下列情况时，可考虑实行强制换羽。一是当土鸡群产蛋率低于 30% 或约有 10% 的鸡开始自然换羽，该鸡群还准备继续饲养时，可考虑强制换羽；二是根据当地市场行情和养禽情况，目前蛋类价格太低（没有利润或利润太少），而预测一段时间后蛋类价格升高时，可考虑进行人工强制换羽；三是鸡群由于某些原因（如饲料更换、发生疾病、光照不足或欠规律、各种应激等）造成群体产蛋量突然下降，数日不能回升时，可考虑强制换羽。

（2）制订强制换羽的方案：根据鸡群的产蛋情况、季节，制订强制换羽方案，在方案实施过程中，非特殊情况，不要随便改变计划。

（3）整顿鸡群：强制换羽前，要对鸡群认真挑选整群。应选择健壮无病、生产性能好、躯体发育良好的鸡。淘汰老、弱、病、残等无培养和无利用价值的鸡，这样的鸡在强制换羽过程中多数死亡，即便没有死亡，强制换羽后也没有多大的生产潜力。

（4）防疫注射：强制换羽开始前一周，要给予免疫注射，并进行驱虫、除虱，以保证鸡只适应强制换羽所造成的刺激，也可避免在下一个产蛋周期间进行免疫注射和驱虫等而造成对鸡群的应激。

（5）称重：在强制换羽前1天，要对鸡群称重，随机抽测3%~5%鸡只的体重，并算出体重平均值，以便了解强制换羽过程中，鸡的失重率和体重的损失情况。

2. 强制换羽的方法 强制换羽的方法有化学法、畜牧学法（饥饿法）和综合法。

（1）化学法：化学法是在饲料中加入2.5%的氧化锌或3%的硫酸锌，连续饲喂5~7天后改用常规饲料饲喂；开始喂含锌饲料时光照保持8小时或自然光照，喂常规饲料时逐渐恢复光照到16小时。此法换羽时间短，但不彻底，第二个产蛋年产蛋高峰不高。

（2）畜牧学法（饥饿法）：畜牧学法就是停水、停料、减少光照，引起鸡群换羽。方法是：第1~3天，停水，停料，光照8小时；第4~10天，供水，停料，光照8小时；第11天以后，供水，供料，给料量为正常采食量的1/5逐日递增至自由采食，用育成料，光照每周递增1小时至16小时恒定，产蛋时，改为蛋鸡料。

（3）综合法：综合法是将化学法和畜牧学法结合起来的一种强制换羽方法。方法是：第1～3天，停水，停料，光照8小时；第4～10天，供水，喂给含2.5%硫酸锌的饲料，光照8小时，以后恢复正常蛋鸡料和光照。此法应激量小，换羽彻底。

3. 衡量强制换羽效果的指标

（1）死亡率：强制换羽过程中鸡群的死亡率不超过3%，强制换羽结束时，死亡率应控制在5%。

（2）体重失重率：强制换羽方法越严厉，鸡群失重越快，失重率越高，死亡率越高，鸡群的失重一般为25%左右，不应超过30%。

（3）再开产时间：强制换羽后，新的开产日龄过早或过晚都影响第二个产蛋期的产蛋情况，一般以强制换羽开始到结束（产蛋率恢复至50%）的时间以50～60天为适宜。

（4）主翼羽的脱换：强制换羽结束时，即产蛋率恢复至50%时，查一下主翼脱换根数，如果10根主翼羽有5根以上已脱换，说明强制换羽的方案是合理的，也是成功的；如果少于5根，表明换羽不完全，方案不合理。

4. 强制换羽的注意事项

（1）注意观察：强制换羽期间，密切观察鸡群，根据实际情况，必要时调整或中止强制换羽方案。如果遇到鸡群患病或疫情，应停止强制换羽，改为自由采食。

（2）定期称重：强制换羽开始后5～6天第一次称重，以后每天称重，掌握鸡群失重率，确定最佳的结束时间。

（3）逐渐增料：在高度饥饿和紧张状态时，鸡群的适应能力和消化功能降低。强制换羽后开始恢复喂料时，要注意由少到多，先粗后精，少量多次，均匀供给，以保证鸡消化系统逐渐适应饲料更换和药液的刺激，避免因暴食暴饮而造成消化不良或死亡。

（4）加强管理：强制换羽期间，鸡的体重明显下降，体质弱，抗病能力低，易发生疾病。因此，除注意加强环境消毒，保持圈舍清洁干燥、温度适宜和环境安静外，在强制换羽后期可在饮水中增加免疫增效剂（如电解多维素）或添加某些中草药等，以增强其扶正祛邪、抗毒抗病能力，保证鸡群安全。

（5）后期营养：为确保强制换羽效果，迅速恢复产蛋性能，强制换羽后期，可在日粮中加大微量元素的添加，添加量为正常标准的 1~2 倍，连用 5~7 天；同时，还应注意钙质和复合维生素的补充。通过上述综合保护性措施，鸡群死亡率可控制在 3%以内，产蛋性能恢复更快。

（十）卫生管理

山林果园散养土鸡，由于阳光中的紫外线作用，微生物分解和环境的自净作用强，除非发生传染性疾病，一般散养地不进行消毒。但是，必须注意鸡舍内的消毒。鸡舍地面、补料的场所每天打扫，定期消毒。水槽、料槽每天刷洗，清除槽内的鸡粪和其他杂物，让水槽、料槽保持清洁卫生，散养场进出口设消毒带或消毒池。栖架定期清理和消毒。鸡场谢绝参观。散养地应实行全进全出制。每批鸡散养完后，应对鸡棚彻底清扫、消毒，对所用器具、盆槽等熏蒸 1 次。同时，散养场地安排 1~2 周的净化期。

（十一）沙浴

鸡吃饱以后，喜欢在阳光的沐浴下，在沙土里翻滚。这是在用沙洗澡（沙浴）。通过沙浴，驱除身体上附着的一些鸡虱，翅膀羽毛上附着的羽虱、羽虫（这些鸡虱会吸食鸡身上的血，羽虱、羽虫会吃鸡翅膀上的毛）等。

鸡在泥沙中乱滚，摩擦自己的皮肤，并且把翅膀的羽毛竖起来，让沙土进入羽毛间有空隙的地方，这时附着在身上、翅膀上的鸡虱、羽虫、羽虱都会随着沙子一起被抖动下来。因此，在鸡场要准备一些沙土让鸡沙浴，既可以为它洗澡驱除害虫，也可以让其吞食沙粒来帮助食物的消化。

（十二）记录管理

散养期间，要做好各项记录，记录主要包括生产性能、饲料消耗量、死亡淘汰、环境条件，以及气候变化、免疫接种、用药、消毒及其他各种消耗等，有利于进行经济核算和总结经验教训。

三、提高蛋品品质

果园山林散养土鸡，为优质蛋生产创造良好条件，再采取一些措施，可以极大地提高蛋品质量。

（一）提高蛋壳质量

蛋壳质量主要指蛋壳的厚度、蛋壳硬度和蛋壳的破损率，如果蛋壳质量差，必然影响到土鸡蛋的价值。提高蛋壳质量的措施如下。

1. 注意品种选择　不同品种或品系，对钙、磷的利用能力不同，沉积钙的能力不同，影响蛋壳质量。一般土鸡蛋比高产杂交蛋鸡的蛋的超微结构好，蛋壳厚度和蛋壳强度高，破蛋率低。

2. 保证营养全面平衡　饲料中的营养含量对蛋壳质量有重大影响。

（1）钙：饲料中钙的含量、品种、钙源的颗粒度和溶解度影响着蛋壳质量。钙是蛋壳的主要成分，占蛋壳重量的38%～40%，蛋壳质量的好坏，取决于产蛋鸡饲料中钙的供应水平和吸收利用率，还与产蛋鸡骨髓中钙动员机制和蛋壳腺转运机制是否完善密切相关。土鸡在临近产蛋时，沉积钙的能力增强，血钙水平稳定升高，大量的钙沉积在骨髓中，可备日粮钙不足时动用（在母鸡开产前15天提高日粮含钙量，对于提高蛋壳质量、降低破损率、瘫痪率和死亡率具有显著的效果）；可在傍晚单独补饲小颗粒钙。这些钙被吸收到血液中直接用于形成蛋壳，不必先沉积于骨髓中。因此利用率高，利于改善蛋壳质量。

（2）磷：磷是蛋壳形成的重要成分，钙决定蛋壳的脆性，磷则决定蛋壳的韧性和弹性。一枚蛋含磷160毫克左右，其中蛋壳含磷约为20毫克。每只蛋鸡日需有效磷约为400毫克，考虑到植物性饲料中磷以植酸磷形式存在，计算日粮配方时，总磷和有效磷应维持在0.6%和0.4%。磷与蛋壳弹性有关，钙的代谢与磷密切相关。磷过高或过低均影响饲料中钙、磷比例，导致钙的吸收障碍，使蛋壳变薄、变软。微量元素锰、镁、锌等对蛋壳质量都有不同程度的影响，应保证微量元素的供给和平衡。

（3）维生素：维生素 D_3 是合成钙结合蛋白、活化骨钙代谢、加强肠内磷吸收和肾内磷代谢所必需的，是决定蛋壳质量最重要的营养因素之一，如果不足，也会影响钙、磷的吸收和平衡，但过量的维生素 D_3 对蛋壳的钙含量和机体内钙质的贮存都没有好处。土鸡体内能合成维生素C，故一般不需添加维生素C。但在热应激条件下，土鸡体内维生素C的合成能力明显降低，不能满足需要，使产蛋量和蛋壳质量降低。

（4）电解质：饲料的电解质平衡对蛋壳品质有重要意义。饲料中添加小苏打能提高蛋壳强度，减少蛋壳破损率。特别是在夏季，鸡通过喘气散热使二氧化碳排出过多，血液中碳酸氢根离子含量降低，碳酸钙水平降低，使软壳、薄壳蛋比例明显上升。在这种情况下，单纯补钙无效，通过添加小苏打来补充碳酸氢根离子可使蛋壳质量明显改善。补充小苏打时，应减少食盐用量，防止钠离子过量。

（5）粗蛋白质：饲料中粗蛋白质水平能显著影响蛋壳质量。产蛋后期，适当降低饲料粗蛋白质水平，可使蛋重减轻，蛋壳厚度相对提高，从而明显改善蛋壳质量。

（6）其他：饲料的霉变、黄曲霉毒素、农药及杀虫剂残留等均对蛋壳质量有不同程度的影响。

3. 保证充足的饮水　据报道，断水当天破蛋率为 3.9%，第 2 天为 32.7%，第 3 天为 10.9%。

4. 环境条件适宜　环境条件也会影响蛋壳质量。环境温度过高，蛋壳变薄变脆，破蛋率高。每逢夏天高温季节，蛋壳颜色变浅较为普遍，沙壳、软壳较多，同时产量下降。特别是夏季连续高温，鸡群发生中暑时，鸡的采食量减少，肠道对钙的吸收率降低，而且鸡的呼吸加快，排出的二氧化碳增多，使血液中钙离子与碳酸氢根离子浓度均下降，蛋壳质量更差。因此，要注意防暑降温。秋冬之际，气温突然下降时，鸡只体温调节一时不能适应，影响钙、磷代谢，也会导致蛋壳颜色变浅。强烈的突然光照会使鸡只受到刺激，产破蛋的比例增加。产蛋鸡所需的光照时间不能少于 12 小时，最长不能超过 16~17 小时，且光照时间和强度应保持恒定。产蛋期的鸡群对光照要求是比较敏感的，凡是光照不足或光照不规律，都会对产蛋造成不良影响，导致白蛋壳的出现。噪声超过 50 分贝，鸡蛋破损率增加，90 分贝噪声持续 3 分钟，破损率达 3.5%。因此要保持鸡舍周围环境安静，避免各种惊吓刺激。

5. 避免疾病发生　许多疾病都可以影响蛋壳质量，如鸡群发生慢性新城疫、减蛋综合征、住白细胞原虫病、大肠杆菌病、巴氏杆菌病等，都会明显使蛋壳颜色变淡发白，蛋壳变薄变脆。病理性白蛋壳发生的原因，除一部分由于病原直接侵害生殖系统而产生白蛋壳外，还因为鸡群患病，引起消化功能紊乱，而使钙、磷吸收受阻，造成蛋壳营养缺乏，从而使蛋壳变薄、色泽变浅。

6. 加强产蛋后期的饲养管理　鸡随日龄增长对钙的吸收和存留能力降低，影响蛋壳质量。蛋壳变薄，颜色变浅，破蛋率高。加强产蛋鸡后期的饲养管理对提高产蛋率和降低破损率十分重要。在饲料中添加 0.01%~0.015% 的维生素 AD 粉，对促进产蛋鸡钙的吸收很有必要。

7. 加强捡蛋管理　捡蛋次数影响破蛋率。据调查，每天捡蛋 2 次，破蛋率为 5% ~ 5.5%，捡蛋 4 次破蛋率降至 1.11% ~ 1.33%，所以每天要勤捡蛋，捡蛋 3 ~ 4 次，在夏季和对年龄大的鸡群，更应增加捡蛋次数。捡蛋时要轻拿轻放，将完整的和质量好的蛋放在蛋筐的下边，将质量不好的蛋，如薄壳蛋、沙壳蛋、浅壳蛋等和破蛋放在蛋筐的上面，将脏蛋另放，可以减少人为破蛋。同时运输过程中也要注意防止蛋的破损。

（二）提高蛋的内在品质

1. 提高蛋内常规品质

（1）提高蛋黄颜色：蛋黄颜色是评价蛋内在质量的一个最直观指标。评判标准目前多以罗氏公司（Roche）制造的罗氏比色扇进行评判。罗氏比色扇是按照蛋黄颜色的深浅分成 15 个等级，分别由长条状面板表示，并由浅到深依次排列，一端固定，另一端游离，打开后好似我国传统的扇子，故而得名。

1）测定方法：收集鲜蛋（生鸡蛋），统一编号；然后打破蛋壳，倒出蛋清，留下蛋黄；使用罗氏比色扇在日光灯下测定蛋黄颜色指数。将比色扇打开，使蛋黄位于扇叶之间，反复比较颜色的深浅，最后将最接近比色扇的颜色定为该鸡蛋黄的色度。

为了防止由于测定者不同造成的误差，一般由 3 个人分别测定，取其平均数作为该鸡蛋蛋黄颜色的色度。蛋黄颜色指数读数准确到整数位，平均值保留小数点后 1 位（有时候为了防止在鸡饲料中添加人工合成色素，可采取测定熟鸡蛋的方法。每批鸡蛋取 30 枚以上，煮沸 10 秒，取出置于凉水中降温后连壳从中间纵向切开，由不同的测定者使用上述比色扇测定 3 次，取其平均数）。

2）标准要求：国家规定，出口鸡蛋的蛋黄颜色不低于 8。散养条件下的土鸡生产的鸡蛋，一般蛋黄色度在 10 左右。

3) 提高蛋黄颜色的方法：鸡蛋蛋黄是由类胡萝卜素（叶黄素）的物质形成的。该类物质在蛋鸡体内不能自己合成，只能从饲料中得到补充。蛋鸡通过从体外摄取类胡萝卜素后，将其贮存于体内脂肪中，产蛋时再将贮存于脂肪中的类胡萝卜素转移至输卵管以形成蛋黄。在饲料中补充富含类胡萝卜素的添加剂，则可实现提高蛋黄颜色和营养的目的。添加的物质见表6-6。

表6-6　提高蛋内常规品质的方法

名称	添加量	效果
万寿菊	采集万寿菊花瓣，风干后研成细末，加入饲料中喂鸡	使蛋黄呈深橙色，可使肉鸡皮肤呈金黄色
橘皮粉	将橘皮晾干磨成粉，在饲料中添加2%~5%	使蛋黄颜色加深，可明显提高产蛋量
三叶草	将鲜三叶草切碎，在饲料中添加5%~10%	蛋黄增色显著，可节省部分精饲料
海带或其他海藻	含有较高的类胡萝卜素和碘，粉碎后在鸡饲料中添加2%~6%	蛋黄色泽可增加2~3个等级，且可产下高碘蛋
万年菊花瓣	含有丰富的叶黄素，在开花时采集花瓣，烘干后粉碎（通过2毫米筛孔），按0.3%的比例添加饲喂	使蛋黄增色
松针叶粉	将松树嫩枝叶晾干粉碎成细颗粒，在饲料中添加3%~5%	有良好的增色效果，可提高产蛋率
胡萝卜	含有丰富的叶黄素，取鲜胡萝卜洗净捣烂，按20%的添加量饲喂	使蛋黄增色
栀子	将栀子研成粉，在饲料中添加0.5%~1%	使蛋黄呈深黄色，可提高产蛋率
苋菜	将苋菜切碎，在饲料中添加8%~10%	使蛋黄呈橘黄色，可节省饲料和提高产蛋量
南瓜	将老南瓜剁碎，在饲料中掺入10%	增加蛋黄色泽

续表

名称	添加量	效果
玉米花粉	取鲜玉米花粉晒干，在饲料中添加0.5%	增加蛋黄色泽
红辣椒粉	将红辣椒粉碎，在饲料中添加0.3%~0.6%	可提高蛋黄、皮肤和皮下脂肪的色泽，能增进食欲，提高产蛋量
聚合草	刈割风干后粉碎成粉，在饲料中添加5%	可使蛋黄的颜色从1级提高到6级，鸡皮肤及脂肪呈金黄色

（2）提高蛋白质量：

1）蛋清黏稠度：蛋清的黏稠度与卵黏蛋白（稠蛋白）含量有关，蛋清的黏稠度可用哈夫单位来表示。蛋清稀薄，且有鱼腥气味，多为饲料中菜籽饼或鱼粉配合比例过大而致。菜籽饼含有毒物质硫葡萄糖苷，在饲料中如超过8%~10%，就有可能使褐壳鸡蛋产生鱼腥气味（白壳鸡蛋例外）。饲料中的鱼粉特别是劣质鱼粉超过10%时，褐、白壳蛋都有可能产生鱼腥味，故在蛋鸡饲料中应当限制菜籽饼和鱼粉的使用量，前者应在6%以内，后者在10%以下；去毒处理后的菜籽饼则可加大配合比例。若蛋清稀薄且浓蛋白层与稀蛋白层界限不清，则为饲料中的蛋白质或维生素 B_2、维生素 D 等不足，应按实际缺少的营养物质加以补充。

2）蛋清颜色：鸡蛋冷藏后蛋清呈现粉红色，有的呈现淡绿色、黑褐色，有的出现红色斑点卵黄体积膨大，质地变硬而有弹性，俗称"橡皮蛋"。这些与棉籽饼的质量和配合比例有关。棉籽饼中的环丙烯脂肪酸可使蛋清变成粉红色，游离态棉酚可与卵黄中的铁质生成较深色的复合体物质，促使卵黄发生色变。配合蛋鸡饲料应选用脱毒后的棉籽饼，配合比例应在7%以内。

3）蛋中异样血斑：若鸡蛋中有芝麻或黄豆大小的血斑、血块，或蛋清中有淡红色的鲜血，除因卵巢或输卵管微细血管破裂外，多为饲料中缺乏维生素 K。在饲料中适量添加维生素 K，则可消除这种现象。

2. 提高鸡蛋中微量元素含量　在一定范围内，鸡蛋中的一些微量成分的含量受饲料影响比较明显。随着食物疗法的兴起，采用在饲料中添加一些特殊的药物、微量元素，以及控制饮水、水质等措施，就能生产出各种类型的保健蛋。鸡蛋的铁、铜、碘、锰和钙等矿物元素的含量也因其在饲粮中的含量变化而有相应改变，尤其是铁，从饲料进入禽蛋的能力特强。鸡蛋中的维生素和矿物元素含量，对于商品蛋影响其食用价值，对种蛋则影响其孵化性能和雏禽健康及生长发育。

（1）高铁蛋：铁是人和动物机体营养代谢、生长发育及繁衍后代所必需的元素之一。缺铁性贫血不仅影响儿童的生长发育，还造成机体的免疫功能和智力开发的障碍。防治本病的方法就是提高膳食中铁的摄入量。在饲料中添加 0.5% 的硫酸亚铁，或 525 毫克/千克的蛋氨酸铁饲喂蛋鸡，经 7~12 天后可生产出高铁蛋。高铁蛋中含铁量可达 1 500~2 000 毫克/枚，比普通鸡蛋（800~1 000 毫克/枚）高 0.5~1 倍。食用高铁蛋可防治缺铁性贫血症，并对失血过多患者有滋补作用。

（2）高锌蛋：高锌鸡蛋可防治儿童缺锌综合征、伤口久治不愈、成人性功能减退或不育症。在饲料中添加 1%~2% 的碳酸锌或硫酸锌，饲喂 20 天后，即可产出高锌蛋，蛋中含锌量为 1 500~2 000 毫克/枚，比普通蛋（400~800 毫克/枚）高 2~4 倍。也有报道，添加 1% 的锌盐 20 天后可以产出高 15 倍的高锌蛋。

（3）高碘蛋：碘是人体必需的微量元素，缺碘会引起人单纯甲状腺黏液性水肿、粗脖子病、呆小病等。鸡蛋中碘主要沉积在蛋黄中，蛋黄中的碘直接与饲料中碘含量有关。高碘蛋提高了碘的生物学效价，不仅能预防缺碘病的发生，还可提高人体脂蛋白脂肪酶的活性，降低血液中胆固醇与甘油三酯的含量。据试验，日食 2~3 枚高碘蛋，40~60 天为一个疗程，对缺碘甲状腺肿大症、甲状腺功能亢进、侏儒症、中老年心血管病、呆傻症、脂肪肝、糖尿病都有一定疗效。在蛋鸡饲料中添加海藻粉 4%~10% 或海带粉 4%~6%，或在每 100 千克饲料中添加 50 克碘化钾或碘化钙，连喂 15~21 天，即可产出高碘蛋，同时还提高产蛋率，增加蛋黄色泽。生产的高碘蛋中含碘量 300~1 000 毫克/枚，而普通蛋为 3~30 毫克/枚。高碘蛋不仅大幅度提高了蛋中碘含量，同时降低胆固醇 50% 左右，提高维生素总量达 30%，也是低胆固醇蛋（需要强调的是，用超量 300~1 000 倍的碘饲喂母鸡，会导致暂时性停止产蛋，并且蛋的孵化率降低）。

（4）高硒蛋：硒是人体必需的微量元素，硒缺乏会引起多种疾病。目前防治与缺硒有关疾病的方法主要是使用亚硒酸钠和含硒酵母。鸡蛋中的硒是一种有机硒，吸收率高达 80%，比无机硒（亚硒酸钠）吸收率高 1.6 倍。人食用高硒蛋每天 1~2 枚，连用 30~40 天，可抗癌，防治心绞痛、心肌梗死、脑血栓、风湿性关节炎、大骨节病，对某些毒物（镉、汞、砷）等有解毒作用，还有清除自由基、刺激免疫球蛋白、保护淋巴细胞、增强免疫功能、延缓衰老和促进儿童生长发育的作用。蛋的硒含量约为 0.2 毫克/千克。添加有机硒比添加无机硒更易在蛋中沉积。饲料中添加硒酸钠或亚硒酸钠 0.5 毫克/千克，或硒酵母（10 毫克/千克），连续饲喂 15 天后即可得到富硒蛋，含硒可达到 30~50 毫克/枚，而普通鸡蛋只有 4~12 毫克/枚。需要注意，饲料中硒含量不能超过 3 毫克/千克，以免发生鸡中毒；日粮添加 2 毫克/千克时引起产蛋量下降。

（5）高铁高碘蛋：据报道，日粮中添加 9% 沸石，鸡蛋黄铁含量显著增加。日粮中添加碘化钾、蛋氨酸铁，含碘 50 毫克/千克、铁 525 毫克/千克或含碘 100 毫克/千克、铁 1 025 毫克/千克，引起产蛋鸡生产性能下降，蛋黄和蛋白的含水量、蛋白质含量及蛋黄磷脂含量均无明显变化，蛋黄碘含量增加 13.95～17.62 倍，蛋白碘含量增加 1.21～1.87 倍，蛋黄铁含量提高 76.49%～124.34%，蛋白铁含量略有上升。表明日粮碘和铁能有效地向蛋中转移，且不影响蛋的其他养分。

高碘高铁日粮会引起蛋鸡生产性能下降。曹盛丰等曾用含铁 525 毫克/千克日粮饲喂罗曼蛋鸡，未发现生产性能变化，而 Arrington 等报道，日粮中碘过高会导致产蛋率降低，这是因为生长中的卵对碘有显著的聚集能力，当卵内碘蓄积达到阈值时，导致卵发育停止而发生退化。

（6）高复合微量元素蛋：在蛋鸡饲料中加入 0.4% 的锌、铁、碘等微量元素，即可产出含锌、铁、碘较高的蛋。

3. 降低鸡蛋中的胆固醇含量 人类摄入胆固醇含量过高会诱发一系列的心血管疾病，因此，降低鸡蛋中的胆固醇含量成为提高鸡蛋品质的重要标准之一。在饲料中使用添加剂可以降低蛋中的胆固醇含量，见表 6-7。

表 6-7 使用添加剂降低蛋中胆固醇的方法和效果

名称	使用方法	效果
维生素	在其他维生素含量相同的基础日粮上，每吨鸡日粮补充 12.5 克维生素 E，0.15 克生物素，40 克烟酸及 150 克维生素 C	可产出低胆固醇蛋
铜	用五水硫酸铜，日粮含铜 125～250 毫克/千克	可降低蛋黄胆固醇浓度 30%～35%
铬	蛋鸡日粮中添加 0.8 毫克/千克有机铬	显著降低蛋黄中胆固醇含量
锗	在蛋鸡日粮中添加适量的 β-羧乙基锗倍半氧化物	降低蛋中胆固醇含量
大蒜	饲料中添加 1%～3% 的大蒜	可使蛋中的胆固醇降低 40%～55%

续表

名称	使用方法	效果
微生态制剂	饲料或饮水中添加3/‰	鸡蛋中胆固醇可降低20%以上
中药	党参80克，黄芪80克，甘草40克，何首乌100克，小杜仲50克，当归50克，山楂100克，白术40克，桑叶60克，桔梗50克，罗布麻80克，菟丝子50克，女贞子50克，麦芽50克，橘皮50克，柴胡50克，霍羊藿70克，共为细末，拌入500千克饲料中，连续饲喂	降低蛋中胆固醇含量
低聚木糖	每千克饲料中添加含35%低聚木糖1克，连续饲喂	鸡蛋中胆固醇降低30%~60%

4. 改善鸡蛋风味 风味是指食品特有的味道和风格。绿色食品具有良好的风味，不仅有助于人体健康，而且可提高食欲。

鸡蛋有其固有的风味。若在饲料或饮水中添加一定的物质（对鸡体和人类健康无害），可以增加或改变其风味，使之成为特色鲜明、风味独特的食品。郭福存等利用沙棘果渣等组成的复方添加剂饲喂蛋鸡，能明显增加蛋黄颜色，且可以改善鸡蛋风味；李蠹等在54周龄商品代蛋鸡饲料中添加1%中草药添加剂（芝麻、蜂蜜、植物油、益母草、淫羊藿、熟地黄、神曲、板蓝根、紫苏）饲喂42天，可降低破蛋率，使蛋味变香，蛋黄色泽加深，延长产蛋期；据赵丽娜等报道（2008），日粮中添加10%亚麻籽或5%去皮双低菜籽可用于高富集量n-3PUFA鸡蛋的生产。

第十一节　不同场地散养土鸡的饲养管理

一、山场

（一）山场散养土鸡的特点

我国的山区面积广阔，自然饲料资源非常丰富。山场散养土鸡，不仅可以充分利用山场的资源，提高山地的经济效益，生产优质土鸡产品，而且能够使山区人民尽快致富。

（二）山场散养土鸡的饲养管理技术

1. 科学选择山场　并非所有的山场都适合发展养鸡，必须选择适宜的场地。一般植被状况良好、可食牧草丰富、坡度较小的山场，特别是经过人工改造的山场果园和山地草场最适合养鸡。而坡度较大的山场、植被退化和可食牧草含量较少的山场、植被稀疏的山场等均不适于养鸡，因为在这样的环境下，鸡不能获得足够的营养而必须依靠人工补料，同时为寻找食物而对山场造成破坏。

2. 适宜的饲养规模和饲养密度　山场养鸡鸡的活动半径较平原农区小，因此，饲养规模和饲养密度必须严格控制。为了获得较好的经济和生态效益，山场养鸡的饲养密度应控制在每667平方米20只左右，一般不超过30只。一个群体的数量应控制在500只以内（100~300只的规模效果最好）。因此，可在一个山场增设若干个小区，实行小群体大规模。为避免鸡用爪刨食，使山场生态遭到破坏，要及时补料，补充的饲料量必须根据鸡每天的采食情况而定。

3. 预防兽害　山区野生动物较平原更多，饲养过程中要严加防范。

4. 搞好服务　山区交通闭塞、信息不灵，人们的文化科技素质和经营观念比较落后，要保证养好土鸡，并能够及时销售，获得较好的养殖效益，必须搞好产前、产中和产后等一系列服务，保证鸡苗、饲料、疫苗、药品的供应和产品的销售。

二、林地

（一）林地散养土鸡的特点

1. 产品品质好　林地不仅有普通的植物性饲料和虫类等动物性饲料，而且中草药、野生饲料资源十分丰富。树林内空气新鲜，很少使用农药。所以，在林地散养土鸡，土鸡的产品质量好，具有较强的市场竞争力。

2. 生产成本低　林地散养土鸡可以充分利用林地的野生饲料资源，极大地减少补充饲喂的饲料量，减少饲料成本。据覃桂才（1999）调查，林地养鸡62.39万只，增重耗料比1:3.86，比庭院散养鸡减少用料8.75%。同时，林地散养土鸡，劳动生产率高，设备投入少（夏天可以有效地防暑），所以，生产成本大大降低。

3. 鸡群成活率高　林地冬暖夏凉，空气清新，阳光充足，天然的隔离环境，少有的应激因素，有助于鸡体健康和疾病的预防。树林密集的树冠，为土鸡的生活提供了遮阴避暑、防风避雨的环境。同时土鸡在林丛中觅食，可躲避老鹰的侵袭。据有关资料报道，林地养鸡的总死亡率为5.02%，而庭院养鸡的死亡率为10.7%，前者较后者的死亡率降低5.76%。

4. 林木生长好　树林为土鸡的生存和生产提供了舒适的环境，土鸡的饲养也促进了林木的生长。一是鸡捕捉一定的林地害虫，减少了病虫害；二是土鸡将粪便直接排泄在林地，为林木生长提供了优质肥料。据测定，鸡粪含有的氮素相当于人粪尿的1.5倍，磷为3倍，钾为2.3倍。每100只育成鸡可产鲜粪2 500

千克，相当于 16.7 千克磷、167 千克过磷酸钙和 33 千克氯化钾。对于改良林地土壤和促进林木生长起到了重要作用。

（二）林地散养土鸡的饲养管理技术

1. 修建棚舍　应选择背风、向阳、地势高燥、平坦的地方建棚，就地取材，搭建简易棚舍，只要白天能避雨遮阴，晚上能适当保温就行。

2. 分区轮牧　林木树冠大，树下光线弱，长此以往形成潮湿的地面。林地养土鸡，鸡的粪便排入地面，自净作用弱。为了有效地利用林地，也给林地一个充分自净的时间，平时要分区轮牧，全进全出。上一批鸡出栏后，根据林地的具体情况，留有较长一段时间的空白期。

3. 设置围网　放牧林地应根据管理人员的收牧水平决定是否围网。围网可用网眼为 2 厘米×2 厘米的渔网，网高 1.5~2 米。在放牧期间应时常巡视，发现网破处即时修补，防止鸡走失。

4. 谢绝参观　林地养鸡，环境幽静，对鸡的应激因素少，疾病传播的可能性也少。但应严格限制非生产人员的进入。一旦将病原菌带入林地，其根除病原菌的难度较其他地方要大得多。

5. 预防兽害　树林养土鸡，尽管老鹰的伤害在一定程度上可以降低，但是野生动物较其他地方多，特别是狐狸、黄鼠狼、獾、老鼠等，对土鸡的伤害严重。除了一般的防范措施以外，可考虑饲养和训练猎犬护鸡。

6. 保持适宜密度　根据林下饲草资源情况，合理安排饲养密度。考虑林地的长期循环利用，饲养密度不可太大，每 667 平方米林地散养 30~50 只，以防止林地草场的退化。林地养土鸡，群体也不宜过大，每群 300~500 只为宜。

7. 林下种草和养殖昆虫　为了给鸡提供丰富的营养，在林下植被不佳的地方，应考虑人工种植牧草。如林下草的质量较差，可考虑进行牧草更新；可以在林下养殖蚯蚓等昆虫，也可以用灯光诱虫。

8. 定期驱虫　长期在林地饲养，鸡群多有体内寄生虫病，应定期驱虫。

三、果园

(一)果园散养土鸡的特点

1. 降低生产成本　果园散养土鸡可以降低生产成本，其表现在两个方面：一是降低养鸡成本。果园中有大量的自然饲料资源，如昆虫、杂草、落枝的果实等，都可以作为土鸡的饲料，减少精饲料的消耗量，降低饲料成本。同时，鸡群在果园内活动、觅食，管理简单，可以降低劳动力成本等。二是降低果品生产成本。鸡群在果园里活动，捕捉害虫，减少农药使用量。土鸡采食果园内的杂草，起到了除草机的作用。同时，排出的粪便直接肥园，为果树的生长提供优质的有机肥料。

2. 提高产品质量　果园散养土鸡，不仅可以提高果品质量，而且可以提高鸡产品的质量。果树在生长期间有不少害虫，而鸡群在果园内活动可捕捉这些害虫。一般来说，害虫是以蛹的形式在地下越冬，而羽化后变成成虫，从地面飞到树上。在其刚刚羽化还不具备坚强的飞翔能力时，即可被鸡采食。据原阳县林业局时留成（1995）报道，1个月左右的小鸡，每天可捕食大量的金龟子、蝼蛄、天牛等害虫，1只1年生以上的成鸡，每天可捕食各类大、小害虫近2 800条。按每667平方米10只鸡的数量在果园散养，便可以控制果园虫害。同时，减少果园喷洒农药，使果品少受化学污染，提高果品质量。

果园散养的鸡，不仅吃果园中的虫卵，也吃幼虫，还具有追逐捕食成虫的习性，同时对有些怕惊的害虫成虫具有驱逐作用。试验表明，果园散养鸡，每株树上有金龟子3.1只、桃小食心虫2.5只、梨星毛虫2.1只；而未养鸡的果园，每株树上有桃小食心虫 83.6 只、金龟子 75.1 只、梨星毛虫 101.8 只，虫口密度远远高于养鸡果园。养鸡果园的虫果率为 3.66%，而未养鸡的几个果园虫果率达到 21%~46%，明显高于养鸡的果园。

另据调查，由于在果园中散养的鸡捕食害虫，蛋白质、脂肪供应充分，所以生长迅速，较常规农家庭院养殖鸡的生长速度快33%，日产蛋量多 18%，而且节约饲料成本 60% 以上。昆虫不仅仅含有高质量动物蛋白，同时其体内含有抗菌肽，鸡采食之后可增强抗病能力。实践表明，凡是采食较多昆虫的鸡，其体质健壮，发病率低，生长发育速度快，生产性能高。

3. 减少鸡病发生　果园散养土鸡，鸡有充足的活动空间，受到阳光的照射，体格发育好，体质健壮；果园是天然的屏障，对于降低疾病的传播和发生起到重要作用。果园内空气新鲜，环境优越，加之捕捉采食昆虫的协助抗病作用，因而，在果园内养鸡疾病的发生率很低。

4. 避免鸡群受害　果园内庞大的树冠，炎热季节起到遮阴避暑的作用，风雨天可遮风挡雨。同时，老鹰在果园内难以发现目标，有助于鸡躲避鹰的袭击。因此，发生鹰害的可能性较其他草地要少得多。

（二）果园养鸡的饲养管理

1. 分区轮牧　根据果园大小将果园围成若干个小区，进行逐区轮流放牧。一方面可避免因果园防治病虫害时喷洒农药而造成鸡的农药间接中毒；另一方面，轮流放牧有利于牧草的生长和恢复。此外，因放牧范围小，便于特殊情况（如气候突变、其他应激）时的管理。应该将果园划分几个小区，小区间用尼龙网隔开。每个小区轮流喷药，而土鸡也在小区间轮流放牧，果园喷药7 天后再放牧（果园内散养土鸡，一般虫害发生率很低，喷洒适量的低毒农药，对鸡群危害不大）。

2. 保持适宜密度和规模　果园内饲料资源有限，如果散养土鸡的数量多、密度大，会造成过牧现象，使鸡舍周围的土地寸草不长，光秃一片，甚至被鸡将地面刨出一个个深坑。鸡舍在果园均匀分布，保持适宜的密度和规模，每群 300～500 只，饲养密度为 10～20 只/667 米^2，可以充分、科学地利用果园，提高养殖效益。

3. 严防兽害　果园一般都在野外，可能进入果园内的野生动物很多，如黄鼠狼、老鼠、蛇、鹰、野狗等，这些野生动物对不同日龄的土鸡都可能造成危害。因此，果园散养土鸡必须防止这些野生动物的危害，否则会造成很大的损失。防止野生动物危害可以在鸡舍外面悬挂几个灯泡，使鸡舍外面通宵比较明亮；在鸡舍外面搭个小棚，养几只鹅，当有动静的时候，鹅会叫，人员可以及时起来查看；管理人员住在鸡舍旁边也有助于防止野生动物靠近。

4. 加强管理　散养前要严格淘汰劣次小鸡，减少死亡。每天散养时间不能过早，过早天气寒冷，鸡的抵抗力差，容易死亡。密切注意天气情况，遇有天气突变，在下雪、下雨或起风前及时将鸡赶到树荫下或赶回鸡舍，不可在太阳下暴晒太久，防止中暑。每天太阳落山前应将鸡圈回鸡舍。散养过程中进行散养训导，以建立鸡的补食、回舍等条件反射。

5. 避免应激　无论白天或是夜晚，都应该尽可能防止鸡群受惊，一旦惊群，鸡只可能四处逃散，有的鸡会飞蹿到果园外面，或晚上不愿回鸡舍而在园内栖息。

6. 不用除草剂　土鸡在果园内的主要营养来源是地下的嫩草。因此，在果园内养土鸡，不能喷施除草剂。否则，没有草生长，鸡将失去绝大多数营养来源。

7. 灯光诱虫　果园散养土鸡，由于果树树冠较高，影响了对害虫的自然捕捉率。要起到灭虫降低虫害发生率和农药施用量并达到生态种养的目的，应将土鸡自然捕虫与灯光诱虫相结合。

8. 重视防病 搞好免疫接种工作和鸡舍的清洁卫生；定期消毒，每周对鸡舍和周边环境以及饲喂饮水用具消毒一次。每批鸡出栏后彻底清除鸡舍内的鸡粪，地面经清洗后用2%~3%的氢氧化钠水泼洒消毒，然后每平方米28毫升福尔马林与14克高锰酸钾熏蒸消毒。果园场地的鸡粪采用翻土20厘米以上，然后地面上用生石灰或石灰乳泼洒消毒，以备下批饲养。果园养鸡2年应更换场地，以便给果园场地一个自然净化的时间。

四、草场

我国拥有大面积的天然草场和人工草场，如何合理利用是值得思考的问题。试验和实践表明，草场养鸡是一条可行的途径。

(一) 草场养鸡的特点

1. 牧鸡灭蝗 草场蝗灾是多年来草场的一大灾害。通过草场养鸡，以鸡灭蝗，生物防治虫害，是最理想的途径（喷洒农药在一定程度上可以控制蝗灾，但农药使用增加费用，污染牧草和草地，甚至破坏生态环境）。据陆元彪等（1995）报道，青海省海北州地处青藏高原，自然条件严酷，草原蝗虫危害十分严重，给草地畜牧业生产造成了很大损失。年发生蝗虫危害的草地面积67 333平方千米，成灾面积43 333平方千米，年损失牧草6 545万千克。在高寒草场牧鸡治蝗是成功的，达到了预定的目标。根据野外定点观测，每只鸡每天可捕食2~3龄蝗虫1 600~1 800只，解剖捕食半天蝗虫的鸡，嗉囊中有2~3龄蝗虫300~400只。平均灭治率为90%，其中最高97%，最低82%，灭蝗效果良好。据魏书兰（1995）报道，辽宁省喀左县十二德堡乡烂泥塘子村的天然草场和人工草场，多次发生不同程度的蝗虫危害。草场散养鸡后，草地蝗害被控制（未牧鸡的草地平均每平方米生存小型蝗虫6~8只，经牧鸡的草地，蝗虫存留数下降为每平方米1~2只）。

2. 提高草产量 蝗虫啃食破坏牧草，影响牧草产量和草地有效利用年限，而且威胁着周围农田作物。草场散养鸡后，可以大量地灭蝗，减少对草地的危害，同时，以草养鸡，鸡粪为草提供养分，促进草的生长和产量提高。魏书兰（1995）报道，草场养鸡，草的产量有了较大幅度的增加，天然草场每 667 平方米产干草可增加 30 千克，增产 20%；而人工草地每 667 平方米产干草 250 千克，增加 50 千克，增产 25%。

3. 提高产品质量 草场牧草营养丰富，为土鸡的生长和生产提供了优质的营养。草场在养鸡条件下一般可不使用任何农药，因此，鸡的产品，无论是鸡肉，还是鸡蛋，其质量上乘，纯属无公害食品，乃至绿色食品。凡是草场上饲养的鸡，其产品价格较一般产品高，有时甚至高出 1 倍以上。

（二）草场养鸡的饲养管理

除了与其他地方散养鸡应注意的问题相同外，还应特别注意一些技术环节。

1. 搭建棚舍 与其他散养地方相比，草场的遮阴状况不好，特别是退化的草场，在炎热的夏季会使鸡暴露在阳光下，雨天没有可躲避的地方。应根据具体情况增设简易棚舍来遮阴防雨。

2. 轮牧和刈割 鸡喜欢采食幼嫩的草芽和叶片，不喜欢粗硬老化的牧草。因此，在草场养土鸡时，应将放牧和刈割相结合。将草场划分不同的小区，轮流放牧和轮流刈割，使鸡经常可采食到幼嫩牧草。

3. 注意昼夜温差 草原昼夜温差大。在放牧的初期、鸡月龄较小的时候以及春季和晚秋，一定要注意夜间鸡舍内温度的变化，防止温度骤然下降导致鸡群患感冒和其他呼吸道疾病，必要的时候应增加增温设施。秋季晚上气温低，早晨草叶表面带有露水，对鸡的健康不利。因此，遇有这种情况应适当晚放牧。

4. 严防鸡产窝外蛋 草场辽阔，土鸡活动的半径大，适于营巢的地方多，应注意防止鸡在外面营巢产蛋和孵化。

5. 预防兽害 与其他地方散养鸡相比，草场的兽害最为严重，尤其是鹰类、黄鼠狼、狐狸、老鼠以及南方草场的蛇，应有针对性地采取措施。

五、棉田

（一）棉田养土鸡的特点

棉花是我国一些省份的主要经济作物和油料作物，种植面积很大，但病虫危害严重。利用散养土鸡来生物治虫，一举两得。

1. 灭虫和除草 鸡在棉田散养，可捕捉棉田的绝大多数害虫。与果园不同，棉花植株较低，各种害虫的成虫飞翔的高度正好在鸡的捕食范围。其幼虫在棉花叶片爬行时，也会被鸡发现而捕捉。因此，养鸡的棉田，虫口密度很低。一般情况下，少量进行预防性喷药即可有效防止虫害的大发生，即使不喷施农药，棉铃虫、盲椿象的发生率也很低；鸡可以采食棉田里大量的杂草，所以，可以极大地减少棉田农药和除草剂的使用量。

2. 避免鸡群受害 棉花植株长成之后，整个田间郁闭，也正值炎热的夏季，鸡在田间采食，可以隐蔽于棉株之下乘凉，同时可躲避老鹰等飞翔天敌的侵害。

3. 生产效益好 棉田养土鸡，可以充分利用生态资源。棉花是在阳光充足、气温较高的季节生长，而棉田杂草伴随棉花的生长而生长。此时在棉田养土鸡，充分利用了棉花的遮蔽作用和棉田杂草的旺盛生长期以及害虫的生长发育期，因此，棉田养鸡的投入更少。在棉田养鸡，棉花种植的投入减少（药物和肥料使用减少，鸡排出的粪便可以直接肥田。资料显示，在棉田养鸡，可少追肥1~2次），可获得较好的经济效益和生态效益。

（二）棉田养土鸡的饲养管理

1. 适时散养 散养时间要根据棉花生长情况而定。一般棉株长到 30 厘米左右时放牧较好。如果放牧较早，棉株较低，小鸡可能啄食棉心，对棉花的生长有一定的影响。棉花一般是春季播种，播种前可以育雏，待棉株长到一定高度后可以棉田散养。

2. 地膜处理 为了提高棉花产量和质量，提前播种和预防草害，目前多数棉田实行地膜覆盖。棉株从地膜的破洞处长出，地膜下面生长一些小草和小虫，小鸡往往从地膜的破洞处钻进，越钻越深，有时不能自行返回而被闷死。因此，在铺地膜的棉田，应格外注意。可用工具将地膜全部划破，避免意外伤亡。

3. 适宜密度 棉田养土鸡，适宜的密度为每 667 平方米 30~40 只，一般不应超过 50 只。这样的密度既可有效控制虫害的发生，又可充分利用棉田的杂草等营养资源，还不至于造成过牧现象，仅少量补料即可满足鸡的营养需要。

4. 分区轮放 棉田散养鸡，虫害可得到有效控制，不使用农药或少量喷药即可。虽然目前使用的多是高效低毒或无毒农药，对鸡的影响不大，但为确保安全，在喷施农药期，采取分区轮牧，喷施农药的小区 7 天后散养。如果棉田的地块较小时，要在地块周围设置围网，把土鸡固定在特定的区域。

5. 避免伤害 棉田不具备避雨作用，如遇有大雨，小鸡被雨淋，容易感冒和诱发其他疾病。如果地势低洼，地面积水，可造成批量小鸡被淹死。为了避免水害，第一，选择的棉田应有便利的排水条件，防止棉田积水；第二，鸡舍要建筑在较高的地方，防止被淹；第三，加强调教，及时收听当地天气预报，遇有不良天气时，及时将鸡圈回；第四，大雨过后，及时寻找没有返回的小鸡，并将其放在温暖的地方，使其羽毛尽快干燥。

棉花收获后主要预防老鹰，在散养的初期主要预防老鼠和蛇，中期和后期主要预防黄鼠狼；棉田不应施用除草剂。

6. 诱虫与补饲 在棉田利用高压电弧灭虫灯，可将周围的昆虫吸引过来，每天傍晚开灯 3~4 小时，既减少 30% 左右的补充饲料，又实现了生态灭虫。为了使鸡早日出栏，在快速生长阶段适当增加饲料的补充量在经济上是合算的。

7. 棉花收获后的管理　秋后棉花收获，地表暴露，此时蚂蚱等昆虫更容易被捕捉。可利用这短暂的时间放牧。但是，由于没有棉花的遮蔽作用，此时很容易被天空飞翔的老鹰等发现。因此，应跟踪放牧，防止老鹰的偷袭。短暂的放牧之后，气温逐渐降低，如果饲养的是育肥鸡，应尽早出售。若饲养的是商品蛋鸡或种鸡，应逐渐增加饲料的补充。

六、大田

我国大田面积广阔，在适宜的时间将脱温后的鸡放于田间，让其自由觅食，可以充分利用多种饲料资源，减少精饲料消耗，获得较好效益。

（一）大田养土鸡的特点

大田养土鸡，土鸡在田间采食的范围很广，采食面积很大，食物多种多样，如各种害虫、青草、草籽等，基本可以满足其营养需要，可以极大地降低生产成本；土鸡在田间可以呼吸清新的空气，又有充足的活动空间，体质健壮，疾病发生率低，生产的产品质量好。

（二）大田养土鸡的饲养管理

1. 散养时间　散养时间宜选择在春季天气变暖、雏鸡满8周龄后开始，待秋作物收获后将其带回家饲养。散养时间不能过早或过晚，如果散养过早，天气寒冷，土鸡抵抗力差，难以成活；如果散养过晚，则大田养鸡的时间短，效果不明显。

2. 搭栖架或简易鸡舍　土鸡散养前，首先要在散养地的地头搭一个栖架或简易鸡舍，栖架或简易鸡舍最好设在树下，以利于遮阴。栖架搭建比较简单，首先用较粗的树枝或木棒栽两个桩，然后顺桩上搭横木，横木数量及桩的长度根据鸡的数量而定。最下边的一根横木距地面不要过近，以免兽害。栖架上要搭棚，用以挡雨。搭建简易的封闭性鸡舍效果更好，如果鸡数量少也可用竹篾编的鸡笼。平时要注意晚上关闭好鸡舍。

3. 设置围网　散养地块四周围上 1.5 米高的渔网、纤维网或丝网，网眼要小，使鸡只不能通过而防止丢失。

4. 注意防疫　鸡散养在田间后，要根据当地鸡群传染病发生情况进行必要的防疫。如在 2 月龄注射接种鸡新城疫 I 系苗和禽流感疫苗。如果当地传染病发生很少，其他疫苗可以不接种。

5. 适当补料　每亩散养 100～120 只，晚上适当补饲些粉碎的原粮（按配方搭配其他原料，如麸皮、豆饼、鱼粉、骨粉、石粉等）。在阴雨大风等恶劣天气条件下，鸡不能外出觅食，要及时供食。在最初散养的几天内，对于少部分觅食能力差、体质弱的鸡要另外补喂饲料。

6. 充足供水　大田饲养过程中，要放置足够的水盆或水槽并定期清洗，经常保持不断水，供给清洁的饮水。

7. 减少危害　大田散养鸡容易遭受兽害和药害。大田散养地块一般不需喷药防治虫害。如确需喷药，可喷生物农药。或在喷药期间，将鸡关在棚舍内喂养，待药效过后再散养。

第十二节　果园林地散养土鸡的季节管理

春夏秋冬，季节不同，气候条件不同，自然饲料资源差别巨大，所以，散养的土鸡饲养管理也有差异。

一、春季

春季气温逐渐变暖，自然光照逐渐延长，是鸡的繁殖季节，产蛋率高，种蛋质量好。但春季也存在一些不利因素，如由于气温逐渐上升，温度不断增高，各种病菌（细菌、病毒、真菌等病原微生物）也会随着适宜的温度而大量繁殖；春季气候多变，温度变化幅度大，鸡体产生的应激强烈，鸡体的免疫功能和抗病能力降低；春季自然饲料资源比较短缺等，必须根据春季的特点做好如下管理工作。

（一）搞好防寒

春季气温渐渐上升，但是其上升的方式为螺旋式。早春三月的天气变化无常，昼夜温差较大。甚至会出现"倒春寒"。时刻注意气候的变化，防止气温的突然降低造成对生产性能的影响和诱发疾病。

（二）注意放牧时间

春季培育的雏鸡放牧时间，北京以南地区一般应在4月中旬以后，此时气温较高而相对稳定；但对于成年鸡而言，温度不是主要问题，散养地的自然饲料资源是放牧的限制因素。早春，野生饲料资源不丰盛，土鸡不可能获得需要的营养。如果草地散养，由于草没有充分生长便被采食，草芽被鸡迅速一扫而光，造成草场的退化，牧草以后难以生长。因此，春季放牧的时间应根据当地气温、散养地的饲料资源情况确定。

（三）补充营养

春天是蛋鸡产蛋上升较快的时段，同时早春又严重缺乏野生饲料和青绿饲料。要保证产蛋率的快速上升和生产优质的鸡蛋，必须保证土鸡的营养需要。一方面增加精饲料的补充量，另一方面补充一定数量的青绿饲料。如果此时青草不能满足，可补充一定数量的青菜。还要注意维生素和微量元素的补给。

（四）控制疾病

春季温度升高，阳光明媚，也是病原微生物复苏和繁衍的时机。鸡在这个季节最容易发生传染疾病。因此，要做好隔离、卫生和消毒工作，加强疫苗接种和药物预防，避免疾病的发生。

二、夏季

夏季山林果园散养土鸡，管理不善容易发生问题，如中暑、应激、兽害、机体代谢障碍和疾病等，造成较大损失。夏季的管理必须注意如下方面。

（一）适时整群

入夏前及时整顿鸡群，将已达到上市体重的公鸡及时出售上市，对欲留下产蛋的母鸡中的弱小者、有病者、抱窝者及时淘汰，以减少饲料费用，降低饲养密度。鸡棚内鸡群密度控制在 8~10 只/米^2。

（二）注意防暑

鸡无汗腺，体内产生的热主要依靠呼吸散失，因而鸡对高温的适应能力很差。所以，防暑是夏季管理的关键环节。尤其是在没有高大植被遮阴的散养场地，应在放牧地设置遮阴篷，为鸡提供防晒、遮阴、乘凉的躲避处。鸡舍设置风机，在炎热的晚上增加通风量，缓解土鸡的热应激。

夏季天晴时中午棚舍内气温高，最好不要将鸡群赶回棚内休息，而是将鸡引到植被茂密、空气流畅、地势开阔的地方，安静休息 3~4 小时，并在休息地放置饮水器。

（三）充足供水

夏季，机体需要依靠大量的蒸发散热来保持体温的恒定，所以，水的供应就显得非常重要，如果缺水，轻者严重影响生长、生产，重者发生热应激发病死亡。夏季要保证土鸡随时可以饮到洁净的水，最好供应温度低的水，必要时，在饮水中加入一定的补液盐等抗热应激制剂。

（四）合理饲喂

夏季天气炎热，鸡的采食量减少，应调整饲喂制度，利用早晨和傍晚天气凉爽时，强化补料，以便保证有足够的营养摄入。

早晨5：30左右开始放饲；上午11：30至下午3：30将鸡赶到阴凉、通风处休息；下午6：30将鸡群赶回但不进鸡棚，在鸡棚附近的场地上亮起诱虫灯，任鸡充分捕食各种蚊虫等。晚10：00左右让鸡进入棚舍内熄灯休息。

适当提高饲料的营养浓度和制作颗粒饲料，使鸡在较短时间内补充较多的营养，以保证有较高的生产性能。

（五）及时捡蛋

夏季由于环境控制难度大，鸡蛋的蛋壳更容易受到污染。特别是窝外蛋，稍不留意便遭受雨水而难以保证质量。因此，应及时发现窝外蛋，及时收集窝内蛋，进行妥善保管或处理。

（六）关注天气

夏季到来之前，要加固棚舍，修整排水沟，填补鸡舍地面低洼处，修补棚顶漏洞等，为鸡群提供干燥、通风良好的栖息环境。密切注意天气变化，在天气突然发生变化时，特别是雷阵雨来临前将鸡群及时赶回棚舍，避免因羽毛淋湿而造成鸡群感染风寒等疾病。如果遇上下雨天应停止散养，将鸡留在棚舍内供给充足的饲料，最好是全价配合饲料。

（七）加强卫生

夏季蚊虫和微生物活动猖獗，粪便和饲料容易发酵，雨水偏多，环境容易污染。应注意饲料卫生、饮水卫生和环境卫生，控制蚊蝇滋生，定期驱除体内外寄生虫（鸡有沙浴的习惯，可在棚舍周围设置沙浴池，在沙土中拌入倍硫磷、蝇毒磷等药物，每7~10天加一次药物，或更换一次药浴用沙，每次轮换使用上述药物中的一种，使鸡在沙浴时将药物附着于羽毛和皮肤上，以防治鸡虱、螨虫等体外寄生虫），保证鸡体健康。

三、秋季

秋季气温比较高、湿度大，蚊虫多，光照时间逐渐缩短，对产蛋不利。

（一）适时淘汰

秋季是成年母鸡停产换羽和新蛋鸡陆续开产的季节。此时应进行鸡群的调整，淘汰老弱母鸡，调整新老鸡群。调整方法是：将淘汰的母鸡挑选出来，分圈饲养，增加光照，每天保持 16 小时以上。多喂高热量饲料等促使母鸡增膘，及时上市。当新蛋鸡开始产蛋时，则应老新分开饲养，饲养管理也逐渐由产前饲养过渡到产蛋鸡饲养管理。

（二）补充营养

秋季是土鸡换羽的季节。老鸡产蛋达 1 年，身体衰竭，加上换羽，在生理上变化很大。鸡的旧毛脱落换新羽，仍需要大量的营养物质，有的高产鸡边换毛边产蛋。因此饲料中应增加精料和微量营养的比例，以保证鸡换掉旧羽和生新羽的热能消耗，及早恢复产蛋。当年雏鸡到秋季已转为成年鸡，开始产蛋，但其体格还小，尚未发育完全。因此，要供应足够的饲料，并增加精料比例，以满足其继续发育和产蛋的需要；保持一定的膘度，为来年产蛋期打下良好的基础。

（三）控制疾病

鸡痘是鸡的一种高度接触性传染病，在秋冬季最容易流行。秋季发生皮肤型鸡痘较多，冬季白喉型最常见。在秋季到来之前可以进行免疫接种。将疫苗稀释 50 倍，用消毒的钢笔尖或大号缝衣针蘸取疫苗，刺在鸡翅膀内侧皮下，每只鸡刺一下即可。接种 1 周左右，可见到刺种处皮肤上产生绿豆大的小痘，后逐渐干燥结痂而脱落。如刺种部位不发生反应则必须重新刺种。如果发生皮肤型鸡痘，可用镊子剥离，伤口擦紫药水；鸡眼睛上长的痘，往往有痒感，鸡有时向体内摩擦，有时用鸡爪弹蹬，可将痘划破，把里边的纤维素挤出，涂上肤轻松药膏。

秋季还要注意鸡新城疫、禽霍乱和寄生虫病的防治。新母鸡和强制换羽的土鸡群，必须进行疫苗接种和驱虫。如注射新城疫 I 系苗。饲料中添加驱虫药：左旋咪唑，每千克饲料或饮水中加入药物 20 克，让鸡自由采食饮用，连喂 3~5 天；驱蛔灵，每千克体重 0.2~0.25 克，在料内或直接投喂均可；虫克星，每次每 50 千克体重用 2% 虫克粉剂 5 克，内服、灌服或均匀拌入饲料中饲喂；复方敌菌净，按 0.02% 混入饲料拌匀，连用 3~5 天；氨丙啉，按 0.025% 混入饲料或饮水中，连用 5 天。

四、冬季

冬季外界气温低，散养土鸡的管理重点是防寒保暖。主要措施有：一是散养地的棚舍要密封，特别要堵严西北窗户，南边的窗户晚上挂草帘。堵塞棚舍所有缝隙，防止缝隙产生"贼风"侵袭鸡体。鸡舍内垫上厚干草，保持鸡舍干燥。二是适当提高饲养密度，增加舍内产热。三是放鸡要晚，收鸡要早，放鸡后打开窗户通风，收鸡前先关闭窗户。四是在放牧地的西北面设置防风屏障，在背风向阳地方垫草，让土鸡晒太阳。五是加强饲养，注意补料，保证营养供给。在饲料中添加 2% 的油脂或添加 3%~4% 的玉米，提高饲料中能量的水平。供给充足的饮水，最好能供温水，严禁吃雪和喝冰水。六是控制呼吸道疾病的发生，白天打开鸡舍多通风，勤清理粪便，保持鸡舍空气良好，在饲料中添加土霉素、链霉素或在饮水中添加丁胺卡那霉素等防治呼吸道疾病。

第七章 土鸡的疾病防治

第一节 疾病的诊断

一、临床观察诊断

（一）群体检查

检查群体的营养状况、发育程度、体质强弱、大小均匀度，鸡冠的颜色是鲜红、紫蓝还是苍白，冠的大小，是否长有水疱、痘痂或冠癣；羽毛颜色和光泽，是否丰满整洁，是否有过多的羽毛断折和脱落，是否有局部或全身的脱毛或无毛，肛门附近羽毛是否有粪污等。

检查鸡群精神状况是否正常，在添加饲料时是否拥挤向前争抢采食饲料，或有啄无食，将饲料拨落地下，或根本不啄食。在外人进入鸡舍走动或有异常声响时鸡是否普遍有受惊扰的反应，是否有震颤，头颈扭曲，盲目前冲或后退，转圈运动，或高度兴奋不停地走动；是否有跛行或麻痹、瘫痪；是否有精神沉郁，闭目，低头，垂翼，离群呆立，喜卧不愿走动，昏睡的。

检查是否流鼻液，鼻液性质如何；是否有眼结膜水肿，上下眼结膜粘连，脸部水肿。检查呼吸，如浅频呼吸，深稀呼吸，临终呼吸，有无异常呼吸音，有无张口伸颈呼吸并发出怪叫声，有无张口呼吸而且两翼展开，口角有无黏液、血液或过多饲料黏着，有无咳嗽等。

检查食料量和饮水量如何，嗉囊是否异常饱胀；排粪动作是否过频或困难，粪便是否为圆条状、稀软成堆，或呈水样，粪便是否有饲料颗粒、黏液或血液，粪便颜色是否为灰褐色、硫黄色、棕褐色、灰白色、黄绿色或红色，是否有异常恶臭味。

检查发病数、死亡数，死亡时间分布，病程长短，记录从发病到死亡的时间，为几天几小时还是毫无前兆症状而突然死亡等。

（二）个体检查

对鸡个体的检查除与上述群体检查相同项目之外，还应注意下列项目的检查。

检查体温，用手掌抓住两腿或插入两翼下，可明显感觉到体温是否异常；精确的体温测定要将体温计插入肛门内，停留 10 分钟，然后读取体温值。

检查皮肤的弹性，皮肤上有无结节及蜱、螨等寄生虫；颜色是否正常，是否为紫蓝色或有红色斑块；是否有脓肿、坏疽、气肿、水肿、斑疹、水疱等；胫部皮肤鳞片是否有裂缝等。

拨开眼结膜，检查眼结膜的黏膜是否苍白、潮红或黄色，结膜下有无干酪样物，眼球是否正常；用手指压挤鼻孔，有无黏性或脓性分泌物；用手指触摸嗉囊内容物，是否过分饱满坚实，是否有过多的水分或气体；翻开泄殖腔，注意有无充血、出血、水肿、坏死，或有假膜附着，肛门是否被白色粪便所黏结。

打开口腔，检查口腔黏膜的颜色，有无斑疹、脓疱、假膜、溃疡、异物，口腔和腭裂上是否有过多的黏液，黏液上是否混有血液。一手扒开口腔，另一手用手指将喉头向上顶托，可见到喉头和气管，注意喉气管有无明显的充血、出血，喉头周围是否有干酪样物附着等。

在临床观察诊断中，应注意一些常见的鸡体异常变化，如表7-1 所示。

表 7-1　常见的鸡体异常变化诊断表

项目	异常变化	可能相关的主要疾病
饮水	饮水量剧增	长期缺水、热应激、球虫病早期、饲料食盐太多、其他热性病
	饮水量明显减少	温度太低、濒死期
粪便	红色	球虫病
	白色黏性	鸡白痢、痛风、尿酸盐代谢障碍
	硫黄样	组织滴虫病（黑头病）
	黄绿色带黏液	鸡新城疫、鸡出血性败血症、卡氏白细胞虫病等
	水样稀薄	饮水过多、饲料中镁离子过多、轮状病毒感染等
病程	突然死亡	禽霍乱、卡氏白细胞虫病、中毒病
	中午到午夜前死亡	中暑
神经症状	瘫痪，前后腿劈叉	马立克病和运动障碍
	1 月龄内雏鸡瘫痪	传染性脑脊髓炎
	扭颈、抬头望天、前冲后退、转圈运动	鸡新城疫、硒-维生素 E 缺乏、维生素 B_1 缺乏
	颈麻痹、平铺地面上	肉毒梭菌中毒
	脚麻痹、趾卷曲	维生素 B_2 缺乏
	腿骨弯曲、运动障碍、关节肿大	维生素 D 缺乏、钙磷缺乏、病毒性关节炎、滑膜霉形体、葡萄球菌病、锰缺乏、胆碱缺乏
	瘫痪	笼养鸡疲劳症、硒-维生素 E 缺乏、虫媒病、病毒病、鸡新城疫
	高度兴奋、不断奔走鸣叫	痢特灵中毒、其他中毒病初期
呼吸	张口伸颈、怪叫声	鸡新城疫、传染性喉气管炎

项目	异常变化	可能相关的主要疾病
冠	痘痂、痘斑	鸡痘
	苍白	卡氏白细胞虫病、白血病、营养缺乏
	紫蓝色	败血症、中毒病
	萎缩	白血病、内脏肿瘤或卵黄腹膜炎
	白色斑点或斑块	冠癣
肉髯	水肿	慢性禽霍乱、传染性鼻炎
眼	充血	中暑、传染性喉气管炎等
	虹膜褪色、瞳孔缩小	马立克病
	角膜晶状体混浊	传染性脑脊髓炎等
	眼结膜肿胀，眼睑下有干酪样物	大肠杆菌病、慢性呼吸道病、传染性喉气管炎、沙门杆菌病、曲霉菌病、维生素 A 缺乏等
	流泪有虫体	眼线虫病、眼吸虫病
鼻	黏性或脓性分泌物	传染性鼻炎、慢性呼吸道病等
喙	角质软化	钙、磷或维生素 D 等缺乏
	交叉等畸形	营养缺乏或遗传性疾病
口腔	黏膜坏死、假膜	鸡痘、毛滴虫病
	有带血黏液	卡氏白细胞虫病、传染性喉气管炎、急性鸡出血性败血症、毛滴虫病
羽毛	羽毛断碎、脱落	啄癣、外寄生虫病、换羽季节、营养缺乏（锌、维生素、泛酸等）
	纯种鸡长出异色羽毛	遗传性、维生素 D、叶酸、铜和铁等缺乏
	羽毛边缘卷	维生素 B_2 缺乏、锌缺乏
脚	鳞片隆起、有白色痂片	鸡膝螨
	脚底肿胀	鸡趾瘤
	出血	创伤、啄癣、鸡流感

续表

项目	异常变化	可能相关的主要疾病
皮肤	紫蓝色斑块	硒-维生素E缺乏、葡萄球菌病、坏疽性皮肤尸绿
	痘痂、痘斑	鸡痘
	皮肤粗糙、眼角嘴角有痂皮	泛酸缺乏、生物素缺乏、体外寄生虫病
	出血	维生素K缺乏、卡氏白细胞虫病、某些传染病、中毒病等
	皮下水肿	阉割，剧烈活动等引起被囊膜破裂

二、鸡病的剖检诊断

鸡病虽种类繁多，但许多病在剖检病变方面具有一定特征，因此，尸体剖检观察病变可以验证临床诊断和治疗的正确性，是诊断疾病的一个重要手段。

（一）鸡体剖检要求

1. 正确掌握和运用鸡体剖检方法 若方法不熟练，操作不规范、不按顺序地乱剪乱割，影响观察，易造成误诊，贻误防治时机。

2. 防止疾病散播

（1）选择合适的剖检地点：鸡场最好建立尸体剖检室，剖检室设置在生产区和生活区的下方向和地势较低的地方，并与生产区和生活区保持一定距离，自成单元；若养鸡场无剖检室，剖检尸体应选择在比较偏僻的地方进行，要远离生产区、生活区、公路、水源等，以免剖检后，尸体的粪便、血污、内脏、杂物等污染水源、河流，或由于车来人往等传播病原，造成疫病扩散。

（2）严格消毒：剖检前对尸体进行喷洒消毒，避免病原随着羽毛、皮屑一起被风吹起传播。剖检后将死鸡放在密封的塑料袋内，对剖检场所和用具进行彻底全面的消毒。剖检室的污水和废弃物必须经过消毒处理后方可排放。

（3）尸体无害化处理：有条件的鸡场应建造焚尸炉或发酵池，以便处理剖检后的尸体，其地址的选择既要使用方便，又要防止病原污染环境。无条件的鸡场对剖检后的尸体要进行焚烧或深埋。

3. 准备好剖检器具 剖检鸡体，准备剪刀、镊子即可。根据需要还可准备手术刀、标本皿、广口瓶、福尔马林等。此外，还要准备工作服、胶鞋、橡胶手套、肥皂、毛巾、水桶、脸盆、消毒剂等。

（二）鸡体剖检方法

剖检病鸡最好在死后或濒死期进行。对于已经死亡的鸡只，越早剖检越好，因时间长了尸体易腐败，尤其夏季，使病理变化模糊不清，失去剖检意义。如暂时不剖检的，可暂存放在 4 ℃冰箱内。解剖前先进行体表检查。

1. 体表检查 选择症状比较典型的病鸡作为剖检对象，解剖前先做体表检查，即测量体温，观察呼吸、姿态、精神状况、羽毛光泽、头部皮肤的颜色，特别是鸡冠和肉髯的颜色，仔细检查鸡体的外部变化并记录症状。如有必要，可采集血液（静脉或心脏采血）以备实验室检验。

2. 解剖检查 先用消毒药水将羽毛擦湿，防止羽毛及尘埃飞扬。解剖活鸡应先放血致死，方法有两种：一种可在口腔内耳根旁的颈静脉处用剪刀横切断静脉，血沿口腔流出，此法外表无伤口；另一种为颈部放血，用刀切断颈动脉或颈静脉放血。

将被检鸡仰放在搪瓷盘上，此时应注意腹部皮下是否有腐败而引起的尸绿。用力掰开两腿，直至髋关节脱位，将两翅和两腿摊开，或将头、两翅固定在解剖板上。沿颈、胸、腹中线剪开皮肤，再从腹下部横向剪开腹部，并延至两腿皮肤。由剪处向两侧分离皮肤。剥开皮肤后，可看到颈部的气管、食管、嗉囊、胸腺、迷走神经，以及胸肌、腹肌、腿部肌肉等。根据剖检需要，可剥离部分皮肤。此时可检查皮下是否有出血、胸部肌肉的黏稠度、颜色，是否有出血点或灰白色坏死点等。

皮下检查完后，在泄殖腔腹侧将腹壁横向剪开，再沿肋软骨交接处向前剪，然后一只手压住鸡腿，另一只手握龙骨后缘向上拉，使整个胸骨向前翻转露出胸腔和腹腔，注意胸腔和腹腔器官的位置、大小、色泽是否正常，有无内容物（腹水、渗出物、血液等），器官表面是否有冻胶状或干酪样渗出物，胸腔内的液体是否增多等。

然后观察气囊，气囊膜正常为一透明的薄层，注意有无混浊、增厚或被覆渗出物等。如果要取病料进行细菌培养，可用灭菌消毒过的剪刀、镊子、注射器、针头及存放材料的器皿采取所需要的组织器官。取完材料后可进行各个脏器检查。剪开心包囊，注意心包囊是否混浊或有纤维性渗出物黏附，心包液是否增多，心包囊与心外膜是否粘连等，然后顺次取出各脏器。

首先把肝脏与其他器官连接的韧带剪断，再将脾脏、胆囊随同肝脏一块摘出。接着，把食管与腺胃交界处剪断，将脾胃、肌胃和肠管一同取出体腔（直肠可以不剪断）。

剪开卵巢系膜，将输卵管与泄殖腔连接处剪断，把卵巢和输卵管取出。雄鸡剪断睾丸系膜，取出睾丸；用器械柄钝性剥离肾脏，从脊椎骨深凹中取出；剪断心脏的动脉、静脉，取出心脏；用刀柄钝性剥离肺脏，将肺脏从肋骨间摘出。

剪开喙角，打开口腔，把喉头与气管一同摘出；再将食管、嗉囊一同摘出；把直肠拉出腹腔，露出位于泄殖腔背面的腔上囊（法氏囊），剪开与泄殖腔连接处，腔上囊便可摘出。

从两鼻孔上方横向剪断上喙部，断面露出鼻腔和鼻甲骨，轻压鼻部，可检查鼻腔有无内容物。剪开眼下和嘴角上的皮肤，看到的空腔就是眶下窦，剪开眶下窦。

将头部皮肤剥去，用骨剪剪开顶骨缘、颧骨上缘、枕骨后缘，揭开头盖骨，露出大脑和小脑。切断脑底部神经，大脑便可取出。

暴露外部神经。迷走神经在颈椎的两侧，沿食管两旁可以找到。坐骨神经位于大腿两侧，剪去内收肌即可露出。将脊柱两侧的肾脏摘除，便能显露出来腰荐神经丛。将鸡背朝上，剪开肩胛和脊柱之间的皮肤，剥离肌肉，即可看到臂神经。

3. 解剖检查注意事项 一是剖检时间越早越好，尤其在夏季，尸体极易腐败，不利于病变观察，影响正确诊断。若尸体已经腐败，一般不再进行剖检。剖检时，光线应充足。二是剖检前要了解病死鸡的来源、病史、症状、治疗经过及防疫情况。三是剖检时必须按剖检顺序观察，做到全面细致，综合分析，不可主观片面，马马虎虎。四是做好剖检用具和场所的隔离消毒。做好剖检尸体、血水、粪便、羽毛和污染的表土等无害化处理（放入深埋坑内，撒布消毒药和新鲜生石灰，盖土压实）。同时要做好自身防护（穿戴好工作服，戴上手套）。五是剖检时做好记录，检查完后找出其主要的特征性病理变化和一般非特征性病理变化，做出分析和比较。

（三）病理剖检诊断

1. 皮肤、肌肉 皮下脂肪小出血点见于败血症；传染性腔上囊病时，常有股内侧肌肉出血；皮肤型马立克病时，皮肤上有肿瘤。皮下水肿，水肿部位多见于胸腹部及两腿内侧，渗出液以胶冻样为主，渗出液颜色呈黄绿色或蓝绿色，为绿脓杆菌病、硒-维生素 E 缺乏症，渗出液颜色呈黄白色为禽霍乱，渗出液颜色呈蓝紫色为葡萄球菌病。胸腿肌肉出血，出血为点状或斑状，常见疾病有传染性法氏囊病、禽霍乱、葡萄球菌病，其中表现为肌肉的深层出血多见于禽霍乱。另外，马杜霉素中毒、维生素 K 缺乏症、磺胺类药物中毒、黄曲霉毒素中毒、包涵体肝炎、住白细胞虫病（点状出血）也可见肌肉出血。

2. 胸腹腔 胸腹膜有出血点，见于败血症；腹腔内有坠蛋时（常见于高产、好飞高栖架的母鸡），会发生腹膜炎；卵黄性腹膜炎与鸡沙门杆菌、大肠杆菌和鸡葡萄球菌等有关；雏鸡腹腔内有大量黄绿色渗出液，常见于硒-维生素 E 缺乏症。

3. 呼吸系统

（1）鼻腔（窦）：渗出物增多见于鸡传染性鼻炎、鸡毒支原体病，也见于禽霍乱和禽流感。

（2）气管：气管内有假膜，为黏膜型鸡痘；有多量奶油样或干酪样渗出物，可见于鸡的传染性喉气管炎和新城疫。管壁肥厚，黏液增多，见于鸡的新城疫、传染性支气管炎、传染性鼻炎和鸡毒支原体病。气管、喉头黏膜充血、出血，有黏液等渗出物，主要见于呼吸系统疾病。如黏膜充血，气管有渗出物为传染性支气管炎病变；喉头、气管黏膜弥漫性出血，内有带血黏液为传染性喉气管炎病变；气管环黏膜有出血点为新城疫病变。败血性霉形体病、传染性鼻炎也可见到呼吸道有黏液渗出物等病变。

（3）气囊：壁肥厚并有干酪样渗出物，见于鸡毒支原体病、传染性鼻炎、传染性喉气管炎、传染性支气管炎和新城疫；附有纤维素性渗出物，常见于鸡大肠杆菌病；腹气囊卵黄样渗出物，为传染性鼻炎的病变。

（4）肺：雏鸡肺有黄色小结节，见于曲霉菌性肺炎；雏鸡白痢时，肺上有 1～3 毫米的白色病灶，其他器官（如心、肝）也有坏死结节；禽霍乱时，可见到两侧性肺炎；肺呈灰红色，表面有纤维素性渗出物附着，常见于鸡大肠杆菌病。

4. 消化道 食管、嗉囊有散在小结节，提示为维生素 A 缺乏症。腺胃黏膜出血，多发生于鸡新城疫和禽流感；鸡马立克病时见有肿瘤。肌胃角质层表面溃疡，在成鸡多见于饲料中鱼粉和铜含量太高，雏鸡常见于营养不良；创伤，常见于异物刺穿；萎缩，发生于慢性疾病及日粮中缺少粗饲料。小肠黏膜出血，见于鸡的球虫病、鸡新城疫、禽流感、禽霍乱和中毒（包括药物中毒）及火鸡的冠状病毒性肠炎和出血综合征；卡他性肠炎，见于鸡的大肠杆菌病、鸡伤寒和绦虫、蛔虫感染；小肠坏死性肠炎，见于鸡球虫病、鸡厌气性菌感染；肠浆膜肉芽肿，常见于鸡慢性结核、鸡马立克病和鸡大肠杆菌病；雏鸡盲肠溃疡或干酪样栓塞，见于雏鸡白痢恢复期和组织滴虫病；盲肠血样内容物，见于鸡球虫病；肠道出血是许多疾病急性期共有的症状，如鸡新城疫、传染性法氏囊病、禽霍乱、葡萄球菌病、链球菌病、坏死性肠炎、绿脓杆菌病、球虫病、禽流感、中毒等疾病；盲肠扁桃体肿胀、坏死和出血，盲肠与直肠黏膜坏死，可提示为鸡新城疫。盲肠病变主要为盲肠内有干酪样物堵塞，这种病变所提示的疾病有盲肠球虫病、组织滴虫病、副伤寒、鸡白痢；鸡新城疫可见黏膜乳头或乳头间出血；传染性法氏囊病、螺旋体病多见肌胃与腺胃交界处黏膜出血。导致腺胃黏膜出血的疾病还有喹乙醇中毒、痢菌净中毒、磺胺类药物中毒、禽流感、包涵体肝炎等。

5. 心脏　心肌结节主要见于大肠杆菌肉芽肿、鸡马立克病、鸡白痢、鸡伤寒、磺胺类药物中毒；心冠脂肪有出血点（斑），可见于禽霍乱、禽流感、鸡新城疫、鸡伤寒等急性传染病，磺胺类药物中毒也可见此症状；心肌坏死灶，见于雏鸡和大、小火鸡的白痢、鸡的李氏杆菌和弧菌性肝炎；心肌肿瘤，可见于鸡马立克病；心包有混浊渗出物，见于鸡白痢、鸡大肠杆菌病、鸡毒支原体病。

6. 肝脏　肝脏的病变一般具有典型性。烈性病时，其他病变还未表现，在肝脏基本表现为败血性变化。肝脏病变可以区分病毒性还是细菌性疾病。肝脏具有坏死灶多由细菌引起，而出血点多由病毒引起。导致肝脏出现坏死点或坏死灶的疾病有禽霍乱、鸡白痢、鸡伤寒、急性大肠杆菌病、绿脓杆菌病、螺旋体病、喹乙醇中毒、痢菌净中毒等；导致肝脏有灰白结节的疾病有马立克病、鸡结核病、鸡白痢、白血病、慢性黄曲霉毒素中毒、住白细胞虫病。此外注射油苗也可引起此类病变。显著肿大时，见于急性马立克病和淋巴性白血病；有大的灰白色结节，见于急性马立克病、淋巴性白血病、组织滴虫病和鸡结核病；有散在点状灰白色坏死灶，见于包涵体肝炎、鸡白痢、禽霍乱、鸡结核病等；肝包膜肥厚并有渗出物附着，见于肝硬化、鸡大肠杆菌病和鸡组织滴虫病。

7. 脾脏　有大的白色结节，见于急性马立克病、淋巴细胞性白血病及鸡结核病；有散在微细白点，见于急性马立克病、鸡白痢、淋巴细胞性白血病、鸡结核病；包膜肥厚伴有渗出物附着及腹腔有炎症和肿瘤，见于鸡的坠蛋性腹膜炎和马立克病。

8. 卵巢　产蛋鸡感染沙门杆菌后，卵巢发炎、变形或滤泡萎缩；卵巢水泡样肿大，见于急性马立克病和淋巴性白血病，卵巢的实质变性见于流感等热性疾病。

9. 输卵管　输卵管内充满腐败的渗出物，常见于鸡的沙门杆菌病和大肠杆菌病；肌肉麻痹或局部扭转，可使输卵管充塞半干状蛋块；输卵管萎缩则见于鸡传染性支气管炎和减蛋综合征；输卵管有脓性分泌物多见于禽流感。

10. 肾脏　肾显著肿大，见于急性马立克病、淋巴细胞性白血病和肾型传染性支气管炎；肾内出现囊胞，见于囊胞肾（先天性畸形）、水肾病（尿路闭塞），在鸡的中毒、传染病后遗症中也可出现；肾内白色微细结晶沉着，见于尿酸盐沉着症；输尿管膨大，出现白色结石，多由于中毒、维生素 A 缺乏症、痛风等疾病所致。导致肾脏功能障碍的疾病均可引起输尿管尿酸盐沉积，如痛风、传染性法氏囊病、维生素 A 缺乏症、传染性支气管炎、鸡白痢、螺旋体病和长期过量使用药物等。

11. 睾丸　萎缩、有小脓肿，见于鸡白痢。

12. 腔上囊（法氏囊）　增大并带有出血和水肿，发生于传染性腔上囊病的初期，然后发生萎缩；全身性滑膜支原体感染、患马立克病时，可使腔上囊萎缩；淋巴细胞性白血病时，腔上囊常常有稀疏的直径 2~3 毫米的肿瘤，此外马杜霉素中毒也可以导致法氏囊出血性变化。

13. 胰脏　雏鸡胰脏坏死，发生于硒-维生素 E 缺乏症；点状坏死常见于流感和传染性支气管炎。

14. 神经系统　小脑出血、软化，多发生于幼雏的维生素缺乏症；外周神经肿胀、水肿、出血，见于鸡马立克病。

15. 腹腔　常见病有腹水症、大肠杆菌病、黄曲霉毒素中毒、硒-维生素 E 缺乏症、鸡白痢、副伤寒、卵黄性腹膜炎。

临床上由于疾病性质、疫苗或药物使用等条件的影响、同一疾病在不同条件下其症状也随之发生了变化，而且有的鸡群可能存在并发或继发疾病的复杂情况。因此，在临床诊断时应辩证地分析病理剖检变化。患鸡病变不是孤立存在的，要抓住重点病变，综合整体剖检变化，同时结合鸡群饲养管理、流行病学和临床症状综合分析，才可能做出正确的临床诊断。病理剖检变化见表 7-2。

表 7-2　病理剖检变化诊断表

部位	病理变化	可能的疾病
皮肤	紫蓝色斑块	硒-维生素 E 缺乏、葡萄球菌病、坏疽性皮肤尸绿
	痘痂、痘斑	鸡痘
	皮肤粗糙、眼角嘴角有痂皮	泛酸缺乏、生物素缺乏、体外寄生虫病
	出血	维生素 K 缺乏、卡氏白细胞虫病、某些传染病、中毒病等
	皮下水肿（发生在胸、腹部及两腿之间的皮下），患部呈蓝紫色或蓝绿色	鸡的渗出性素质（鸡硒-维生素 E 缺乏）

续表

部位	病理变化	可能的疾病
胸骨	S状弯曲	维生素D、钙和磷缺乏或比例不当
	囊肿	滑膜炎霉形体病、地面不平、肉鸡常卧地等
肌肉	过分苍白	死前放血、贫血、内出血和卡氏白细胞虫病、硒-维生素E缺乏、磺胺中毒等
	干燥无黏性	失水、缺水、肾型传染性支气管炎、痛风等
	有白色条纹	硒-维生素E缺乏
	出血	传染性法氏囊病、卡氏白细胞虫病、黄曲霉毒素中毒、硒-维生素E缺乏等
	大头针针帽大小的白点	鸡卡氏白细胞虫病
	腐败	葡萄球菌病、厌气杆菌感染
腹腔	腹水过多	腹水症、肝硬化、黄曲霉毒素中毒、大肠杆菌病
	血液或凝血块	内出血、卡氏白细胞虫病、白血病、包涵体肝炎等
	纤维素或干酪样渗出物	大肠杆菌病、鸡败血霉形体病
气囊	混浊有干酪样渗出物	鸡败血霉形体病、大肠杆菌病、鸡新城疫、曲霉菌病等
心脏	心肌白色小结节	鸡白痢、马立克病、卡氏白细胞虫病等
	心冠沟脂肪出血	鸡出血性败血症、细胞性感染、中毒病
	心包粘连、包液混浊	大肠杆菌病、鸡败血霉形体感染等
	尿酸盐沉积	痛风
	房室间瓣膜疣状增生	丹毒病

部位	病理变化	可能的疾病
肝	肿大、有结节	马立克病、白血病、寄生虫病、结核病
	肿大、有点状或斑状坏死	鸡出血性败血症、鸡白痢、黑头病、喹乙醇中毒、痢菌净中毒
	肿大、被覆渗出物、有出血点、血斑、血肿和坏死点等	大肠杆菌病、鸡败血霉形体感染、鸭瘟、鹅的鸭瘟包涵体肝炎、弯杆菌性肝炎、脂肪肝综合征
	肝硬化	慢性黄曲霉毒素中毒、寄生虫病等
	寄生虫体	吸虫病等
脾	肿大、有结节	白血病、马立克病、结核病
	肿大、有坏死点	鸡白痢、大肠杆菌病
	萎缩	喹乙醇中毒
胰脏	坏死	鸡新城疫、禽流感、包涵体肝炎
胆囊	肿大、细菌性感染	大肠杆菌病、鸡白痢等
食管	黏膜坏死	毛滴虫病、维生素 A 缺乏
嗉囊	积水积气、积食坚实	球虫病、毛滴虫病、异物阻塞、鸡新城疫、中毒等
腺胃	球状增厚增大	马立克病、四棱线虫病
	小坏死结节	鸡白痢、马立克病、滴虫病
	出血	鸡新城疫、禽流感、法氏囊病、包涵体肝炎、喹乙醇或痢菌净中毒
肌胃	白色结节	白血病、马立克病
	溃疡、出血	鸡新城疫、鸡法氏囊病、喹乙醇或痢菌净中毒、包涵体肝炎

续表

部位	病理变化	可能的疾病
小肠	充血、出血	鸡新城疫、球虫病、卡氏白细胞虫病、鸡出血性败血症
	小结节	鸡白痢、马立克病等
	出血、溃疡、坏死	溃疡性肠炎、坏死性肠炎
	假膜	鸭瘟、小鹅瘟等
	寄生虫	线虫、绦虫等
盲肠	出血	球虫病
	出血、溃疡	黑头病
泄殖腔	水肿、充血	鸡新城疫、禽流感、寄生虫感染
	出血、坏死	泄殖腔炎、啄癖
喉气管	充血、出血	鸡新城疫、传染性喉气管炎、禽霍乱
	有环状干酪样物附着	传染性喉气管炎、慢性呼吸道病
	假膜	鸡痘
支气管	充血、出血	传染性喉气管炎、鸡新城疫、寄生虫感染等
	黏液增多	呼吸道感染
肺	结节呈肉样化	马立克病、白血病
	黄色、黑色结节	曲霉菌病、结核病
	黄白色小结节	鸡白痢
	充血、出血	卡氏白细胞虫病、其他感染
肾	肿大、有结节	白血病、马立克病
	出血	卡氏白细胞虫病、脂肪肝肾综合征、法氏囊病、包涵体肝炎、中毒等
	尿酸盐沉积	肾型传染性支气管炎、传染性法氏囊病、磺胺药中毒、铅中毒、内脏型痛风、高钙日粮、维生素 A 缺乏症、饮水不足等

续表

部位	病理变化	可能的疾病
输尿管	尿酸盐沉积	内脏型痛风、肾型传染性支气管炎、传染性法氏囊病、磺胺药中毒、维生素 A 缺乏症、钙磷比例失调等
卵巢	有结节、肿大	马立克病、白血病
	卵泡充血出血	鸡白痢、大肠杆菌病、鸡出血性败血症等
输卵管	左侧输卵管细小	传染性支气管炎、停产期
	充血、出血	滴虫病、鸡白痢、鸡败血霉形体感染等
法氏囊	肿大	鸡新城疫、鸡白痢、鸡法氏囊病
	出血、囊腔内渗出物增多	鸡法氏囊病、鸡新城疫
脑	脑膜充血、出血	中暑、细菌性感染、中毒
	小脑出血、脑回展平	硒–维生素 E 缺乏
四肢	骨髓黄色	包涵体肝炎、卡氏白细胞虫病、磺胺中毒
	骨质松软	钙、磷和维生素 D 等营养缺乏病
	脱腱症	锰或胆碱缺乏
	关节炎	葡萄球菌病、大肠杆菌病、滑膜霉形体病、病毒性关节炎、营养缺乏病等
	臂神经和坐骨神经肿胀	马立克病、维生素 B_2 缺乏症

第二节 严格执行卫生防疫制度

为了有效控制疾病，必须坚持"防重于治"和"养防并重"的疾病防治原则，加强综合防治。

一、科学的饲养管理

饲养管理工作不仅影响土鸡的生长发育，更影响到土鸡的健康和抗病能力。只有科学的饲养管理，才能维持机体健壮，增强机体的抗病力。

（一）提供优质饲料，保证营养供给

饲料为土鸡提供营养，鸡依赖从饲料中摄取的营养物质而生长发育、生产和提高抵抗力，从而维持其健康和生产性能的发挥。提供的饲料营养物质不足、过量或不平衡，不仅会引起土鸡的营养缺乏症和中毒症，而且影响鸡的免疫力，增加对疾病的易感性。山林果园散养土鸡，要注意饲料的补充，补充的饲料要优质。

（二）充足卫生的饮水

水是最廉价、最重要的营养素，也是最容易受到污染和传播疾病的。所以土鸡场要保证水的供应，保证水的卫生。

（三）保持适宜的环境条件

1. 保持适宜的饲养密度 密度过大，鸡群拥挤，不但会造成鸡采食困难，而且空气中尘埃和病原微生物数量较多，最终引起鸡群发育不整齐，免疫效果差，易感染疾病和啄癖。密度过小，不利于鸡舍保温，也不经济。密度的大小应随品种、日龄、鸡舍的通风条件、饲养的方式和季节等而做调整。

2. 保持适宜的光照 光照是一切生物生长发育和繁殖所必需的。合理的光照制度和光照强度不但可以促进家禽的生长发育，而且可以提高鸡的免疫力和抗病能力。土鸡光照强度不能过强，否则，易引起鸡群骚动不安、神经质和啄癖等现象。

3. 保持适宜的温湿环境 适宜的温湿环境既可以提高鸡群的饲料转化率，又可以防止环境应激所造成的不利影响。根据不同阶段土鸡的温度和湿度需要提供最适宜的温湿度。

4. 保持适量的通风换气　土鸡的生长、生产过程中，需要大量的氧气，排出大量的二氧化碳，舍内空气容易污浊，有害气体、二氧化碳、微粒和微生物等含量极易超标，给土鸡健康和生长带来巨大危害。特别是冬季舍内密闭严密，有害气体更易超标，刺激呼吸道黏膜，引起黏膜损伤，使病原易于侵袭。所以，山林果园养殖土鸡必须注意通风换气，保证舍内空气新鲜洁净。

二、健全卫生防疫制度

(一) 做好隔离

1. 土鸡场的隔离消毒防疫　土鸡场要远离市区、村庄和居民点，远离屠宰场、畜产品加工厂等污染源。鸡场周围有隔离物。养鸡场大门、生产区入口要建同门口一样宽、长是汽车车轮2周长以上的消毒池。各鸡舍门口要建与门口同宽、长1.5米的消毒池。

2. 进入鸡场和鸡舍的人员和用具要消毒　车辆进入鸡场前应彻底消毒，以防带入疾病；鸡场谢绝参观，不可避免时，应严格按防疫要求消毒后方可进入；禁止其他养殖户、鸡蛋收购商和收购死鸡的小贩进入鸡舍和散养场地，病鸡和死鸡经疾病诊断后应深埋，并做好消毒工作，严禁销售和随处乱丢。

3. 育雏区与散养区要分离　不同日龄的鸡分别养在不同的区域，并相互隔离。

4. 采用全进全出的饲养制度　采取全进全出的饲养制度是有效防止疾病传播的措施之一。"全进全出"能够做到净场和充分的消毒，切断了疾病传播的途径，从而避免患病鸡只或病原携带者将病原传染给日龄较小的鸡群。

5. 选择洁净的雏鸡　订购雏鸡前要了解孵化场的孵化和养殖户的养殖情况，选择孵化质量好的孵化场家购买雏鸡。

（二）搞好卫生

1. 保持鸡舍和鸡舍周围环境卫生 及时清理鸡舍的污物、污水和垃圾，定期打扫鸡舍顶棚和设备用具的灰尘，每天进行适量的通风，保持鸡舍清洁卫生；不在鸡舍周围和道路上堆放废弃物和垃圾。

2. 保持饲料和饮水卫生 饲料不霉变，不被病原污染，饲喂用具勤清洁消毒；饮用水符合卫生标准，水质良好，饮水用具要清洁，饮水系统要定期消毒。

3. 废弃物要无害化处理 粪便堆放要远离鸡舍，最好设置专门储粪场，对粪便进行无害化处理，如堆积发酵、生产沼气或烘干等处理。病死鸡不要随意出售或乱扔乱放，防止传播疾病。

4. 散养场地的卫生 果园山林散养土鸡宜采取全进全出制，每出栏一批鸡后清理卫生，全面消毒，并间隔 20～30 天后，再散养第二批鸡；如果果园林地面积较大，最好实行分区轮放，在一个区域散养 1～2 年后，再轮牧到另一区域，让其自然净化 1～2 年，消毒后再散养土鸡比较理想。

5. 防害灭鼠 昆虫可以传播疫病，要保持舍内干燥和清洁，夏季使用化学杀虫剂防止昆虫滋生繁殖。老鼠不仅可以传播疫病，而且可以污染和消耗大量的饲料，危害极大，必须注意灭鼠，每 2～3 个月进行一次彻底灭鼠。

（三）健全防疫制度

根据本地区鸡病发生和流行的特点，制订合理的免疫程序，有计划地进行免疫接种，控制主要传染病的发生，用最少的投入达到最好的防病效果。

三、加强消毒

消毒是指用化学或物理的方法杀灭或清除传播媒介上的病原微生物，使之达到无传播感染水平的处理，即不再有传播感染的危险。消毒的目的在于消灭被病原微生物污染的场内环境、鸡体表面及设备器具上的病原体，切断传播途径，防止疾病的发生或蔓延。

（一）鸡场消毒的方法

鸡场的消毒方法主要有机械性清除（清扫、铲刮、冲洗和适当通风等）、物理消毒法（紫外线照射、高温等）、生物消毒法（粪便的发酵）和化学药物消毒等。

（二）化学消毒法的操作要点

1. 化学消毒剂的要求　化学消毒剂的要求是广谱，消毒力强，性能稳定；毒性小，刺激性小，腐蚀性小，不残留在畜产品中；廉价，使用方便。

2. 消毒剂的使用方法　常用的有浸泡法、喷洒法、熏蒸法和气雾法。

（1）浸泡法：主要用于消毒器械、用具、衣物等。一般洗涤干净后再行浸泡，药液要浸过物体，浸泡时间以长些为好，水温以高些为好。在鸡舍进门处消毒槽内，可用浸泡药物的草垫或草袋对人员的靴鞋消毒。

（2）喷洒法：喷洒地面、墙壁、舍内固定设备等，可用细眼喷壶；对舍内空间消毒，则用喷雾器。喷洒要全面，药液要喷到物体的各个部位。一般喷洒地面，每平方米需要 2 升药液；喷墙壁、顶棚，每平方米需要 1 升药液。

（3）熏蒸法：适用于可以密闭的鸡舍。这种方法简便、省事，对房屋结构无损，消毒全面，鸡场常用。常用的药物有福尔马林（40%的甲醛水溶液）、过氧乙酸水溶液。

（4）气雾法：气雾粒子是悬浮在空气中的气体与液体的微粒，直径小于 200 纳米，相对分子质量极小，能悬浮在空气中较长时间，可到处漂移穿透到畜舍内。气雾是消毒液进入气雾发生器后喷射出的雾状微粒，是消灭气携病原微生物的理想办法。

（三）土鸡场常用的消毒剂

（1）含氯消毒剂：产品有优氯净、强力消毒净、速效净、消洗液、消佳净、84 消毒液、二氯异氰尿酸和三氯异氰尿酸复方制剂等，可以杀灭肠杆菌、肠球菌、金黄色葡萄球菌，以及新城疫、法氏囊等病毒。

（2）碘伏消毒剂：产品有强力碘、威力碘、PVPI、89-型消毒剂、喷雾灵等，可杀死细菌、真菌、芽孢、病毒。

（3）醛类消毒剂：产品有戊二醛、甲醛、丁二醛、乙二醛和复合制剂，可杀灭细菌、芽孢、真菌和病毒。

（4）氧化剂类：产品有过氧化氢（双氧水）、过氧乙酸、臭氧（三原子氧）、高锰酸钾等。过氧化氢可快速灭活多种微生物；过氧乙酸对多种细菌杀灭效果良好；臭氧对细菌繁殖体、病毒、真菌和枯草杆菌黑色变种芽孢有较好的杀灭作用，对原虫和虫卵也有很好的杀灭作用。

（5）复合酚类：产品有菌毒敌、消毒灵、农乐、畜禽安、杀特灵等，对细菌、真菌和带膜病毒具有灭活作用，对多种寄生虫卵也有一定杀灭作用，因本品公认对人畜有毒，且气味滞留，常用于空舍消毒。

（6）表面活性剂：产品有新洁尔灭、度米芬、百毒杀、凯威 1210、K 安、消毒净，对各种细菌有效，对常见病毒如马立克病毒、新城疫病毒、猪瘟病毒、法氏囊病毒、口蹄疫病毒均有良好的效果。对无囊膜病毒消毒效果不好。

（7）高效复合消毒剂：产品有高迪-HB（由多种季铵盐、络合盐、戊二醛、非离子表面活性剂、增效剂和稳定剂组成），消毒杀菌作用广谱高效，对各种病原微生物有强大的杀灭作用；作用机制完善；超常稳定；使用安全，应用广泛。

（8）醇类消毒剂：产品有乙醇、异丙醇，可快速杀灭多种微生物，如细菌繁殖体、真菌和多种病毒，但不能杀灭细菌芽孢。

(9) 强碱：产品有氢氧化钠、氢氧化钾、生石灰，可杀灭细菌、病毒和真菌，腐蚀性强。

（四）土鸡场的消毒

1. 进入人员及物品消毒　土鸡场入口必须设置车辆消毒池和人员消毒室，车辆消毒池的长度为进出车辆车轮 2 周长以上，消毒液可用消毒时间长的复合酚类和 3%～5% 的氢氧化钠溶液，最好再设置喷雾消毒装置，喷雾消毒液可用 1 : 1 000 的氯制剂；人员消毒室设置淋浴装置、熏蒸衣柜和场区工作服，进入人员必须淋浴，换上清洁消毒好的工作衣帽和靴后方可进入，工作服不准穿出生产区，定期更换，清洗消毒；鸡舍入口设置脚踏消毒池，工作人员进入鸡舍脚踏消毒液，工作前要洗手消毒；进入场区的所有物品、用具都要消毒。舍内的用具要固定，不得互相串用。非生产性用品，一律不能带入生产区。

2. 场区消毒　场区每周消毒 1～2 次，可以使用 5%～8% 的氢氧化钠溶液或 5% 的甲醛溶液进行喷洒。特别要注意鸡场道路和鸡舍周围的消毒。散养的土鸡场地要在土鸡淘汰后空闲 1～2 个月后再饲养。

3. 鸡舍消毒　鸡上市或转群后，要对土鸡舍进行彻底的清洁消毒。消毒的步骤是：先将鸡舍各个部位清理、打扫干净，然后用高压水枪冲洗洁净鸡舍墙壁、地面、屋顶和不能移出的设备用具，再用 5%～8% 的氢氧化钠溶液喷洒地面、墙壁、屋顶、笼具、饲槽等 2～3 次，最后用清水洗刷饲槽和饮水器。其他不易用水冲洗和氢氧化钠消毒的设备可以用其他消毒液涂搽。鸡入舍后，在保持鸡舍清洁卫生的基础上，每周消毒 2～3 次。

4. 带鸡消毒　育雏舍和种用土鸡舍每周带鸡消毒 1～2 次，发生疫病期间每天带鸡消毒 1 次。选用高效、低毒、广谱、无刺激性的消毒药。冬季寒冷，不要把鸡体喷得太湿，可以使用温水稀释；夏季带鸡消毒有利于降温和减少热应激死亡。

5. 发生疫情后的紧急消毒 养鸡场一旦发生疫情应迅速采取措施。首先隔离病鸡，控制传染，防止健康鸡受到感染，以便将疫病控制在最小范围内加以扑灭。如病鸡数量不多，应淘汰所有病鸡。对未病鸡群应根据诊断结果使用疫苗进行紧急预防接种或用药物进行预防。

对病鸡污染的房舍、饲料、垫料、用具、场地、粪便进行严格的消毒。病死鸡应进行深埋或焚烧。深埋可挖一深坑，一层死鸡一层生石灰，或用有效的消毒剂。禁止从疫区运出鸡群及其产品或饲料。场内发生传染病应报告防疫部门和附近养鸡场。做好防疫记录。

四、确切的免疫接种

免疫接种通常是使用疫苗和菌苗等生物制剂作为抗原接种于土鸡体内，激发机体产生特异性免疫力。

（一）疫苗的种类和贮存运输

1. 疫苗的种类及特点 疫苗可分为活毒苗和灭活苗两大类。活毒苗多是弱毒苗，是由活病毒或细菌致弱后形成的。当其接种后进入鸡只体内可以繁殖或感染细胞，既能增加相应抗原量，又可延长和加强抗原刺激作用，具有产生免疫快、免疫效力好、免疫接种方法多、用量小且使用方便等优点，还可用于紧急预防。灭活苗是用强毒株病原微生物灭活后制成的，安全性好，不散毒，不受母源抗体影响，易保存，产生的免疫力时间长，适用于多毒株或多菌株制成多价苗，但需免疫注射，成本高。

2. 疫苗的种类和贮存运输

（1）保存条件：不同的生物制品要求不同的保存条件，应根据说明书的要求进行保存。保存不当，生物制品会失效，起不到应有的作用。一般生物制品应保存在低温、阴暗及干燥的地方，最好用冰箱保存。氢氧化铝苗、油佐剂苗应保存在普通冰箱中，防止冻结，而冻干苗最好在低温冰箱中保存。有个别疫苗需在液氮中超低温保存。

（2）运输条件：生物制品在运输中要求包装完善，防止损坏。条件许可时应将生物制品置于冷藏箱内运输，选择最快捷的运输方式，到达目的地后尽快送至保存场所。需液氮保存的疫苗应置于液氮罐内运输。

（3）各种生物制品在购买及保存使用前都应详细检查：凡没有瓶签或瓶签模糊不清、过期失效的，生物制品色泽有变化、内有异物、发霉的，瓶塞不紧或瓶破裂的，生物制品没有按规定保存的都不得使用。

（二）免疫程序

免疫程序是鸡场根据本地区或本场疫病发生情况（疫病流行种类、季节、易感日龄）、疫苗性质（疫苗的种类、免疫方法、免疫期）和其他情况制订的适合本场的一个科学的免疫计划。制订免疫程序要考虑鸡的用途和饲养期，本地或本场的鸡疾病疫情，母源抗体的水平，疫苗种类及其性质和鸡体的状况等因素。免疫程序要符合本地或本场的实际。土鸡参考的免疫程序见表7-3、表7-4。

表7-3　土种鸡和土蛋鸡的免疫程序

日龄	疫苗	接种方法
1	马立克病疫苗	皮下或肌内注射
7~10	新城疫+传染性支气管炎弱毒苗（H_{120}）	滴鼻或点眼
	复合新城疫+多价传染性支气管炎灭活苗	颈部皮下注射 0.3 毫升/只
14~16	传染性法氏囊炎弱毒苗	饮水

续表

日龄	疫苗	接种方法
20~25	新城疫Ⅱ或Ⅳ系+传染性支气管炎弱毒苗（H_{52}）	气雾、滴鼻或点眼
30~35	禽流感灭活苗 传染性法氏囊炎弱毒苗	皮下注射0.3毫升/只 饮水
40	鸡痘疫苗	翅膀内侧刺种或皮下注射
60	传染性喉气管炎弱毒苗	点眼
80	新城疫Ⅰ系	肌内注射
90	传染性喉气管炎弱毒苗	点眼
110~120	传染性脑脊髓炎弱毒苗（土蛋鸡不免疫） 新城疫+传染性支气管炎+减蛋综合征油苗 禽流感油苗 传染性法氏囊油苗（土蛋鸡不免疫）	饮水 肌内注射 皮下注射0.5毫升/只 肌内注射0.5毫升/只
280	鸡痘弱毒苗	翅膀内侧刺种或皮下注射
320~350	新城疫+法氏囊油苗（土蛋鸡不接种法氏囊苗） 禽流感油苗	肌内注射0.5毫升/只 皮下注射0.5毫升/只

表7-4　散养商品土鸡免疫参考程序

日龄	疫苗名称	接种途径	剂量	备注
1	马立克病疫苗	皮下注射	1~1.5只份	孵房进行，强制免疫
5	传染性支气管炎弱毒苗（H_{120}）	滴鼻滴眼	1只份	
7	鸡痘弱毒冻干疫苗	刺种	1只份	夏秋季使用（6~10月）
10	传染性法氏囊病弱毒疫苗	饮水	2只份	

续表

日龄	疫苗名称	接种途径	剂量	备注
14	新城疫 IV 系弱毒疫苗（克隆30更合适）	饮水	2 只份	强制免疫
15	禽流感油乳制灭活疫苗（H_5、H_9）	皮下注射	0.3 毫升	强制免疫
20	传染性法氏囊病弱毒疫苗	饮水	2 只份	
30	新城疫 LaSota 系或 II 系	饮水	2 只份	强制免疫
34	禽流感油乳制灭活疫苗（H_5、H_9）	肌内注射	0.3~0.5 毫升	强制免疫
45	传染性支气管炎弱毒疫苗（H_{52}）	饮水	2 只份	
60 (100)	新城疫 I 系弱毒疫苗	肌内注射	1 只份	若散养周期为 180 日龄的，此次注射可推迟到 100 日龄

注：各饲养者应根据鸡的品种、饲养环境、防疫条件、抗体监测等制订出适合当地实际的免疫程序。

（三）免疫接种注意事项

1. 加强鸡群的饲养管理 加强饲养管理，维持鸡群健康，健康的鸡群才能获得良好的免疫效果。

2. 注重疫苗的选择和管理 根据本地疫病情况，选择相应的疫苗，严格按要求运输保管，注意疫苗的失效期。按照说明书使用合适的免疫方法。

3. 根据本地鸡病流行情况，制订合理的免疫程序 主要包括什么时间接种什么疫苗，剂量多少，采用什么接种方法，间隔多长时间加强免疫等。首先考虑危害严重的常发病，其次是本地特有的疫病。雏鸡首免时间要考虑母源抗体对免疫力的影响，一般母源抗体要降到一定程度才能取得好的免疫效果。还应考虑疫苗间的互相干扰。

4. 严格免疫接种操作 不同的疫苗有最佳的接种途径，应按照疫苗要求的途径进行免疫；免疫操作时，疫苗要摇匀，剂量要准确，方法要得当，免疫要确实，同时免疫用具要严格清洁消毒，以保证免疫操作的质量，提高免疫的效果。

5. 注意工作人员卫生防护 工作人员穿工作服，戴工作帽，穿工作鞋，工作前后手应消毒。

6. 做好预防接种记录 记录包括日期、品种、数量、日龄、疫苗名称、生产厂家、批号、生产日期、保存温度、稀释剂和稀释浓度、接种方法等。

7. 加强免疫期间的管理 疫苗接种期间要停止在饮水中加消毒剂和带鸡消毒。疫苗接种后要保证鸡舍有良好的通风，保持空气新鲜，有足够的饮水。要防止应激反应，可在饮水中加抗应激药（如富道电解多维，速补-14 等）。还可用免疫增强剂以提高免疫效果。

五、药物防治

适当合理地使用药物有利于细菌性和寄生虫病的防治，但不能完全依赖和滥用药物。土鸡场药物防治程序见表7-5。

表7-5 土鸡场药物防治程序

病名	预防和治疗
鸡白痢和大肠杆菌病	1~25 日龄，氟苯尼考 0.01%~0.015%饮水，连用 3~4 天；再用丁胺卡那霉素 0.01%~0.015%饮水，连用 5~7 天；然后使用土霉素 0.02%~0.05%拌料，连用 5 天
大肠杆菌和霉形体病	20~35 日龄，磺胺类药物，如磺胺间甲氧嘧啶（SMM）或磺胺对甲氧嘧啶（SMD）0.05%~0.1%拌料，连用 5~7 天；然后用泰乐菌素 0.05%~0.1%饮水或罗红霉素 0.005%~0.02%饮水，连用 5~7 天

病名	预防和治疗
组织滴虫病	要注意雏鸡的驱虫，一般 15 日龄可用丙硫咪唑 5 毫克/千克体重进行驱虫。发生本病时，对鸡群可使用甲硝唑（灭滴灵），按 0.025%的比例拌料，连喂 2~3 天；对个别重症病鸡可用本药 1.25%悬浮直接滴服，用量为 1 毫升/只，每天 2~3 次，连用 2~3 天
球虫病	鸡只在 2 周龄后可用马杜霉素、氨丙啉等添加在饲料中，定期预防。发病时可用磺胺五甲氧嘧啶、常山酮、青霉素等进行治疗
绦虫病	每批鸡要定期驱虫 2~3 次，发病时可用氯硝柳胺 100~300 毫克/千克体重，丙硫咪唑 10 毫克/千克体重进行治疗；预防用量减半
蛔虫病	每批鸡要定期驱虫 1~2 次，发病时可用左旋咪唑、丙硫咪唑 10 毫克/千克体重，枸橼酸哌嗪 250 毫克/千克体重进行治疗；预防用量减半

第三节 土鸡的常见病防治

一、传染病

(一) 禽流感

禽流感（AI）又称欧洲鸡瘟或真性鸡瘟，是由 A 型流感病毒引起的一种急性、高度接触性和致病性传染病。该病毒不仅血清型多，而且自然界中带毒动物多、毒株易变异，这为禽流感病的防治增加了难度。

【流行特点】禽流感病毒在低温下抵抗力较强，故冬季和春季容易流行。各种品种和不同日龄的禽类均可感染（火鸡和鸡最易感），尚未发现与家禽性别有关。本病发病急、传播快、致死率可达 100%。在禽类主要依靠水平传播，如空气、粪便、饲料和饮水等。目前我国高致病性禽流感有以下三个特点：一是成点状散发状态；二是南方疫情主要集中在华中、华东、华南等区域；三是病毒毒力相对较强；四是容易发生混合感染。

【临床症状和病理变化】

1. 高致病性 防疫鸡群出现渐进式死亡，未防疫的突然死亡和高死亡率，可能见不到明显症状之前就已死亡。喙发紫，窦肿胀，头部水肿和肉冠发绀、充血和出血；腿部也可见到充血和出血；体温升高达 43 ℃，采食减退或不食；可能有呼吸道症状如打喷嚏、鼻窦炎、结膜炎、鼻分泌物增多，呼吸极度困难，甩头，严重的可致窒息死亡；冠和肉髯发绀，呈黑红色，头部及眼睑水肿、流泪；有的出现绿色下痢，蛋鸡产蛋明显下降，甚至绝产，蛋壳变薄、破蛋、沙壳蛋、软蛋、小蛋增多。

病理变化为：眼结膜炎；腹部皮下有黄色胶冻样浸润；全身浆膜、肌肉出血；心包液增多呈黄色，心冠脂肪及腹壁脂肪出血；肝脏肿胀，肝叶之间出血；气囊炎；口腔黏膜、腺胃、肌胃角质层及十二指肠出血；盲肠扁桃体出血、肿胀、突出表面；腺胃糜烂、出血，肌胃溃疡、出血；头骨、枕骨、软骨出血，脑膜充血；卵泡变性，输卵管退化，卵黄性腹膜炎，输卵管内有蛋清样分泌物；胰腺有点状白色坏死灶；个别肌胃皮下出血。

2. 温和型 产蛋突然下降，蛋壳颜色变浅、变白；排白色稀粪，伴有呼吸道症状。病理变化为胰上有白色坏死点，卵泡变形、坏死，往往伴有卵黄性腹膜炎。

【防治】

1. 加强对禽流感流行的综合控制措施 不从疫区或疫病流行情况不明的地区引种或调入鲜活禽产品。控制外来人员和车辆进入养鸡场，确需进入则必须消毒；不混养家畜家禽；保持饮水卫生；粪尿污物无害化处理（家禽粪便和垫料堆积发酵或焚烧，堆积发酵不少于 20 天）；做好全面消毒工作。流行季节每天可用过氧乙酸、次氯酸钠等开展 1~2 次带鸡消毒和环境消毒，平时每 2~3 天带鸡消毒一次；病死鸡不能在市场流通，要进行无害化处理。

2. 免疫接种 某一地区流行的禽流感只有一个血清型，接种单价疫苗是可行的，这样可有利于准确监控疫情。当发生区域不明确血清型时，可采用多价疫苗免疫。疫苗免疫后的保护期一般可达 6 个月，但为了保持可靠的免疫效果，通常每 3 个月应加强免疫一次。免疫程序：首免 5~15 日龄，每只 0.3 毫升，颈部皮下；二免 50~60 日龄，每只 0.5 毫升；三免开产前进行，每只 0.5 毫升；产蛋中期的 40~45 周龄可进行四免。

3. 发病后淘汰 禽流感发生后，严重影响鸡的生长、产蛋和蛋壳质量，发生高致病性必须扑杀，发生低致病性的一般没有饲养价值，也要淘汰。

（二）新城疫

鸡新城疫（ND）俗名鸡瘟，是由副黏病毒引起的一种主要侵害鸡和火鸡的急性、高度接触性和高度毁灭性的疾病。临床上表现为呼吸困难、下痢、神经症状、黏膜和浆膜出血，常呈败血症。典型新城疫死亡率可达 90% 以上。

【流行特点】 不同品种、年龄和性别的鸡均可发生本病。病鸡是本病的主要传染源，在其症状出现前 24 小时可由口、鼻分泌物和粪便中排出病毒，在症状消失后 5~7 天停止排毒。轻症病鸡和临床健康的带毒鸡也是危险的传染源。传播途径是消化道和呼吸道，污染的饲料、饮水、空气、尘埃，以及人和用具都可传染本病。

现阶段出现了一些新的特点，主要表现是：常引起免疫鸡群发生非典型症状和病变，其死亡率和病死率较低（由于免疫程序不当或有免疫抑制性疾病的存在）；疫苗免疫保护期缩短，保护力下降；多与法氏囊病、禽流感、霉形体病、大肠杆菌病等混合感染；发病日龄越来越小，最小可见 10 日龄内的雏鸡发病等。

【临床症状和病理变化】潜伏期 3~5 天。根据病程将此病分为典型和非典型两类。

1. 典型新城疫 体温升至 44 ℃左右，精神沉郁，垂头缩颈，翅膀下垂；鼻、口腔内积有大量黏液，呼吸困难，发出"咯咯"音；食欲废绝，饮水量增加；排出绿色或灰白色水样粪便，有时混有血液；冠及肉髯呈青紫色或紫黑色；眼半闭或全闭呈睡眠状；嗉囊充满气体或黏液，触之松软，从嘴角流出带酸臭味的液体；病程稍长，部分病鸡出现头颈向一则扭曲，一肢或两肢、一翅或两翅麻痹等神经症状。感染鸡的死亡率可达 90%以上。

典型新城疫腺胃病变具有特征性，如腺胃黏膜水肿，乳头和乳头间有出血点或出血斑，严重时出现坏死和溃疡，在腺胃与肌胃，腺胃与食管交界处有出血带或出血点。肠道黏膜有出血斑点，盲肠扁桃体肿大、出血和坏死。心外膜、肺、腹膜均有出血点。产蛋母鸡的卵泡和输卵管严重出血，有时卵泡破裂形成卵黄性腹膜炎。

2. 非典型新城疫 幼龄鸡患病，主要表现为呼吸道症状，如呼吸困难，张口喘气，常发出"呼噜"音，咳嗽，口腔中有黏液，往往有摆头和吞咽动作，进而出现歪头、扭头或头向后仰，站立不稳或转圈后退，翅下垂或腿麻痹，安静时可恢复常态，还可采食，若稍遇刺激，又显现各种异常姿势，如此反复发作，病程可达 10 天以上，死亡率一般为 30%~60%。成年鸡患病，主要表现为产蛋量急剧下降，软壳蛋明显增多，部分鸡出现拉稀。产蛋下降幅度差异较大，一般为 25%~48%。

非典型新城疫的病变较典型新城疫轻，常见腺胃乳头有少量出血点，肠道黏膜出血点也较少，坏死性变化少见。但盲肠扁桃体肿胀、出血较明显。

【防治】

1. 加强综合防治 加强饲养管理，做好鸡场的隔离和卫生工作，严格消毒管理，减少环境应激，减少疫病传播机会，增强机体的抵抗力，定期进行抗体检测。通过血清学的检测手段，可以及时了解鸡群安全状况和所处的免疫状态，便于科学制订免疫程序，并有利于考核免疫效果和发现疫情动态；控制好其他疾病的发生，如传染性法氏囊炎、鸡痘、霉形体病、大肠杆菌病、传染性喉气管炎和传染性鼻炎的发生。

2. 科学免疫接种 首次免疫至关重要，首免时间要适宜。最好通过检测母源抗体水平或根据种鸡群免疫情况来确定。没有检测条件的一般在 7～10 日龄首次免疫，首免可使用弱毒活苗（如Ⅱ、Ⅳ、克隆-30 苗）滴鼻、点眼。由于新城疫病毒毒力变异，可以选用多价的新城疫灭活苗和弱毒苗配合使用，效果更好。有的 1 日龄雏鸡用"活苗+灭活苗"同时免疫，能有效地克服母源抗体的干扰，使雏鸡获得可靠的免疫力，免疫期可达 90天以上。

3. 发病后的防治措施

（1）隔离饲养，紧急消毒：一旦发生本病，立即采取隔离饲养措施，防止疫情扩大；对鸡舍和鸡场环境以及用具进行彻底的消毒，每天进行 1～2 次带鸡消毒；垃圾、粪污、病死鸡和剩余的饲料进行无害化处理；不准病死鸡出售流通；病愈后对全场进行全面彻底消毒。

（2）紧急免疫或应用血清及其制品：小鸡用 28/86、Ⅳ系、克隆-30、新威灵（含鸡新城疫病毒 VG/GA 株）等疫苗；成鸡用Ⅰ系、克隆Ⅰ系等疫苗，2 月龄内 1～1.5 倍量，100 天后 3 倍量，肌内注射，同时加入疫苗保护剂和免疫增强剂提高效果。或在发病早期注射抗新城疫血清、卵黄抗体（2～3 毫升/千克体重），可以减轻症状和降低死亡率；还可注射由高免卵黄液透析、纯化制成的抗新城疫病毒因子进行治疗，以提高鸡体免疫功能，清除进入体内的病毒。

（3）新城疫的辅助治疗：紧急免疫接种2天后，连续5天应用病毒灵、病毒唑、恩诺沙星或中草药制剂等药物进行对症辅助治疗，以抑制新城疫病毒繁殖和防止继发感染。同时，在饲料中添加蛋白质、多维素等营养素，饮水中添加黄芪多糖，以提高鸡体非特异性免疫力。与大肠杆菌或支原体等病原混合感染时的辅助治疗方案是：清瘟败毒散或瘟毒速克拌料2 500克/1 000千克，连用5天；四环素类（强力霉素1克/10千克或新强力霉素1克/10千克）饮水，或支大双杀（主要成分是乳酸环丙沙星、硫酸安普霉素、黏膜修复剂、甲氧苄啶等）混饮（100克/300千克水）连用3~5天；同时水中加入速溶多维饮水。

（三）传染性法氏囊炎

鸡传染性法氏囊炎也称鸡传染性法氏囊病（IBD），是由传染性法氏囊病毒（属于双链核糖核酸病毒属）感染引起雏鸡发生的一种急性、接触性传染病。主要特征是病鸡腹泻，厌食，震颤和重度虚弱，法氏囊肿大、出血，骨骼肌出血，肾小管尿酸盐沉积。

【流行特点】 病鸡和阴性感染的鸡是本病的主要传染来源。通过被污染的饲料、饮水和环境传播易感鸡只。本病是通过呼吸道、消化道、眼结膜高度接触传染。吸血昆虫和老鼠带毒也是传染媒介。3~6周龄鸡最易感，成年鸡一般呈阴性经过。发病突然，发病率高，呈特征性的尖峰式死亡曲线，痊愈也快。由于疫苗的不断使用和病毒毒力的变化，出现了强毒株（vIBDV）和超强毒株（vvIBDV），发病日龄范围明显变宽，病程延长（传统是2~15周，现在最早1日龄，最晚产蛋鸡都可发病，病程有的可达2周以上）；出现亚临床症状，幼雏畏寒怕冷，拉白色稀粪，肌肉出血明显，法氏囊仅轻度出血、水肿。发病率低，死亡、淘汰率高；易与新城疫、慢性呼吸道病、大肠杆菌病和曲霉菌病并发感染，或易继发新城疫、慢性呼吸道病、马立克病、禽流感、曲霉菌病、盲肠肝炎等。

【临床症状和病理变化】 本病的潜伏期为 2~3 天。本病的特点是幼、中雏鸡突然大批发病。有些病鸡在病的初期排粪时发生努责，并啄自己的肛门，随后出现羽毛松乱，低头沉郁，采食减少或停食，畏寒发抖，嘴插入被毛内，紧靠热源或拥挤、扎堆。病鸡多在感染后第 2~3 天排出特征性的白色水样粪便，肛门周围的羽毛被粪便污染。病鸡的体温可达 43 ℃，有明显的脱水、电解质失衡、极度虚弱、皮肤干燥等症状。本病将在暴发流行后，转入不显任何症状的隐性感染状态，称为亚临床型。该型炎症反应轻，死亡率低，不易被人发现，但由于产生的免疫抑制严重，所以危害性大，造成的经济损失更为严重。

法氏囊特征性的病变是感染 2~3 天后法氏囊的颜色变为淡黄色，浆膜水肿，有时可见黄色胶冻样物，严重时出血明显，个别法氏囊呈紫黑色，切开后常见黏膜皱褶有出血点、出血斑，也常见有奶油状物或黄色干酪状物栓塞。此时法氏囊要比正常的肿大 2~3 倍，感染 4 天后法氏囊开始缩小（萎缩），其颜色变为白陶土样。感染 5 天后法氏囊明显萎缩，仅为正常法氏囊的 1/10~1/5，呈蜡黄色。

病鸡的腿部、腹部及胸部肌肉有出血条纹和出血斑，胸腺肿胀出血，肾脏肿胀呈褐红色，尿酸盐沉积明显。腺胃乳头周围充血、出血。泄殖腔黏膜出血。盲肠扁桃体肿大、出血。脾脏轻度肿大，表面有许多小的坏死灶。肠内的黏液增多，腺胃和肌胃的交界处偶有出血点。

【防治】

1. 加强饲养管理和环境消毒工作 平时给鸡群以全价营养饲料，饲养密度适当，通风良好，温度适宜，增进鸡体健康。实行全进全出的饲养制度，认真做好清洁卫生和消毒工作，减少和杜绝各种应激因素的刺激等，对防止本病发生和流行具有十分重要的作用。鸡舍和场地可采用2%氢氧化钠、0.3%次氯酸钠、0.2%过氧乙酸、1%农福、复合酚消毒剂以及5%甲醛等喷洒消毒，如鸡舍密封，最后可用甲醛熏蒸（40毫升/米³）消毒。在有鸡的情况下可用威岛牌消毒剂、过氧乙酸、复合酚消毒剂或农福带鸡消毒。

2. 免疫接种

（1）种鸡的免疫接种：雏鸡在10~14日龄时用活苗首次免疫，首免10天后进行第二次饮水免疫，然后在18~20周龄和40~42周龄用灭活苗各免疫一次。

（2）商品土鸡的免疫接种：种鸡已经进行很好的免疫接种，商品土鸡在10~14日龄时进行首次饮水免疫，隔10天进行第二次饮水免疫；种鸡产蛋前没有免疫接种，商品土鸡在5日龄，弱毒苗滴口，15日龄、32日龄分别进行免疫接种。

3. 发病后的防治措施

（1）保持适宜的温度；每天带鸡消毒；适当降低饲料中的蛋白质含量。

（2）注射高免卵黄。20日龄以下0.5毫升/只，20~40日龄1.0毫升/只，40日龄以上1.5毫升/只。病重者再注射一次。与新城疫混合感染，可以注射含有新城疫和法氏囊抗体的高免卵黄。

（3）每2~4千克水中加入1克硫酸安普霉素，或每10~20千克水中加入1克强效阿莫仙或杆康（乳酸环丙沙星、硫酸新霉素、头孢噻肟钠、磷霉素钙、减耐因子、特异增效剂）、普杆仙（主要成分阿莫西林、舒巴坦钠）等复合制剂防治大肠杆菌病。

（4）水中加入肾宝（主要是淫羊藿、肉苁蓉、山药等优质名贵药材）或肾肿灵（乌洛托品、钾、钠等）或肾可舒（含乌洛托品、亚硒酸钠维生素 E、枸橼酸钠、护肾精华、排毒肽等）等消肿、护肾保肾；加入溶速多维。

（5）中药制剂囊复康、板蓝根治疗也有一定疗效。

（四）传染性支气管炎

传染性支气管炎（IB）是由鸡传染性支气管炎病毒（IBV，属于冠状病毒属的病毒）引起的一种急性高度接触性呼吸道传染病。其临床特征是咳嗽，打喷嚏，气管、支气管啰音；蛋鸡产蛋量下降，质量变差，肾脏肿大，有尿酸盐沉积。

【流行特点】病鸡和康复后的带毒鸡是本病的传染来源。病毒主要存在于病鸡呼吸道的渗出物中，也可在肾脏和法氏囊中增殖。病鸡恢复后，可以带毒 35 天左右，在此期间传染的危险性最大。病鸡可从呼吸道排出病毒，通过空气飞沫传播，也可经蛋传播。

各种年龄的鸡均可感染发病，尤以 10～21 日龄的雏鸡最易感。外环境过冷、过热、通风不畅、营养不良，特别是维生素和矿物质缺乏都可促使本病的发生，易感鸡和病鸡同舍饲养，往往在 48 小时内即可出现症状。

本病传播迅速，几乎在同一时间内，有接触史的易感鸡都发病。雏鸡的病死率为 25%～90%。6 周龄以上的鸡很少死亡。

【临床症状和病理变化】

1. 呼吸型 突然出现有呼吸道症状的病鸡并迅速波及全群为本病特征。5 周龄以下的雏鸡几乎同时发病，流鼻液、鼻肿胀；流泪、咳嗽、气管啰音、打喷嚏、伸颈张口喘息；病鸡羽毛松乱、怕冷、很少采食；个别鸡出现下痢；成年鸡主要表现轻微的呼吸症状和产蛋下降，产软蛋、畸形蛋、沙壳蛋，蛋清如水样，没有正常鸡蛋那种浓蛋白和稀蛋白之间的明确分界线，蛋白和蛋黄分离以及蛋白黏着于蛋壳膜上。雏鸡感染传染性支气管炎病毒，可造成永久性损伤，到产蛋时产蛋数量和质量下降，当支气管炎性渗出物形成干酪样栓子堵塞气管时，因窒息可导致死亡。

气管、鼻道和窦中有浆液性、卡他性和干酪样渗出物。在死亡雏鸡的气管中可见到干酪样栓子；气囊混浊、增厚或有干酪样渗出物，鼻腔至咽部蓄有浓稠黏液，产蛋鸡卵泡充血、出血、变性，腹腔内带有大量卵黄浆，雏鸡输卵管萎缩、变形、缩短。

2. 肾型　多发于 20～50 日龄的幼鸡，主要继发于呼吸型传染性支气管炎，病鸡精神沉郁，迅速消瘦，厌食，饮水量增加，排灰白色稀粪或白色淀粉样糊状粪便。可引起肾功能衰竭，导致中毒和脱水死亡。

肾肿大、苍白，肾小管和输尿管充满尿酸盐结晶，并充盈扩张，呈花斑状，泄殖腔内有大量石灰样尿酸盐沉积。法氏囊、泄殖腔黏膜充血，充积胶样物质。肠黏膜充血，呈卡他性肠炎，全身血液循环障碍而使肌肉发绀，皮下组织因脱水而干燥，呈火烧样。输卵管上皮受病毒侵害时可导致分泌细胞减少和局灶性组织阻塞、破裂，造成继发性卵黄性腹膜炎等。育雏阶段感染传染性支气管炎病毒，会造成输卵管的永久性损伤；开产前 20 天左右感染，会造成输卵管发育受阻，输卵管狭小、闭塞、部分缺损、囊泡化，到性成熟时，长度和重量尚不及正常成熟的 1/3～1/2，进而影响以后的产蛋，甚者，有的鸡不能产蛋。

3. 腺胃型　仅发现于商品肉鸡中，初期一般不易发现，病鸡食欲下降，精神不振，闭眼，奓翅或羽毛蓬乱，生长迟缓，苍白消瘦，采食和饮水急剧下降，拉黄色或绿色稀粪，粪便中有未消化或消化不良的饲料，流泪，肿眼，严重者导致失明。发病中后期病鸡极度消瘦，衰竭死亡，有的有呼吸道症状。发病后期鸡群表现发育极不整齐，大小不均。病鸡为同批正常鸡的 1/3～1/2 不等，病鸡出现腹泻，不食，最后由于衰弱而死亡。

以腺胃病变为主的病鸡或死鸡，外观极为消瘦。剖解后可见皮下和肠膜几乎没有脂肪；腺胃极度肿胀，肿大如球状，腺胃壁可增厚2~3倍，胃黏膜出血、溃疡，腺胃乳头平整融合，轮廓不清，可挤出脓性分泌物，个别鸡腺胃乳头有出血，肌胃角质膜个别有溃疡，胰腺肿大、出血，盲肠扁桃体肿大、出血，十二指肠黏膜有出血，空肠和直肠及泄殖腔黏膜有不同程度的出血。有的鸡肾脏肿大，肾脏和输尿管积有白色尿酸盐。

【防治】本病迄今尚无特效药物治疗，必须认真做好预防工作。

1. 加强饲养管理，搞好鸡舍内外卫生和定期消毒工作　鸡舍、饲养管理用具、运动场地等要经常保持清洁卫生，实施定期消毒，严格执行隔离病鸡等防治措施。注意调整鸡舍的温度，避免过挤，注意通风换气。对病鸡要喂给营养丰富且易消化的饲料。孵化用的种蛋必须来自健康鸡群，并经过检疫证明无病原污染的，方可入孵，以杜绝通过种蛋传染此病。

2. 免疫接种　定期接种，种鸡在开产前要接种传染性支气管炎油乳苗。肉仔鸡7~10日龄使用传染性支气管炎弱毒苗（H_{120}）点眼、滴鼻，间隔2周再用传染性支气管炎弱毒苗（H_{52}）饮水；或若有其他类型在本地区流行，可在7~10日龄使用传染性支气管炎弱毒苗（H_{120}）点眼、滴鼻，同时注射复合传染性支气管炎油乳苗。

3. 发病后的防治措施

（1）注射高免卵黄：鸡群中一旦发生本病，应立即采用高免蛋黄液对全群进行紧急接种或饮水免疫，对发病鸡的治疗和未发病鸡的预防都有很好的作用。为巩固防治效果，经24小时后可重复用药1次，免疫期可达2周左右。10天后普遍接种1次疫苗，间隔50天再接种1次，免疫期可持续1年。

（2）药物治疗：饲料中加入0.15%的病毒灵+支喉康或咳喘灵（主要成分为板蓝根、蟾酥、合成牛黄胆膏、甘草等）拌料连用5天，或用百毒唑（内含病毒唑、金刚乙胺、增效因子等）饮水（10克/100千克水），麻黄冲剂1 000克/1 000千克拌料；饮水中加入肾肿灵或肾消丹等利尿保肾药物5~7天；饮水中加入速溶多维或维康等缓解应激，提高鸡抵抗力。同时要加强环境和鸡舍消毒，雏鸡阶段和寒冷季节要提高舍内温度。

（五）禽脑脊髓炎

鸡传染性脑脊髓炎，俗称流行性震颤，是一种主要侵害雏鸡的病毒性传染病，以共济失调和头颈震颤为主要特征。

【流行特点】本病毒可以引起各种年龄的鸡发病，但以1~3周龄的雏鸡最易感。也可引起野鸡和鹌鹑感染发病。本病多发生于冬、春两季。其传播方式是由媒介卵感染雏鸡，病雏再通过粪便向外界排出病毒，在育雏期间进行相互传播，经口感染是主要的传播途径。病毒传播非常迅速，在比较短的时间内，可使全群受到侵害。雏鸡的发病率一般是10%~20%，最高可达60%。死亡率平均为10%左右。

【临床症状和病理变化】发病时全身震颤，眼神呆滞，接着出现进行性共济失调，驱赶时易发现。走路不稳，常蹲伏，驱赶时不能控制速度和步态，摇摆移动，用跗关节或小腿走动，最后倒于一侧。有时可暂时地恢复常态，但刺激后再度发生震颤，病鸡最后因不能采食和饮水衰竭死亡，死亡率可达15%~35%。

剖检病雏时可见有肝脏脂肪变性，脾脏肿大及轻度肠炎，组织学检查，可见有一种非化脓性的脑脊髓炎病变，尤其在小脑、延脑和脊髓的灰质中比较明显。主要是神经细胞的变性，血管周围的淋巴细胞浸润。在脑干、延脑和脊髓的灰质中见有神经胶质细胞增生，从小脑的颗粒层进入分子层，胶质细胞增生为典型病变。

【防治】本病在治疗上尚无特效药物。雏鸡发病，一般是将发病鸡群扑杀并做无害化处理。预防本病的关键措施是对种鸡进行免疫，利用通过种蛋传给雏鸡的母源抗体可以保护雏鸡在8周左右不患此病。

目前有两类疫苗可供选择。①活毒疫苗：一种用1143毒株制成的活苗，可通过饮水法接种，鸡接种疫苗后1~2周排出的粪便中能分离出脊髓炎病毒，这种疫苗可通过自然扩散感染，且具有一定的毒力，对免疫日龄要求严格，应在10周龄至开产前4~5周接种疫苗，因为接种后4周内所产的蛋不能用于孵化，否则容易垂直传播引起子代发病；另一种活毒疫苗常与鸡痘弱毒疫苗制成二联苗，一般于10周龄以上至开产前4周之间进行翼膜制种。②灭活疫苗：用野毒或鸡胚适应毒接种SPF鸡胚，取其病料灭活制成油乳剂疫苗。这种疫苗安全性好，接种后不排毒、不带毒，特别适用于无脑脊髓炎病史的鸡群。可于种鸡开产前18~20周接种。

（六）禽痘

禽痘是由禽痘病毒引起的一种急性传染病。

【流行特点】本病主要感染鸡，通过接触传染，脱落和碎散的痘痂是病毒散布的主要形式，一般需经损伤的皮肤和黏膜而感染。蚊子和体表寄生虫可传播本病。一年四季均可发病，但在春秋两季和蚊虫活跃的季节最易流行。夏秋多为皮肤型，冬季较少，多为白喉型。

【临床症状和病理变化】根据临床症状和病理变化，可分为皮肤型、白喉型（黏膜型）、眼鼻型及混合型四种病型。

1. 皮肤型　是最常见的病型，病鸡冠、髯、眼皮、耳球、喙角等部位起初出现麸皮样覆盖物，继而形成灰白色小结节，很快增大，略发黄，相互融合，最后变为棕黑色痘痂，剥去痂块可露出出血病灶。病鸡精神沉郁，食欲减退，产蛋减少，如无并发症，病鸡很少死亡。

皮肤型鸡痘的特征性病变是局灶性表皮和其下层的毛囊上皮

增生，形成结节。结节起初表现湿润，后变为干燥，外观呈圆形或不规则形，皮肤变得粗糙，呈灰色或暗棕色。结节干燥前切开切面出血、湿润，结节结痂后易脱落，出现瘢痕。

2. 白喉型（黏膜型）　病鸡起初流鼻液，有的流泪，经2~3天，在口腔和咽喉黏膜上出现灰黄白色小斑点，很快扩展，相互融合在一起，气管局部见有干酪样渗出物。由于呼吸道被阻塞，病鸡常常因窒息而死。此型鸡痘可致大量鸡只死亡，死亡率可达20%~40%。

黏膜型鸡痘病变出现在口腔、鼻、咽、喉、眼或气管黏膜上。黏膜表面稍微隆起白色结节，以后迅速增大，并常融合成黄色、奶酪样坏死的伪白喉或白喉样膜，将其剥去可见出血糜烂，炎症蔓延可引起眶下窦肿胀和食管发炎。

3. 眼鼻型　病鸡眼鼻起初流稀薄液体，逐渐浓稠，眼内蓄积豆渣样物质，使眼皮胀起，严重的失明。此型很少单独发生，往往伴随白喉型发生。

4. 混合型　鸡群发病兼有皮肤型和黏膜型表现。本病若有继发感染，损失较大。尤其是当鸡只在40~80日龄时发病，常见诱发产白壳蛋、白羽型鸡种和肉鸡的葡萄球菌病。

【防治】

1. 加强管理和免疫接种　鸡痘的预防，除了加强鸡群的卫生、管理等一般性预防措施之外，可靠的办法是使用鸡痘鹌鹑化弱毒疫苗接种。多采用翼翅刺种法。第一次免疫在10~20日龄，第二次免疫在90~110日龄，刺种后7~10天观察刺种部位有无痘痂出现，以确定免疫效果。生产中可以使用连续注射器翼部内侧无血管处皮下注射0.1毫升疫苗，方法简单确切。有的肌内注射，试验表明保护率只有60%左右。

2. 发病后的防治措施

（1）紧急接种：发生鸡痘后也可视鸡日龄的大小，紧急接种新城疫Ⅰ系或Ⅳ系疫苗，以干扰鸡痘病毒的复制，达到控制鸡痘的目的。

（2）防止继发感染：发生鸡痘后，由于痘斑的形成造成皮肤外伤，这时易继发引起葡萄球菌感染，而出现大批死亡。所以，大群鸡应使用广谱抗生素如0.005%环丙沙星或培福沙星、恩诺沙星或0.1%氯霉素拌料或饮水，连用5~7天。

（七）传染性喉气管炎

本病以高度呼吸困难和咳出带血的黏液为特征。

【流行特点】 各种年龄的鸡都可感染，以成年鸡多发且症状明显。病鸡和康复鸡是主要传染源，主要通过呼吸道和消化道侵入鸡体，接触污染的饲料、饮水和用具等可感染发病。以寒冷季节多发，当鸡群拥挤、通风不良、维生素缺乏、有寄生虫或慢性病感染的情况下，都可诱发或加重本病的发生。

【临床症状和病理变化】 主要发生于青年鸡和产蛋鸡。病初鼻腔流半透明液体，有时可见流泪，随后出现其他呼吸症状，伸颈、张口呼吸、低头缩颈，呼气发出"格噜格噜"的声音。咳嗽、甩头，甩出带血的黏液，鸡冠青紫色，排绿色稀粪，眼内蓄有豆渣样物质。产蛋率下降，出现软壳蛋、沙壳蛋、褪色蛋。

喉部与气管肿胀、充血、出血，覆有多量浓稠黏液和黄白色假膜，并带有血凝块，鼻腔和眼内蓄有浓稠渗出物及其凝块，眼结膜有针尖大点状出血点。病毒侵入上呼吸道后，主要在喉和气管黏膜上皮细胞核内增殖，致使上皮细胞核急剧分裂而胞体不分裂，继而呈现营养不良变化而从受损部位脱落下来。喉和气管黏膜上皮的急剧剥脱，一是由于受病毒的直接作用；二是由于血管通透性增高，黏膜固有层高度水肿而破坏了组织的解剖学联系，加上剧烈咳嗽导致血管破裂，因而在气管和喉内堵塞混有血液的干酪样渗出物，造成鸡的窒息死亡。

【防治】

1. 采取综合防治措施　平时加强饲养管理，改善鸡舍通风，注意环境卫生，不引进病鸡，并严格执行消毒卫生措施。

2. 免疫接种　本地区没有本病流行的情况下，一般不主张接种。如果免疫，首免在28日龄左右，二免在首免后6周，即70日龄左右进行，使用弱毒疫苗，免疫方法常用点眼法。鸡群接种后可产生一定的疫苗反应，轻者出现结膜炎和鼻炎，严重者可引起呼吸困难，甚至死亡，因此所使用的疫苗必须严格按使用说明进行。免疫后易诱发其他病的发生，在使用疫苗的前后2天内可以使用一些抗菌药物，如土霉素、青霉素、链霉素等。此外，使用传染性喉气管炎与鸡痘二联苗效果也不错。

3. 发病后的防治措施

（1）发生本病后，用消毒剂每日进行1~2次消毒，以杀死鸡舍中的病毒，并辅之以泰乐加、链霉素、氟苯尼考、氟哌酸等药物治疗以防细菌继发感染。

（2）发病鸡群确诊后，立即采用弱毒苗紧急接种，可控制病情。

（3）药物治疗。使用呼喘力霸，镇咳，祛痰；使用三林合剂，抗病毒，缓解症状。

（八）马立克病

马立克病是由鸡马立克病病毒［马立克病病毒（MDV）是α-疱疹病毒，分三个血清型：Ⅰ型为致瘤的MDV；Ⅱ型为不致瘤的MDV；Ⅲ型为火鸡疱疹病毒。游离病毒对外界环境有很强的抵抗力］引起的一种淋巴组织增生性疾病。具有很强的传染性，可引起外周神经、内脏器官、肌肉、皮肤、虹膜等部位发生淋巴细胞样细胞浸润并发展为淋巴肉瘤。本病由于具有早期感染，后期发病以及发病后无有效治疗方法的特点，带来了巨大危害性，预防工作尤显重要。

【流行特点】 鸡是最重要的自然宿主。不同品种、品系的鸡均能感染，但抵抗力差异很大。年龄上，1～3月龄鸡感染率最高，死亡率50%～80%，随着鸡月龄增加，感染率会逐渐下降；性别上，母鸡比公鸡更易感。本病的传染源是病鸡和阴性感染鸡，病毒存在于病鸡的分泌物、排泄物、脱落的羽毛和皮屑中。病毒可通过空气传播，也可通过消化道感染。普遍认为，本病不发生垂直传播，但附着在羽毛根部或皮屑的病原可污染种蛋外壳、垫料、尘埃、粪便而具有感染性；发病率和死亡率视免疫情况、饲养管理措施和MDV毒力强弱而差异很大。孵化场污染、育雏舍清洁消毒不彻底、育雏温度不适宜和舍内空气污浊等都可以加剧本病的感染和发生。现在出现的强毒力和强强毒力毒株加速了本病的感染发病。一般来说，死亡率和发病率相等。如不使用疫苗，鸡群的损失可从几只到25%～30%，间或高达60%，接种疫苗后可把损失减少到5%以下。

【临床症状和病理变化】 本病的潜伏期很长，种鸡和产蛋鸡常在16～22周龄（现在有报道发病提前）出现临诊症状，可迟至24～30周龄或60周龄以上。其症状随病理类型不同而异，但各型均有食欲减退、生长发育停滞、精神萎靡、软弱、进行性消瘦等共同特征。

1. 神经型 最常见的是腿、翅的不对称性麻痹，出现单侧翅下垂和腿的劈叉姿势。颈部神经受损时可见鸡头部低垂，颈部向一侧歪斜；迷走神经受害时，出现嗉囊扩张或呼吸急促。

损害常是一侧性的，表现为神经纤维肿大，失去光泽，颜色由白色变为灰黄色或淡黄色，横纹消失，有的神经纤维发生水肿。患神经型马立克病时，除神经组织明显受损外，性腺、肝、脾、肾等也同时受到损害，并有肿瘤形成。

2. 内脏型 病鸡精神委顿，食欲减退，羽毛松乱，粪便稀薄，逐渐消瘦死亡，严重者触摸腹部感到肝脏肿大。以内脏受损和出现肿瘤为特点，常见于性腺、心、肺、肝、肾、腺胃、胰等器官。肿瘤块大小不等，灰白色，质地坚硬而致密。镜检可见多形态的淋巴细胞，瘤细胞核分裂象。

3. 皮肤型 毛囊周围肿大和硬度增加，个别鸡皮肤上出现弥漫样肿胀或结节样肿物。瞳孔边缘不整呈锯齿状，虹膜色素减退甚至消失。镜检可见组织单核细胞、淋巴细胞、浆细胞和网状细胞浸润。皮肤性肿瘤大部分以羽毛为中心，呈半球状突出于皮肤表面，也有的在羽毛之间，与相邻的肿瘤融合成血块，严重的形成淡褐色结痂。

4. 眼型 视力减退以致失明，出现灰眼或瞳孔边缘不整如锯齿样。皮肤出现的病变既有肿瘤性的，也有炎症性的。眼观特征为皮肤毛囊肿大，镜下除在羽毛囊周围组织发现大量单核细胞浸润外，真皮内还可见血管周围淋巴细胞、浆细胞等增生。

【防治】

1. 加强饲养管理 加强环境消毒，尤其是种蛋、孵化器和房舍消毒。成年鸡和雏鸡应分开饲养，以减少病毒感染的机会。育雏前对育雏舍进行彻底的清扫和熏蒸消毒（1 日龄的易感性比成年鸡大 1 000~10 000 倍，比 50 日龄的鸡大 12 倍）。育雏期保持温度、湿度适宜和稳定（资料报道有育雏温度不稳定，忽高忽低或过低引起鸡马立克病暴发的例子），避免密度过大，进行良好的通风换气，减少环境应激。饲料要优质，避免霉变，营养全面平衡。定期进行药物驱虫，特别要加强对球虫病的防治。

2. 免疫接种 1 日龄雏鸡用鸡马立克病 "814" 弱毒疫苗，免疫期 18 个月，或鸡马立克病弱毒双价（CA126+SB1）疫苗，此苗预防超强毒鸡马立克病效果尤为明显，免疫期 1.5 年，用法同 "814" 弱病毒苗。马立克病免疫应在出壳后 24 小时内进行（如要二免，可在 14 日龄左右进行）。有条件的鸡场可在鸡胚 18 日龄进行胚胎接种。疫苗接种时要注意疫苗质量优良，剂量准确，注射确切，稀释方法正确，在要求的时间内用完疫苗。

（九）鸡慢性呼吸道病

鸡慢性呼吸道病又称鸡败血性支原体病，是由鸡败血支原体（MG）引起的鸡和火鸡的一种慢性呼吸道传染病，其发病特征为气喘、呼吸啰音、咳嗽、流鼻液及窦部肿胀。本病的发展缓慢，病程较长，在鸡群中可长期蔓延，其死亡率虽然不高，但危害严重。据统计，鸡群感染后，弱雏率增加 10% 左右，肉鸡体重减少 38%，饲料转化率降低 21%，蛋鸡产蛋率下降 10%~20%。

【流行特点】各种日龄的鸡和火鸡均能感染本病，尤以 1~2 月龄的雏鸡最敏感，成年鸡则多呈隐性经过。本病的严重程度及死亡率与有无并发症和环境因素的好坏有极大关系。如并发大肠杆菌病、鸡嗜血杆菌病、呼吸道病毒感染以及环境卫生条件不良、鸡群过分拥挤、维生素 A 缺乏、长途运输、气雾免疫等因素，均可促使本病的暴发和复发，并加剧疾病的严重程度，使死亡率增加。

隐性带菌鸡是本病的主要传染源。病原体通过空气中的尘埃或飞沫经呼吸道感染，也可经被污染的饲料及饮水由消化道而传染，但最重要的传播途径是经卵垂直传播，它可以构成类似鸡白痢的循环传染，使本病代代相传。此外，在发病公鸡的精液和母鸡的输卵管中都发现有病原体的存在，因此在配种或授精时也可能发生传染。经卵传播的更大危害还在于，一些生物制品厂家用带菌蛋生产疫苗，在使用这种疫苗的鸡群中人为地造成传播。因此，提倡用无特定病原体（SPF）鸡蛋生产疫苗。

【临床症状和病理变化】病初流清鼻液，打喷嚏，甩头或做吞咽动作，有时鼻孔冒气泡，张口呼吸；一侧或两侧眼结膜发炎，流泪，有时泪液在眼角形成小气泡，眼内分泌物变成脓性时形成黄白色豆渣样渗出物挤压眼球造成失明；颜面部肿胀；咳嗽，打喷嚏；气管啰音，呼吸时气管发出"呼噜呼噜"的声音；

全身症状为食欲下降，产蛋降低，精神不佳，黄绿色下痢。

本病一般呈慢性经过，病程达 1 个月以上，在成年鸡多呈散发，幼鸡群则往往大批流行，尤其在冬季发病最严重，发病率10%~50%不等，死亡率一般很低；但在其他诱因及并发症存在的情况下，死亡率可达 30%~40%。病愈鸡可产生一定程度的免疫力，但可长期带菌，尤其是种蛋带菌，因此往往成为散播本病的主要传染源。

气囊膜混浊、增厚，有芝麻大到黄豆大黄白色豆渣样渗出物，气囊腔内常有白色黏液，鼻腔中有淡黄色恶臭的黏液，气管黏膜增厚、出血、充血、附有豆渣样渗出物，长时间易与大肠杆菌混合感染（气囊炎）；肝脏肿胀，外被浅黄色或白色的纤维素性渗出覆盖（肝周炎）；网膜内充满干酪样渗出物，有的有卵黄性腹膜炎（腹膜炎）；心包膜混浊、增厚、不透明，内有纤维性渗出（心包炎）。

【防治】

1. 预防措施 雏鸡要来源于无污染的种鸡群或种蛋。由于本病可以垂直传播，因此刚出壳的雏鸡即有可能感染，所以需要在早期就应用药物进行预防。雏鸡出壳后，可用普杀平、福乐星、红霉素及其他药物进行饮水，连用5~7天，可有效地控制本病及其他细菌性疾病，提高雏鸡的成活率。疫苗预防，进口疫苗有禽脓毒支原体弱毒菌苗和禽脓毒支原体灭活苗，前者供2周龄雏鸡饮水免疫，后者适用于各种年龄，1~10周龄颈部皮下注射，10周龄以上可肌内注射，0.5毫升/次，连用2次，其间间隔4周。也有些单位试制出了皮下或肌内注射的鸡败血支原体灭活油乳苗，幼鸡和成年鸡均可应用，0.5毫升/（只·次）。

2. 发病后的措施 链霉素、土霉素、泰乐菌素、壮观霉素、林可霉素、四环素、红霉素治疗本病都有一定疗效。罗红霉素、链霉素的剂量在成年鸡为每只肌内注射20万国际单位，5~6周龄幼鸡为 5 万~8 万国际单位，早期治疗效果很好，2~3 天即可痊愈。土霉素和四环素的用量，一般为肌内注射 10 万国际单位/千克体重；大群治疗时，可在饲料中添加土霉素 0.4%（每千克饲料添加 2~4 克），充分混合，连喂 1 周。支原净饮水含量为 120~150 毫克/升，氟哌酸对本病也有疗效。注意有些鸡支原体菌株对链霉素和红霉素具有抗药性。

（十）鸡白痢

鸡白痢是由鸡白痢沙门杆菌引起的一种常见和多发的传染病。本病特征为幼雏感染后常呈急性败血症，发病率和死亡率都高；成年鸡感染后，多呈慢性或隐性带菌，可随粪便排出，因卵巢带菌，严重影响孵化率和雏鸡成活率。

【流行特点】各品种的鸡对本病均有易感性，以 2~3 周龄以内雏鸡的发病率与病死率最高，呈流行性。随着日龄的增加，鸡的抵抗力也增强。成年鸡感染常呈慢性或隐性经过。现在也常有中雏和成年鸡感染发病引起较大危害的情况发生。

本病可经蛋垂直传播，也可水平传播。种鸡可以感染种蛋，种蛋感染雏鸡。孵化过程中也会引起感染。病鸡的排泄物及其污染物是传播本病的媒介物，可以传染给同群未感染的鸡。本病的发生和死亡受多种诱因影响，环境污染、卫生条件差、温度过低、潮湿、拥挤、通风不良、饲喂不良以及其他疾病，如霉形体、曲霉菌病、大肠杆菌等混合感染，都可加重本病的发生和死亡。存在本病的老鸡场，雏鸡的发病率在 20%~40%，但新传入发病的鸡场，其发病率显著增高，有时甚至高达 100%，病死率也高。

【临床症状和病理变化】本病在雏鸡和成年鸡中所表现的病状和经过有显著的差异。潜伏期 4~5 天，故出壳后感染的雏鸡多在孵出后几天才出现明显症状。7~10 天后雏鸡群内病雏逐渐增多，在第二三周达高峰。发病雏鸡呈最急性者，无症状迅速死亡；稍缓者表现精神委顿，绒毛松乱，两翼下垂，缩颈闭眼昏睡，不愿走动，拥挤在一起。病初食欲减少，而后停食，多数出现软嗉症状；同时腹泻，排稀薄如糨糊状粪便，肛门周围绒毛被粪便污染，有的因粪便干结封住肛门而影响排粪。由于肛门周围炎症引起疼痛，故常发生尖锐的叫声，最后因呼吸困难及心力衰竭而死。有的病雏出现眼盲，或肢关节呈跛行症状。病程短的1天，一般为4~7天，20天以上的雏鸡病程较长，且极少死亡。耐过鸡生长发育不良，成为慢性患者或带菌者。

因鸡白痢而死亡的雏鸡，如日龄短，发病后很快死亡，则病变不明显。病程延长者，在心肌、肺、肝、盲肠、大肠及肌胃肌肉中有坏死灶或结节，胆囊肿大，输尿管充满尿酸盐而扩张，盲肠中有干酪样物堵塞肠腔，有时还混有血液，常有腹膜炎。死于几日龄的病雏，有出血性肺炎，稍大的病雏，肺有灰黄色结节和灰色肝变。育成阶段的鸡，突出的变化是肝肿大，可达正常的2~3倍，暗红色至深紫色，有的略带土黄色，表面可见散在或弥漫性的小红点或黄白色的粟粒大小或大小不一的坏死灶，质地极脆，易破裂，因此常见有内出血变化，腹腔内积有大量血水，肝表面有较大的凝血块。

【防治】

1. 加强饲养管理　到洁净的种鸡场引种；加强对环境的消毒；提高育雏温度2~3℃；保持饲料和饮水卫生；密切注意鸡群动态，发现糊肛应及时挑出淘汰。雏鸡开食之日起，在饲料或饮水中添加抗菌药物预防。

2. 药物防治

（1）磺胺类：磺胺嘧啶、磺胺甲基嘧啶和磺胺二甲基嘧啶为首选药，在饲料中添加不超过0.5%，饮水中可用0.1%~0.2%，连续使用5天后，停药3天，再继续使用2~3次。

（2）氟苯尼考0.01%~0.012%饮水，连用3~5天，或

0.01%~0.012%丁胺卡那霉素饮水，连用5天。其他抗菌药物如金霉素、土霉素、四环素、庆大霉素、氟哌酸、卡那霉素均有一定疗效。

（3）微生物制剂：近年来微生物制剂在防治畜禽下痢方面有较好效果，这些制剂安全、无毒、不产生副作用，细菌不产生抗药性、价廉等，常用的有促菌生、调痢生、乳酸菌等，在用这些药物的同时及其前后4~5天应该禁用抗菌药物。如促菌生，每只鸡每次服0.5亿个菌，每日1次，连服3天，效果甚好。剂型有片剂，每片0.5克，含2亿个菌；胶囊，每粒0.25克，含1亿个菌。这些微生物制剂的效果多数情况下相当或优于药物预防的水平。

（4）使用中草药方剂。

方剂1：白头翁、白术、茯苓各等份共研细末，每只幼雏每日0.2~0.3克，中雏每日0.3~0.5克，拌入饲料，连喂10天，治疗雏鸡白痢，疗效很好，病鸡在3~5天内病情得到控制而痊愈。

方剂2：黄连、黄芩、苦参、金银花、白头翁、陈皮各等份共研细末，拌匀，按每只雏鸡每日0.3克拌料，防治雏鸡白痢的效果优于抗生素。

（十一）大肠杆菌病

大肠杆菌是大肠埃希菌的俗称，为肠杆菌科埃希菌属，G-大肠杆菌抗原主要有O、K和H三种，它们是血清型鉴定的基础。大肠杆菌的O抗原有173种，K抗原有80种，H抗原有56种，因此自然界存在的血清型高达数万种，但致病性的大肠杆菌的数量是有限的。败血型大肠杆菌可引起鸡的败血症、气囊炎、脑膜炎、肠炎、肉芽肿。

【流行特点】各种年龄的鸡都能感染，幼鸡易感性较高，20~45日龄的肉鸡最易发生。发病早的有4日龄、7日龄，也有大雏发病。本病一年四季均可发生，但以冬末春初较为常见。本病传播途径广泛，病菌污染饲料和饮水，尤以污染饮水经过消化道引起发病最为常见。携有本菌的尘埃被易感鸡吸入，进入下呼吸道后侵入血流引起发病。种蛋产出后，被粪便污染，在蛋温降至环境温度的过程中，蛋壳表面沾染的大肠杆菌很容易穿透蛋壳进入蛋内。污染的种蛋常于孵化的后期引起胚胎死亡，或刚出壳的雏鸡发生本病。患有大肠杆菌性输卵管炎的母鸡，在蛋的形成过程中本菌即可进入蛋内，这样引起本病经蛋传播。另外还可以通过交配、断喙、雌雄鉴别等途径传播。鸡群密集、空气污浊、过冷过热、营养不良、饮水不洁都可促使本病流行。

本病常易成为其他疾病的并发病和继发病。常与沙门杆菌病、法氏囊病、新城疫、支原体病、传染性气管炎、葡萄球菌病、盲肠肝炎、球虫病等并发或继发。发病率和死亡率与血清型和毒力、有无并发或继发、环境条件是否良好、采取措施是否及时有效等有关。发病率一般在 30%~69%，死亡率为 42%~75%。

【临床症状及病理变化】

1. 脐炎 主要发生于 2 周内的雏鸡，病雏脐部红肿并常破溃，后腹部胀大，皮薄，发红或青紫色，粪便黏稠呈黄白色、腥臭，采食减少或不食。残余卵黄囊胀大，充满黄绿色薄液体，胆囊肿大，胆汁外渗。肝土黄色（低日龄）或暗红色（高日龄），肿胀，质脆，有斑状、点状出血；小肠臌气，黏膜充血或片状出血。

2. 急性败血症 主要发生于雏鸡和 4 月龄以下的青年鸡，体温升高达 43 ℃以上，饮水增多，采食锐减，腹泻，排绿白色粪便，有的临死前出现扭头、仰头等神经症状。病变为：①纤维素性心包炎，心包蓄积多量淡黄色黏液（纤维素性渗出物），囊壁增厚、粗糙，心脏扩张，表面有灰白色霉斑样覆盖物。②纤维素性肝周炎，肝瘀血肿大，呈暗紫色，表面覆盖一层灰白色、灰黄色的纤维素膜。③纤维素性腹膜炎，腹腔中有大量淡黄色清亮腹水或胶冻样物，有时腹膜及内脏表面附有多量黄白色渗出物，致使器官粘连。

3. 气囊炎 5~12周龄的肉仔鸡发病较多，6~9周龄为发病高峰，呼吸困难、咳嗽、有啰音。剖检可见气囊增厚，附有多量豆渣样渗出物，有的肺水肿。可见气囊增厚，附有多量豆渣样渗出物，有的病鸡肺水肿。

4. 大肠杆菌性肠炎 病鸡羽毛松乱、腹泻，剖检可见肠道上 1/3~1/2 肠黏膜充血、增厚，严重者出血，形成出血性肠炎。

5. 卵黄性腹膜炎 主要见于产蛋母鸡，病鸡食欲差，采食减少，腹部外观膨胀或下坠。腹腔内有大量卵黄凝固，有恶臭味；广泛性腹膜炎，卵泡膜充血，卵泡变性萎缩，局部或整个卵泡红褐色或黑褐色，输卵管有大量分泌物，有的有黄色絮状物或块状干酪样物。

6. 大肠杆菌性关节炎 病鸡行走困难，关节及足垫肿胀，触之有波动感，局部温度增高。关节腔内积液或有干酪样物。

7. 肿头综合征 即鸡头部皮下组织及眼眶发生急性或亚急性蜂窝织炎。

【防治】

1. 综合防治 从无病原性大肠杆菌感染的种鸡场购买雏鸡，加强运输过程中的卫生管理。选好场址和隔离饲养，场址应建立在地势高燥、水源充足、水质良好、排水方便、远离居民区（最少500米），特别要远离其他鸡场、屠宰厂或畜产品加工厂。生产区与生活区及经营管理区分开，饲料加工、种鸡、育雏、育成鸡场及孵化厅分开（相隔500米）。科学饲养管理，鸡舍温度、湿度、密度、光照、饲料和管理均应按规定要求进行，减少各种应激反应。及时清粪，并堆积密封发酵，加强通风换气和环境绿化等降低鸡舍内氨气等有害气体的产生和积聚。

2. 药物防治　应选择敏感药物在发病日龄前 1～2 天进行预防性投药，或发病后紧急治疗。氟苯尼考 5～8 克/100 千克或丁胺卡那霉素 8～10 克/100 千克饮水 3～5 天等，效果良好。

（十二）传染性鼻炎

本病是由鸡嗜血杆菌和副鸡嗜血杆菌所引起鸡的急性呼吸系统疾病。主要症状表现在鼻腔与鼻窦，鼻腔流鼻涕，鼻窦炎，脸部肿胀和打喷嚏。

【流行特点】本病发生于各种年龄的鸡，老龄鸡感染较为严重。7 天的雏鸡，以鼻腔内人工接种病菌常可发生本病，而 3～4 日龄的雏鸡则稍有抵抗力。4 周龄至 3 年的鸡易感，但有个体的差异性。人工感染 4～8 周龄小鸡有 90% 出现典型的症状。13 周龄和大些的鸡则 100% 感染。在较老的鸡中，潜伏期较短，而病程长。本病发病率虽高，但死亡率较低，尤其是在流行的早、中期鸡群很少有死鸡出现。但在鸡群恢复阶段，死淘增加，但不见死亡高峰。这部分死淘鸡多属继发感染所致。本病可使产蛋鸡产蛋率显著下降，育成鸡生长停滞。

病鸡及隐性带菌鸡是传染源，而慢性病鸡及隐性带菌鸡是鸡群中发生本病的重要原因。其传播途径主要以飞沫及尘埃经呼吸传染，但也可通过污染的饲料和饮水经消化道传染。

本病的发生与一些能使机体抵抗力下降的诱因密切相关。如鸡群拥挤，不同年龄的鸡混群饲养，通风不良，鸡舍内闷热，氨气浓度大，或鸡舍寒冷潮湿，缺乏维生素 A，受寄生虫侵袭等都能促使鸡群严重发病。鸡群接种鸡痘疫苗引起的全身反应，也常常是传染性鼻炎的诱因。本病多发于秋冬两季，这可能与气候和饲养管理条件有关。

【临床症状和病理变化】疾病的损害在鼻腔和鼻窦，发生炎症者常仅表现鼻腔流稀薄清液，常不引人注意。一般常见症状为鼻孔先流出清液以后转为浆液性分泌物，有时打喷嚏。脸肿胀或显示水肿，眼结膜炎、眼睑肿胀。食欲及饮水减少，或有下痢，体重减轻。病鸡精神沉郁，面部浮肿，缩头，呆立。仔鸡生长不良，成年母鸡产蛋减少，公鸡肉髯常见肿大。如炎症蔓延至下呼吸道，则呼吸困难，病鸡常摇头欲将呼吸道内的黏液排出，并有啰音，咽喉亦可积有分泌物的凝块，最后常窒息而死。

病理剖检变化也比较复杂多样，有的死鸡具有一种疾病的主要病理变化，有的鸡则兼有 2~3 种疾病的病理变化特征。在本病流行中由于继发症致死的鸡中常见鸡慢性呼吸道疾病、鸡大肠杆菌病、鸡白痢等。病死鸡多瘦弱，不产蛋；育成鸡主要病变为鼻腔和窦黏膜呈急性卡他性炎症，黏膜充血肿胀，表面覆有大量黏液，窦内有渗出物凝块，后成为干酪样坏死物。常见卡他性结膜炎，结膜充血肿胀，脸部及肉髯皮下水肿。严重时可见气管黏膜炎症，偶有肺炎及气囊炎。

【防治】

1. 加强饲养管理　平时鸡场应加强饲养管理，改善鸡舍通风条件，保持适宜的密度，做好鸡舍内外的兽医卫生消毒工作，以及病毒性呼吸道疾病的防治工作，提高鸡只抵抗力对防治本病有重要意义。鸡场内每栋鸡舍应做到全进全出，禁止不同日龄的鸡混养。清舍之后要彻底进行消毒，空舍一定时间后方可让新鸡群进入。

2. 免疫接种　使用传染性鼻炎油佐剂灭活苗免疫接种，30~40 日龄首免，每只鸡 0.3 毫升；18~19 周龄第二次免疫，每只鸡 0.5 毫升。污染鸡群免疫时要使用 5~7 天抗生素，以防带菌鸡发病。

3. 发病后的措施　发病后及早使用药物治疗，磺胺类药物和抗生素效果良好。当鸡群食欲尚好时，可投服易吸收的磺胺类药物和抗生素，如饲料中添加 0.05%~0.1% 的复方磺胺嘧啶，连用 5 天。当采食少时，可采用饮水或注射给药，可用链霉素

（成鸡 15 万~20 万国际单位/只）、庆大霉素（2 000~3 000 国际单位/只）等连用 3 天。治疗本病应注意：①多种磺胺和抗生素类药物对本病都有疗效，但只能减轻病的症状和缩短病程，而不能消除带菌状态。②治疗本病时应注意，饮水比拌料的效果好，用药的同时补充一定量的维生素 A、维生素 D 及维生素 E 效果更好；当有霉形体、葡萄球菌合并感染时，必须同时使用泰乐菌素和青霉素才有效；为防止耐药菌株可并用两种药物；在不引起中毒的前提下，用药剂量要足，并要连续用够一个疗程；早期用药效果好，而且可避免对产蛋鸡造成卵巢感染。③国外已研制出预防本病的灭活菌苗和弱毒菌苗，但因其免疫效果差、免疫期短（2~3 个月），故需连续进行 2~3 次菌苗接种，以后每 3 个月进行 1 次。免疫过的鸡群也只有 80% 的保护率。因此本病应注重综合防治，改善饲养管理，多喂一些富含维生素 A 的饲料。

（十三）鸡霍乱

鸡霍乱是由多杀性巴氏杆菌（两端钝圆，中央微凸的短杆菌，长 1~1.5 微米，宽 0.3~0.6 微米，不形成芽孢，也无运动性）引起的一种侵害鸡和野鸡的接触性疾病，又名鸡巴氏杆菌病、鸡出血性败血症。本病常呈现败血性症状，发病率和死亡率很高，但也常出现慢性或良性经过。

【流行特点】本病一年四季均可发生，但在高温多雨的夏秋季节以及气候多变的春季最容易发生。本病常呈散发或地方性流行，16 周龄以下的鸡一般具有较强的抵抗力。鸡霍乱造成鸡的死亡损失通常发生于产蛋鸡群，因这种年龄的鸡较幼龄鸡更为易感。但临床也曾发现 10 日龄发病的鸡群。自然感染鸡的死亡率通常是 0%~20% 或更高，经常发生产蛋下降和持续性局部感染。慢性感染鸡被认为是传染的主要来源。细菌经蛋传播很少发生。大多数家禽都可能是多杀性巴氏杆菌的带菌者，污染的笼子、饲槽等都可能传播病原。多杀性巴氏杆菌在鸡群中的传播主要是通过病鸡口腔、鼻腔和眼结膜的分泌物进行的，这些分泌物污染了环境，特别是饲料和饮水。粪便中很少含有活的多杀性巴氏杆菌。鸡群的饲养管理不良、体内寄生虫病、营养缺乏、气候突变、鸡群拥挤和通风不良等，都可使鸡对鸡霍乱的易感性提高。

【临床症状和病理变化】 自然感染的潜伏期一般为2~9天，有时在引进病鸡后48小时内也会突然暴发病例。人工感染通常在24~48小时发病。由于鸡的机体抵抗力和病菌的致病力强弱不同，所表现的病状亦有差异。一般分为最急性、急性和慢性三种病型。

1. 最急性型 常见于流行初期，以产蛋高的鸡最常见。病鸡无前驱症状，晚间一切正常，吃得很饱，次日发病死在鸡舍内。最急性型死亡的病鸡无特殊病变，有时只能看见心外膜有少许出血点。

2. 急性型 此型最为常见，病鸡主要表现为精神沉郁，羽毛松乱，缩颈闭眼，头缩在翅下，不愿走动，离群呆立。病鸡常有腹泻，排出黄色、灰白色或绿色的稀粪。体温升高到43~44℃，减食或不食，渴欲增加。呼吸困难，口、鼻分泌物增加。鸡冠和肉髯变青紫色，有的病鸡肉髯肿胀，有热痛感，产蛋鸡停止产蛋。最后发生衰竭，昏迷而死亡，病程短的约半天，长的1~3天。急性病例病变特征为：病鸡的腹膜、皮下组织及腹部脂肪常见小点出血。心包变厚，心包内积有多量不透明淡黄色液体，有的含纤维素性絮状液体，心外膜、心冠脂肪出血尤为明显。肺有充血或出血点。肝脏的病变具有特征性，肝稍肿，质变脆，呈棕色或黄棕色，肝表面散布有许多灰白色、针尖大的坏死点。脾脏一般不见明显变化，或稍微肿大，质地较柔软。肌胃出血显著，肠道尤其是十二指肠呈卡他性和出血性肠炎，肠内容物含有血液。

3. 慢性型 由急性不死转变而来，多见于流行后期。以慢性肺炎、慢性呼吸道炎和慢性胃肠炎较多见。病鸡鼻孔有黏性分泌物流出，鼻窦肿大，喉头积有分泌物而影响呼吸。经常腹泻。病鸡消瘦，精神委顿，冠苍白。有些病鸡一侧或两侧肉髯显著肿大，随后可能有脓性干酪样物质，或干结、坏死、脱落。有的病鸡有关节炎，常局限于脚或翼关节和腱鞘处，表现为关节肿大、疼痛、脚趾麻痹，因而发生跛行。病程可拖至1个月以上，但生长发育和产蛋长期不能恢复。慢性型因侵害的器官不同而有差异。当呼吸道症状为主时，见到鼻腔和鼻窦内有多量黏性分泌物，某些病例见肺硬变。局限于关节炎和腱鞘炎的病例，主要见关节肿大变形，有炎性渗出物和干酪样坏死。公鸡的肉髯肿大，内有干酪样的渗出物，母鸡的卵巢明显出血，有时卵泡变形，似半煮熟样。

【防治】

1. 预防措施

（1）加强管理：加强鸡群的饲养管理，严格执行鸡场兽医卫生防疫措施是防治本病的关键办法。因为本病的发生经常是由于一些不良的外界因素，降低了鸡体的抵抗力而引起的。如鸡群的拥挤、圈舍的潮湿、营养缺乏、寄生虫感染或其他应激因素都是本病的诱因。所以必须加强饲养管理，以栋舍为单位采取全进全出的饲养制度，并注意严格执行卫生隔离和消毒制度，从无病鸡场购鸡，预防本病的发生是完全有可能的。

（2）药物预防：定期在饲料中加入抗菌药。每吨饲料中添加40~45克喹乙醇或杆菌肽锌，具有较好的预防作用。

2. 发病后的防治措施 及时采取封闭、隔离和消毒措施，加强对鸡舍和鸡群的消毒；有条件的地方应通过药敏试验选择有效药物全群给药。磺胺类药物、氟苯尼考、红霉素、庆大霉素、环丙沙星、恩诺沙星、喹乙醇均有较好的疗效。土霉素或磺胺二甲基嘧啶按0.5%~1%的比例配入饲料中连用3~4天；或喹乙醇

0.2~0.3 克/千克拌料，连用一周，或每千克体重 30 毫克，每天一次饲喂，连用 3~4 天。对病鸡按每千克体重青霉素水剂 1 万单位肌内注射，每天 2~3 次。明显病鸡采用大剂量的抗生素肌内注射 1~2 次，这对降低死亡率有显著作用。在治疗过程中，药的剂量要足，疗程合理，当鸡只死亡明显减少后，再继续投药2~3 天以巩固疗效，防止复发。

(十四) 鸡葡萄球菌病

本病主要由皮肤创伤或毛孔侵入引起，致病菌主要是金黄色葡萄球菌，主要发生于肉用仔鸡、笼养鸡和条件较差的大鸡群。

【流行特点】葡萄球菌在自然界分布很广，在人、畜、鸡的皮肤上也经常存在。鸡对葡萄球菌较易感，病菌主要经皮肤创伤或毛孔侵入。鸡群拥挤，互相啄斗，鸡笼破旧致使铁丝刺破皮肤，患皮肤型鸡痘或其他造成皮肤破损等因素，都是本病的诱因。各种年龄和品种的鸡均可感染，而以 1.5~3 月龄的幼鸡多见，常呈急性败血症。中雏和成年鸡常为慢性、局灶性感染。

本病一年四季均可发生，以雨季、潮湿季节发生较多。本病多为散发，但有时也迅速扩散至全群中，特别是当鸡舍卫生太差，饲养密度太大时，发病率更高。

【临床症状及病理变化】

1. 急性败血型 多见于 1~2 月龄肉用仔鸡，体温升高达 43℃，精神较差，羽毛松乱，缩头闭目，无食欲，有的下痢，排灰色稀粪。主要病变是皮下、浆膜、黏膜水肿、充血、出血或溶血，有棕黄色或黄红色胶样浸润，特别是胸骨柄处肌肉呈弥漫隆出血斑或条纹状出血。实质脏器充血肿大，肝呈淡紫红色，有花纹斑，肝、脾有白色坏死点。输尿管有尿酸盐沉积。心冠脂肪、腹腔脂肪、肌胃黏膜等出血水肿，心包有黄红色积液。

2. 关节炎型 多见于较大的青年鸡和成年鸡，病鸡腿、翅膀的一部分关节（跗关节和趾关节）肿胀热痛、化脓，足趾间及足底常形成较大的脓肿，有的破溃，病鸡跛行。主要表现关节肿大、滑膜增厚、充血、出血，关节腔内有渗出液，有时含有纤维蛋白，病程长者发生干酪样坏死。

3. 脐炎 多发于雏鸡，脐孔发炎肿大，流暗红色或黄色液体，最后变成干涸的坏死。脐部肿胀膨大，呈紫红色或紫黑色，有暗红色水肿液，时间稍久则为脓性干涸坏死。肝脏有出血点，卵黄吸收不全，呈黄红或黑灰色。

【防治】

1. 综合防治 加强饲养管理，建立严格的卫生制度，减少鸡体外损的发生；饲喂全价饲料，要保证适当的维生素和矿物质；鸡舍应通风、干燥，饲养密度要合理，防止拥挤；要搞好鸡舍及鸡群周围环境的清洁卫生和消毒工作，可定期对鸡舍用0.2%次氯酸钠或0.3%过氧乙酸进行带鸡喷雾消毒；在疫区预防本病可试用葡萄球菌多价菌苗，21~24日龄雏鸡皮下注射1毫升/只（含菌60亿/毫升），15天产生免疫力，免疫期约6个月。

2. 发病后的防治措施 病鸡应隔离饲养。可从病死鸡分离出病原菌后做药敏试验，选用敏感的药物对病鸡群进行治疗，无此条件时，可选择新霉素、卡那霉素或庆大霉素进行治疗。

（十五）禽曲霉菌病

禽曲霉菌病又叫禽曲霉性肺炎，是由禽曲霉菌属的烟曲霉、黄曲霉及黑曲霉等引起的鸡、火鸡、鸭、鹅、鹌鹑等的一类疾病。以幼龄鸡多发，常呈急性群发性，发病率和死亡率都较高，成年鸡多为散发，该病特征是呼吸困难，于肺和气囊上出现霉菌结节。

【流行病学】胚胎期及6周龄以下的雏鸡比成年鸡易感，4~12日龄最为易感，幼雏常呈急性暴发，发病率很高，死亡率一般在10%~50%，成年鸡仅为散发，多为慢性。本病可通过多种途径而感染，曲霉菌可穿透蛋壳进入蛋内，引起胚胎死亡或雏鸡感染，此外，还可通过呼吸道吸入、肌内注射、静脉、眼睛接种、气雾、阉割伤口等感染本病。曲霉菌经常存在于垫料和饲料中，在适宜条件下大量生长繁殖，形成曲霉菌孢子，若严重污染环境与种蛋，可造成曲霉菌病的发生。

【临床症状和病理变化】幼鸡发病多呈急性经过，病鸡表现呼吸困难，张口呼吸，喘气，有浆液性鼻漏；食欲减退，饮欲增加，精神委顿，嗜睡；羽毛松乱，缩颈垂翅。后期病鸡迅速消瘦，发生下痢。若病原侵害眼睛，可能出现一侧或两侧眼睛发生灰白混浊，也可能引起一侧眼肿胀，结膜囊有干酪样物。若食管黏膜受损时，则吞咽困难。少数鸡由于病原侵害脑组织，引起共济失调、角弓反张、麻痹等神经症状。一般发病后 2~7 天死亡，慢性者可达 2 周以上，死亡率一般为 5%~50%。若曲霉菌污染种蛋，常造成孵化率下降，胚胎大批死亡。成年鸡多呈慢性经过，引起产蛋下降，病程可拖延数周，死亡率不定。

病理变化主要在肺和气囊上，肺脏可见散在的粟粒，大至绿豆大小的黄白色或灰白色结节，质地较硬，有时气囊壁上可见大小不等的干酪样结节或斑块。随着病程的发展，气囊壁明显增厚，干酪样斑块增多、增大，有的融合在一起。后期病例可见在干酪样斑块上以及气囊壁上形成灰绿色霉菌斑。严重病例的，腹腔、浆膜、肝或其他部位表面有结节或圆形灰绿色斑块。

【防治】

1. 加强饲养卫生管理　应防止饲料和垫料发霉，使用清洁、干燥的垫料和无霉菌污染的饲料，避免鸡接触发霉堆放物，改善鸡舍通风和控制湿度，减少空气中霉菌孢子的含量。为了防止种蛋被污染，应及时收蛋，保持蛋库与蛋箱清洁卫生。

2. 发病后的防治措施

（1）隔离消毒：及时隔离病雏，清除污染霉菌的饲料与垫料，清扫鸡舍，喷洒 1 : 2 000 的硫酸铜溶液，换上不发霉的垫料。严重病例扑杀淘汰，轻症者可用 1∶2 000 或 1∶3 000 的硫酸铜溶液饮水，连用 3～4 天，可以减少新病例的发生，有效地控制本病的继续蔓延。

（2）药物治疗：制霉菌素，成年鸡 15～20 毫克，雏鸡 3～5 毫克，混于饲料喂服 3～5 天，有一定疗效。病鸡用碘化钾口服治疗，每升水加碘化钾 5～10 克，具有一定疗效。中草药，方剂 1：金银花、连翘、莱菔子（炒）各 30 克，丹皮、黄芪各 15 克，柴胡 18 克，桑白皮、枇杷叶、甘草各 12 克，水煎取汁 1 000 毫升，为 500 只鸡的 1 日量，每日分 4 次拌料喂服，每天 1 剂，连用 4 剂，治疗鸡曲霉菌病效果显著。方剂 2：桔梗 250 克，蒲公英、鱼腥草、苏叶各 500 克，水煎取汁，为 1 000 只鸡的用量，用药液拌料喂服，每天 2 次，连用 1 周。另在饮水中加 0.1% 高锰酸钾。对曲霉菌病鸡用药 3 天后，病鸡群停止死亡，用药 1 周后痊愈。

二、寄生虫病

（一）鸡球虫病

鸡球虫病是一种或多种球虫寄生于鸡肠道黏膜上皮细胞内引起的一种急性流行性原虫病。是鸡常见且危害十分严重的寄生虫病，它造成的经济损失是惊人的。雏鸡的发病率和致死率均较高。病愈的雏鸡生长受阻，增重缓慢；成年鸡多为带虫者，增重和产蛋能力降低。

【流行特点】病鸡是主要传染源，苍蝇、甲虫、蟑螂、鼠类和野鸟都可以成为机械传播媒介。凡被带虫鸡污染过的饲料、饮水、土壤和用具等，都有卵囊存在，鸡吃了感染性卵囊就会暴发球虫病。各个品种的鸡均有易感性，15～50 日龄的鸡发病率和致死率都较高，成年鸡对球虫有一定的抵抗力。11～13 日龄内的雏鸡因有母源抗体保护，极少发病。饲养管理条件不良，鸡舍潮湿、拥挤，卫生条件恶劣时，最易发病。在潮湿多雨、气温较高的梅雨季节易发。

【临床症状和病理变化】 病鸡精神沉郁，羽毛蓬松，头卷缩，食欲减退，嗉囊内充满液体，鸡冠和可视黏膜贫血、苍白，逐渐消瘦。病鸡常排红色胡萝卜样粪便，若感染柔嫩艾美耳球虫，开始时粪便为咖啡色，以后变为完全的血粪。如不及时采取措施，致死率可达50%以上。多种球虫混合感染时，粪便中带血液，并含有大量脱落的肠黏膜。

内脏变化主要发生在肠管，病变部位和程度与球虫的种别有关。柔嫩艾美耳球虫主要侵害盲肠，两支盲肠显著肿大，可为正常的3~5倍，肠腔中充满凝固的或新鲜的暗红色血液，盲肠上皮变厚，有严重的糜烂。毒害艾美耳球虫损害小肠中段，使肠壁扩张、增厚，有严重的坏死；在裂殖体繁殖的部位，有明显的淡白色斑点，黏膜上有许多小出血点；肠管中有凝固的血液或有胡萝卜色胶冻样内容物。巨型艾美耳球虫损害小肠中段，可使肠管扩张，肠壁增厚；内容物黏稠，呈淡灰色、淡褐色或淡红色。堆型艾美耳球虫多在上皮表层发育，并且同一发育阶段的虫体常聚集在一起，在被损害的肠段出现大量淡白色斑点。哈氏艾美耳球虫损害小肠前段，肠壁上出现大头针针尖大小的出血点，黏膜有严重的出血。若多种球虫混合感染，则肠管粗大，肠黏膜上有大量的出血点，肠管中有大量带有脱落的肠上皮细胞的紫黑色血液。

【防治】

1. 加强饲养管理 保持鸡舍干燥、通风和鸡场卫生，定期清除粪便，堆放；发酵以杀灭卵囊。保持饲料、饮水清洁，笼具、料槽、水槽定期消毒，一般每周一次，可用沸水、热蒸气或3%~5%热碱水等处理。据报道，用球杀灵和1:200的农乐溶液消毒鸡场及运动场，均对球虫卵囊有强大杀灭作用。每千克日粮中添加 0.25~0.5 毫克硒可增强鸡对球虫的抵抗力。补充足够的维生素 K 和给予 3~7 倍推荐量的维生素 A 可加速鸡患球虫病后的康复。成年鸡与雏鸡分开喂养，以免带虫的成年鸡散播病原导致雏鸡暴发球虫病。

2. 药物防治 治疗球虫病的药物很多，常用的有下列几种。

（1）球痢灵（3，5-二硝基邻甲基苯甲酰胺）：每千克饲料中加入 0.2 克球痢灵，或配成 0.02% 的水溶液，饮水 3~4 天。

（2）磺胺-6-甲氧嘧啶（SMM）和抗菌增效剂 [三甲氧苄胺嘧啶（TMP）或二甲氧苄胺嘧啶（DVD）]：将这两种药剂按 5：1 的比例混合后，以 0.02% 的浓度混于饲料中，连用不得超过 7 天。

（3）磺胺二甲基嘧啶：以 1% 的浓度饮水 2 天，或 0.5% 的浓度饮水 4 天，磺胺类药物以早期应用效果较好，且磺胺类药物对鸡副作用大，应慎用。

（4）百球清（甲基三嗪酮）口服液：2.5% 口服液做 1 000 倍稀释，饮水 1~2 天效果较好。

（5）抗球王（1% 马杜霉素胺）：每吨饲料应用 500 克，逐级混匀饲喂，产蛋期禁用，饲料中马杜霉素不得高于 5 毫克/千克。

3. 药物预防程序 因球虫的类型多，易产生抗药性，应间隔用药或轮换用药为宜。球虫病的预防用药程序是：雏鸡从 13~15 日龄开始，在饲料或饮水中加入预防用量的抗球虫药物，一直用到上笼后 2~3 周停止，选择 3~5 种药物交替使用，效果良好。

（二）住白细胞原虫病

鸡住白细胞原虫病是血孢子虫亚目的住白细胞原虫引起的急性或慢性血孢子虫病，又叫鸡白冠病、鸡出血性病。本病多发生在炎热地区或炎热季节，常呈地方性流行，对雏鸡危害严重，常引起大批死亡。

【流行特点】本病的发生有明显的季节性，北京地区一般在7~9月发生流行。3~6周龄的雏鸡发病率高，死亡率可达到10%~30%。产蛋鸡的死亡率是5%~10%。感染过的鸡有一定的免疫力，一般无症状，也不会死亡。但未感染过此病的鸡会发病，出现贫血，产蛋率明显下降，甚至停产。

【临床症状和病理变化】病雏伏地不动，食欲消失，鸡冠苍白，拉稀，粪便青绿色，脚软或轻瘫。蛋鸡产蛋减少或停产，病程可长达1个月。病死鸡的病理变化是口流鲜血，冠白，全身性出血（皮下、胸肌、腿肌有出血点或出血斑，各内脏器官广泛出血，消化道也可见到出血斑点），肌肉及某些内脏器官有白色小结节，骨髓变黄。

【防治】

1. 杀灭媒介昆虫　在6~10月流行季节对鸡舍内外喷药消毒，如用0.03%的蝇毒磷进行喷雾杀虫。也可先喷洒0.05%除虫菊酯，再喷洒0.05%百毒杀，既能抑杀病原微生物，又能杀灭库蠓等有害昆虫。消毒时间一般选在18：00~20：00，因为库蠓在这段时间最为活跃。

2. 药物预防　鸡住白细胞原虫的发育史为22~27天，因此可在发病季节前1个月左右，开始用有效药物进行预防，一般每隔5天，投药5天，坚持3~5个疗程，这样比发病后再治疗能起到事半功倍的效果。常用有效药物有：复方泰灭净（磺胺间甲氧嘧啶钠、甲氧苄啶、生血素、肠黏膜修复剂、止血剂、增效剂、特效助溶剂等）30~50毫克/千克混饲，痢特灵粉（呋喃唑酮）100毫克/千克拌料，乙胺嘧啶1毫克/千克混饲，磺胺喹噁啉50毫克/千克混饲或混水，可爱丹（3，5-二氯-2，6-二甲基-4-羟基吡啶）125毫克/千克混饲。

3. 常用的治疗药物

（1）复方泰灭净：按100毫克/千克混水或按500毫克/千克

混料，连用5~7天。

（2）血虫净（三氮脒）：按100毫克/千克混水，连用5天，有效率100%，治愈率99.6%。

（3）克球粉（氯羟吡啶）：按250毫克/千克混料，连用5天。

（4）氯苯胍：按66毫克/千克混料，连用3~5天，或中药卡白灵1%混料，连喂5~7天，效果显著。

选用上述药物治疗，病情稳定后可按预防量继续添加一段时间，以彻底杀灭鸡体住白细胞虫体。

（三）组织滴虫病

组织滴虫病是由组织滴虫引起鸡和火鸡的一种原虫病，也称盲肠肝炎或黑头病。组织滴虫是一种很小的原虫，有两种形式，一种是组织原虫，寄生在细胞里；另一种是腔型原虫，寄生在盲肠腔的内容物中。本虫有强、弱和无毒株三种，强毒株可致盲肠和肝脏病变、引起死亡，弱毒株只在盲肠引起病变，无毒株不产生病疫。本病以肝的坏死和盲肠溃疡为特征。

【流行特点】本病易发生在温暖潮湿的夏秋季节。2~17周龄的鸡最易感。成年鸡也可感染，但呈隐性感染，成为带虫者，有的慢性散发。传播途径有两种，一是随病鸡粪排出的虫体，在外界环境中能生存很久，鸡食入这些虫体便可感染；另一种是通过寄生在盲肠内的异刺线虫的卵而传播，当异刺线虫在病鸡体内寄生时，其虫卵内可带上组织滴虫，异刺线虫卵中约有0.5%带有这种组织滴虫。这些虫在线虫卵壳的保护下，随粪便排出体外，在外界环境中能生存2~3年。当外界环境条件适宜时，则发育为感染性虫卵。鸡吞食了这样的虫卵后，卵壳被消化，线虫的幼虫和组织滴虫一起被释放出来，共同移行至盲肠部位繁殖，进入血流。线虫幼虫对盲肠黏膜的机械性刺激，促进盲肠肝炎的发生。组织滴虫钻入肠壁繁殖，进入血流，寄生于肝脏，这是主要的传染方式。

鸡群过分拥挤，鸡舍和运动场不清洁，饲料中营养缺乏，尤其是缺乏维生素 A，都可诱发和加重本病。

【临床症状和病理变化】 本病的潜伏期一般为 15～20 天，最短的为 3 天。病鸡精神委顿，食欲减退，缩头，羽毛松乱，翅膀下垂，身体蜷缩，胃寒怕冷，腹泻，排出淡黄色或淡绿色稀粪。急性的严重病例，排出的粪便带血或完全是血液。有些鸡的头皮常呈紫蓝色或黑色，所以叫黑头病。本病的病程一般为 1～3 周，3～12 周的小鸡死亡率高达 50%。康复鸡的粪便中仍然含有原虫。5～6 月龄以上的成年鸡很少出现临诊症状。

组织滴虫病的损害常限于盲肠和肝脏。盲肠的一侧或两侧发炎、坏死，肠壁增厚或形成溃疡，有时盲肠穿孔，引起全身性腹膜炎。盲肠表面覆盖有黄色或黄灰绿色渗出物，并有特殊恶臭。有时这种黄灰绿色干硬的干酪样物充塞盲肠腔，呈多层的栓子样。外观呈明显的肿胀和混杂有红灰黄等颜色。有的慢性病例中盲肠栓子可能已被排出体外。肝脏出现颜色各异、不整圆形、稍有凹陷的溃疡病灶，通常呈黄灰色，或是淡绿色；溃疡灶的大小不等，但一般为 1～2 厘米的环形病灶，也可能相互融合成大片的溃疡区。大多数感染群，通常只有剖检足够数量的病死鸡只，才能发现典型的病理变化。

【防治】

1. 综合防治措施 由于组织滴虫的主要传播方式是以盲肠体内的异刺线虫虫卵为媒介，所以有效的预防措施是排出虫卵，或减少虫卵的数量，以降低这种疾病的传播感染。因此，在进鸡前，必须清除鸡舍杂物并用水冲洗干净，严格消毒。严格做好鸡群的卫生管理，饲养用具不得混用，饲养人员不能串舍，免得互相传播疾病。及时检修供水器，定期移动饲料槽和饮水器的位置，以减少这些地区湿度过高和粪便堆积。用驱虫净定期驱除异刺线虫，每千克体重用药 40~50 毫克，直到 6 周龄为止。

2. 发病后的治疗措施

（1）达美素（二甲硝基咪唑）：按每天 40~50 毫克/千克体重投药，如为片剂、胶囊剂可直接投喂，如为粉剂可以混料，连续 3~5 天，之后剂量改为 25~30 毫克/千克体重，连喂 2 周。

（2）卡巴砷：预防浓度为 150~200 毫克/千克混料，治疗浓度为 400~800 毫克/千克混料。7 天一个疗程。

（3）4-硝基苯砷酸：预防浓度为 187.5 毫克/千克混料，治疗浓度为 400~800 毫克/千克混料。

（4）灭滴灵（甲硝基羟乙唑）：按 0.05% 浓度混水，连用 7 天，停药 3 天后再用 7 天。

治疗时应注意补充维生素 K_3，以阻止盲肠出血；补充维生素 A，促进盲肠和肝组织的恢复。

（四）鸡蛔虫病

鸡蛔虫病是鸡常见的一种线虫病，鸡蛔虫是鸡线虫最大的一种，虫体黄白色，像豆芽梗，雌虫大于雄虫。虫卵椭圆形，深灰色。对外界因素和消毒药抵抗力很强，但阳光直射、沸水处理和粪便堆沤可使之迅速死亡。鸡蛔虫寄生于小肠内引发本病，多发于 3 月龄左右的鸡。一般无特殊症状，只是表现生长缓慢，发育不良，贫血，消瘦，不易引起注意。大群饲养可以引起死亡。

【流行特点】 虫卵随粪便排出，在外界环境发育（经 10~12 天发育）成侵袭性虫卵。这种含有幼虫虫卵的饲料、饮水被鸡吃进后，在鸡体内又发育成成虫。从感染到发育成成虫需 35~50 天。

3 月龄以内的鸡最易感染，病情也较重，尤其是平养鸡群和散养鸡，发病率较高。超过 3 月龄的鸡抵抗力较强，1 岁以上的鸡不发病，但可带虫。本病的发生和流行，与雏鸡的营养水平、环境条件、清洁卫生、温度、湿度、管理质量等因素有关。

【临床症状和病理变化】感染鸡生长不良，精神萎靡，行动迟缓，羽毛松乱，贫血，食欲减退，异食，泻痢，粪中常见蛔虫排出。

剖检见小肠内有许多淡黄色豆芽梗样线虫，雄虫长 50~76 毫米，雌虫长 65~110 毫米。粪便检查可发现蛔虫卵。

【诊断】根据临床症状可初步诊断。但必须经粪便检查到虫卵，尸体剖检找到虫体才能最后确诊。虫卵检查时注意与鸡异刺线虫卵区别。

【防治】

1. 预防措施　及时清除积粪和垫料，清洗消毒饮水器和饲料槽；4 月龄以内的鸡要与成年鸡分开饲养，鸡群定时驱虫可预防本病发生。

2. 发病后的治疗措施　本病可用驱蛔灵、驱虫净、左咪唑、硫化二苯胺等药物治疗。

(五) 鸡绦虫病

鸡绦虫病是由多种绦虫寄生于鸡小肠而引起的常见寄生虫病。绦虫虫体为扁平带状，乳白色。绦虫头部有吸盘，可附着在鸡的肠壁上。该病遍布世界各地，在我国常见的是赖利绦虫病和戴文绦虫病。

【流行特点】

绦虫生活史是孕节片随粪排出，被蚂蚁、蜗牛和甲虫等吞食，经 14~45 天发育成类囊尾蚴，鸡吞食这些中间宿主后，经 2~3 周在小肠内发育为成虫。

【临床症状和病理变化】感染绦虫种类不同，鸡的症状也有差异，但均可损伤肠壁，引起肠炎，腹泻有时带血，可视黏膜苍白或黄染，精神沉郁，采食减少，饮水增多。有的绦虫能使鸡中毒，引起腿脚麻痹，进行性瘫痪及头颈扭曲等症状。一些病鸡因瘦弱、衰竭而死亡。

剖检死鸡可在小肠内发现虫体，严重时阻塞肠道。肠黏膜有点状出血和卡他性肠炎。

【防治】

1. 预防措施 经常清除鸡粪，鸡粪要发酵处理，彻底清除鸡场中的污物，消灭中间宿主蚂蚁、甲虫、蜗牛等；幼鸡与成年鸡分开饲养。

2. 发病后的治疗措施 可按每千克体重加丙硫苯咪唑 5～10 毫克，或驱绦灵（芬苯哒唑）20 毫克、硫双二氯酚 300 毫克，拌料一次喂给。

（六）鸡异刺线虫病

鸡异刺线虫又名鸡盲肠虫，寄生在盲肠黏膜上，为长 1～1.5 厘米的白色小线虫。病鸡表现消瘦、贫血、下痢等一般寄生虫病症状。剖检见盲肠黏膜增厚、出血并有大量异刺线虫叮咬在黏膜上。异刺线虫卵能传带盲肠肝炎原虫，鸡吃了异刺线虫卵或含有这种虫卵的蚯蚓，可同时感染异刺线虫病和组织滴虫病。

防治方法同鸡蛔虫病。

（七）鸡羽虱

羽虱主要寄生在鸡羽毛和皮肤上，是一种永久性寄生虫。已发现 40 多种羽虱。羽虱主要靠咬食羽毛、皮屑和吸食血液而生存，因此患鸡表现羽毛断落，皮肤损伤，发痒，消瘦，贫血，生长发育受阻，产蛋鸡产蛋下降，对其他疾病的抵抗力降低。

防治措施：一是保持环境清洁卫生，使用敌百虫、溴氰菊酯等药物对鸡舍地面、墙壁和棚架进行喷洒，杀灭环境中的羽虱；二是消灭体表羽虱，可用敌百虫精粉剂或 0.5% 敌百虫粉、5% 氟化钠喷洒于鸡全身羽毛及体表皮肤，也可用敌杀死 6 毫升加入 2 千克水中，将鸡逐只抓起逆向羽毛喷雾。大群治疗时宜采用药浴法（仅限于夏季进行），方法是取 2.5% 溴氰菊酯或灭蝇灵 1 份，加温水 4 000 份，放入大缸或大盆中，将鸡体放入药液浸透体表羽毛。也可用上述药物进行环境灭虱。用药物灭虱时要注意管理，避免鸡群中毒。

（八）鸡螨

螨又称疥癣虫，是寄生在鸡体表的一种寄生虫。对鸡危害较大的是鸡刺皮螨和突变膝螨。

鸡螨大小为 0.3~1 毫米，肉眼不易看清。鸡刺皮螨呈椭圆形，吸血后变为红色，故又叫红螨。当鸡严重感染时，贫血、消瘦、产蛋减少或发育迟滞。严重失血时可造成雏鸡死亡；突变膝螨又称鳞足螨，其全部生活史都在鸡身上完成。成虫在鸡脚皮下穿行并产卵，幼虫蜕化发育为成虫，藏于皮肤鳞片下面，引起炎症。腿上先起鳞片，以后皮肤增生、粗糙，并发生裂缝，有渗出物流出，干燥后形成灰白色痂皮，如同涂上一层石灰，故又叫石灰脚病。若不及时治疗，可引起关节炎、趾骨坏死，影响生长发育和产蛋。

防治措施：一是应搞好环境卫生，定期消毒环境，以杀死鸡螨；二是大群发生刺皮螨后，可用 20% 的杀灭菊酯乳油剂稀释 4 000 倍，或 0.25% 敌敌畏溶液对鸡体喷雾，但应注意防止中毒。环境消毒可用 0.5% 敌敌畏喷洒。对于感染膝螨的患鸡，可用 0.03% 蝇毒磷或 20% 杀灭菊酯乳油剂 2 000 倍稀释液药浴或喷雾治疗，间隔 7 天，再重复 1 次。大群治疗可用 0.1% 敌百虫溶液浸泡患鸡脚、腿 4~5 分钟，效果较好。

三、中毒病

（一）食盐中毒

食盐是土鸡维持正常生理活动必不可少的物质之一，适量的食盐有增进食欲，增强消化功能，促进代谢等重要功能，但鸡对其敏感，尤其是幼鸡。鸡对食盐的需要量占饲料的 0.25%~0.5%，以 0.37% 最为适宜，过量极易引起中毒甚至死亡。

【病因】 饲料配合时食盐用量过大，或使用的鱼粉中有较高盐量，配料时又添加食盐；限制饮水不当；或饲料中其他营养物质，如维生素E、钙、镁及含硫氨基酸缺乏，而引起增加食盐中毒的敏感性。

【临床症状和病理变化】 病鸡的临床表现为燥渴而大量饮水和惊慌不安地尖叫。口鼻内有大量的黏液流出，嗉囊软肿，拉水样稀粪，运动失调，时而转圈，时而倒地，步态不稳，呼吸困难，虚脱，抽搐，痉挛，昏睡而死亡。

剖检可见皮下组织水肿，食管、嗉囊、胃肠黏膜充血或出血，腺胃表面形成假膜；血黏稠、凝固不良；肝肿大，肾变硬、色淡。病程较长者，还可见肺水肿，腹腔和心包囊中有积水，心脏有针尖状出血点。

【防治】

1. 预防措施 严格控制饲料中食盐的含量，尤其对幼鸡，一方面严格检测饲料原料鱼粉或其副产品的盐分含量；另一方面配料时加食盐要求粉细，混合要均匀；平时要保证充足的新鲜洁净饮用水。

2. 治疗 发现中毒后立即停喂原有饲料，换无盐或低盐分易消化饲料至康复；供给病鸡5%的葡萄糖或红糖水以利尿解毒，病情严重者另加0.3%~0.5%醋酸钾溶液饮水，可逐只灌服。中毒早期服用植物油缓泻可减轻症状。

（二）磺胺类药物中毒

磺胺类药物是治疗土鸡的细菌性疾病和球虫病的常用广谱抗菌药物。但是如果用药不当，尤其是使用肠道内容易吸收的磺胺类药物不当会引起急性或慢性中毒。

【病因】 鸡对磺胺类药物较为敏感，剂量过大或疗程过长等可引起中毒，如4周龄以下雏鸡较为敏感，采食含0.25%~1.5%磺胺嘧啶的饲料1周或口服0.5g磺胺类药物后，即可呈现中毒表现。

【临床症状和病理变化】 急性中毒主要表现为兴奋不安、厌食、腹泻、痉挛、共济失调、肌肉颤抖、惊厥、呼吸加快、短时间内死亡。慢性中毒（多见于用药时间太长）表现为食欲减退、鸡冠苍白、羽毛松乱、渴欲增加；有的病鸡头面部呈局部性肿胀、皮肤呈蓝紫色、时而便秘、时而下痢、粪呈酱色；产蛋鸡产蛋量下降，有的产薄壳蛋、软壳蛋，蛋壳粗糙、色泽变淡。

主要表现以机体的主要器官均有不同程度的出血为特征，皮下、冠、眼睑有大小不等的斑状出血；胸肌是弥漫性斑点状或涂刷状出血；肌肉苍白或呈透明样淡黄色，大腿肌肉散在有鲜红色出血斑；血液稀薄，凝固不良；肝肿大，瘀血，呈紫红色或黄褐色，表面可见少量出血斑点或针尖大的坏死灶，坏死灶中央凹陷呈深红色，周围灰色；肾肿大，土黄色，表面有紫红色出血斑；输尿管变粗，充满白色尿酸盐；腺胃和肌胃交界处黏膜有陈旧的紫红色或条状出血，腺胃黏膜和肌胃角质膜下有出血点等。

【防治】

1. 预防措施 严格掌握用药剂量及时间，一般用药不超过1周。拌料要均匀，适当配以等量的碳酸氢钠，同时注意供给充足饮水；1周龄以内雏鸡或体质较弱和即将开产的蛋鸡应慎用；临床上应选用含有增效剂的磺胺类药物（如复方敌菌净、复方新诺明等），其用量小，毒性也较低。

2. 发病后措施 发现中毒，应立即停药并供给充足饮水；口服或饮用1%~5%碳酸氢钠溶液；可配合维生素C制剂和维生素K_3进行治疗。中毒严重的鸡可肌内注射维生素B_{12}1~2微克或叶酸50~100微克。

（三）喹乙醇中毒

喹乙醇是一种具有抑菌促生长作用的药物，主要用于治疗肠道炎症、痢疾、巴氏杆菌病和促生长，生产中作为治疗药物和添

284

加剂广泛应用。

【病因】盲目加大喹乙醇添加量，或用药量过大，或混饲拌料不均匀而发生中毒。

【临床症状和病理变化】病鸡精神沉郁，食欲减退，饮水减少，鸡冠暗红色，体温降低，神经麻痹，脚软，甚至瘫痪。死前常有抽搐、尖叫、角弓反张等症状。

剖检可见口腔有黏液；肌胃角质下层有出血点、血斑；十二指肠黏膜有弥漫性出血；腺胃及肠黏膜糜烂；冠状脂肪和心肌表面散在出血点；脾、肾肿大，质脆；肝肿大有出血斑点，血暗红、质脆，切面糜烂多汁；胆囊胀大，充满绿色胆汁。

【防治】

1. 预防措施 喹乙醇作为添加剂，使用量为 25～35 毫克/千克饲料；用于治疗疾病最大内服量：雏鸡 30 毫克/千克体重，成年鸡 50 毫克/千克体重，使用时间 3～4 天。

2. 治疗 一旦发现中毒，立即停药，供给硫酸钠水溶液饮水，然后再用 5%的葡萄糖溶液或 0.5%的碳酸氢钠溶液，并按每只鸡加维生素 C 0.3～0.5 毫升饮水。

（四）马杜霉素中毒

马杜霉素（商品名杜球、抗球王等）是防治鸡球虫病常用的药物之一，近年来生产中中毒病例不断出现。

【原因】

1. 饲料混合不均匀 马杜霉素在规定的使用范围内安全可靠，无明显的毒性作用，马杜霉素推荐使用剂量为每吨饲料添加 5 克，有报道，用量达到 7 克/吨饲料时，鸡群即出现生长停止或少量中毒症状，达 9 克/吨饲料时可引起明显中毒。因此要求在拌料给药时必须混合均匀，但一般养禽场较难达到其混合要求。由于马杜霉素与饲料中其他组分的粒径相差很大，混合时应将马杜霉素与饲料成分逐级混匀，否则一次就将马杜霉素和各种饲料成分放在一起搅拌混合，造成药物在饲料中分布不均匀而引起马杜霉素中毒。

2. 联合用药引起中毒 马杜霉素不能与某些抗生素和磺胺药联合使用。例如马杜霉素不能与红霉素、泰妙菌素以及磺胺二甲氧嘧啶、磺胺喹噁啉、磺胺氯哒嗪合用。马杜霉素与泰妙菌素合用即使在常量下也可引起中毒，因此与其他药物合用时应谨慎。

3. 重复用药产生中毒 马杜霉素在兽药市场上常以不同商品名出现，如杀球王、加福、杜球、抗球王等，但生产厂家在标签上没有标明其有效成分，造成饲养户在联合用药治疗球虫病时将多种马杜霉素制剂同时使用；或购买的饲料已加有马杜霉素，用户又添加导致饲料中药物含量高于推荐剂量，因剂量过大鸡食用后发生中毒。

4. 其他原因 养殖户未严格按照说明书上的使用方法及用量大小来使用，常常随意加大使用剂量，导致马杜霉素中毒。在使用溶液剂饮水给药时，热天鸡只的饮水量大，会因摄入过量而造成中毒。

【临床症状和病理变化】 病初精神不振，吃料减少，羽毛松乱，饮水量增加，排水样稀粪，蹲卧或站立，走路不稳，继之症状加重，鸡冠、肉髯等处发绀或紫黑色。精神高度沉郁或昏迷，脚软瘫痪，匍匐在地或侧卧，两腿向后直伸，排黄白色水样稀粪增多，中毒鸡明显失水消瘦，部分鸡死前发生全身性痉挛。

剖检死鸡呈侧卧，两腿向后直伸，肌肉明显失水，肝脏暗红色或黑红色，无明显肿大，胆囊多充满黑绿色胆汁，心外膜有小出血斑点，腺胃黏膜充血、水肿，肠道水肿、出血，尤以十二指肠为重，肾肿大、瘀血，有的有尿酸盐沉积。

【防治】

1. 预防措施 马杜霉素和饲料混合时，采用粉料配药，逐级稀释法混合，使马杜霉素和饲料充分混匀；查明所用抗球虫药的主要成分，避免重复用药或与其他聚醚类药物同时使用，造成中毒；购买饲料时要查询饲料中是否加有马杜霉素；使用马杜霉素治疗球虫病时，严格按照说明书上的使用方法及用量来使用，不要随意加大使用剂量；在使用溶液剂饮水给药时，要注意热天鸡只的饮水量大，适当降低饮水中的药物浓度，以免摄入过量而引起中毒。

2. 治疗措施　立即停喂含马杜霉素的饲料，饮服水溶性电解质多种维生素（如苏威多维），并按 5% 浓度加入葡萄糖及 0.05% 维生素粉，对排出毒物，减轻症状，提高鸡的抗病力有一定效果，用中药绿豆、甘草、金银花、车前草等煎水，供中毒鸡只自由饮用。中毒严重的鸡只隔离饲养，在口服给药的同时，每只皮下注射含 50 毫克维生素 C 的 5% 葡萄糖生理盐水 5～10 毫升，每日 2 次。但中毒量大者仍不免死亡。

（五）黄曲霉毒素中毒

黄曲霉毒素中毒是鸡的一种常见的中毒病，是由发霉饲料中霉菌产生的毒素引起的。该病的主要特征是危害肝脏，影响肝功能，肝脏变性、出血和坏死，腹水，脾肿大及消化障碍等。并有致癌作用。

【病因】黄曲霉菌是一种真菌，广泛存在于自然界，在温暖潮湿的环境中最易生长繁殖，其中有些毒株可产生毒力很强的黄曲霉毒素。当各种饲料成分（谷物、饼类等）或混合好的饲料污染这种霉菌后，便可引起发霉变质，并含有大量黄曲霉毒素。鸡食入这种饲料可引起中毒，其中以幼龄的鸡、鸭和火鸡，特别是 2～6 周龄的雏鸡最为敏感，饲料中只要含有微量毒素，即可引起中毒，且发病后较为严重。

【临床症状和病理变化】2～6 周龄雏鸡敏感，表现精神沉郁，嗜睡，食欲减退，消瘦，贫血，鸡冠苍白，虚弱，尖叫，拉淡绿色稀粪，有时带血，腿软不能站立，翅下垂。成年鸡耐受性稍高，多为慢性中毒，症状与雏鸡相似，但病程较长，病情和缓，产蛋减少或开产推迟，个别可发生肝癌，呈极度消瘦的恶病质而死亡。

急性中毒，剖检可见肝充血、肿大、出血及坏死，色淡呈苍白色，胆囊充盈。肾苍白肿大。胸部皮下、肌肉有时出血。慢性中毒时，剖检常见肝硬化，体积缩小，颜色发黄，并有白色点状或结节状病灶。个别可见肝癌结节，伴有腹水。心肌色淡，心包积水。胃和嗉囊有溃疡，肠道充血、出血。

【防治】平时搞好饲料保管，注意通风，防止发霉。不用霉变饲料喂鸡。为防止发霉，可用福尔马林对饲料进行熏蒸消毒。

目前对本病还无特效解毒药，发病后应立即停喂霉变饲料，更换新料，饮服5%葡萄糖水。用2%次氯酸钠对鸡舍内外进行彻底消毒。中毒死鸡要销毁或深埋，不能食用。鸡粪便中也含有毒素，应集中处理，防止污染饲料、饮水和环境。

（六）棉籽饼中毒

棉籽经处理提取棉籽油后，剩下的棉籽饼是一种低廉的蛋白质饲料，如果棉籽蒸炒不充分，加工调制不好，棉酚不能完全被破坏，过多食用这种棉籽饼可引起中毒。棉酚系一种血液毒和原浆毒，对神经、血管均有毒性作用，可引起胃及肾脏严重损坏。

【临床症状和病理变化】病鸡食欲消失，消瘦，四肢无力，抽搐。冠和髯发绀，最后呼吸困难，衰竭而死。剖检有明显的肠炎，肝、肾退行性变化。肺水肿，心外膜出血，胸腹腔积液。

【防治】用棉籽饼喂鸡时，应先脱毒再用，雏鸡最好不超过2%~3%，成年鸡不超过5%~7%。鸡群中毒时，应立即停喂棉籽饼，并对症治疗。

四、其他疾病

（一）中暑

中暑是日射病和热射病的总称。鸡在烈日下暴晒，使头部血管扩张而引起脑及脑膜急性充血，导致中枢神经系统功能障碍称为日射病。鸡在闷热环境中因散热困难而造成体内过热，引起中枢神经系统、循环系统和呼吸系统功能障碍称为热射病，又称热衰竭。本病多见于酷暑炎热季节，特别是大规模密集型笼养鸡容易发生。

【病因】　禽类皮肤缺乏汗腺，体表覆盖厚厚的羽毛，主要靠蒸发进行散热，散热途径单一。因此，当鸡在烈日下暴晒，或在高温高湿环境中长时间闷热、拥挤、通风不良并得不到足够饮水，或装在密闭、拥挤的车辆内长途运输时，鸡体散热困难，产生的热不能及时散失，引起本病发生。

【临床症状和病理变化】　本病常突然发生，急性经过。日射病的患鸡表现体温升高，烦躁不安，然后精神迟钝，足部麻木，体躯、颈部肌肉痉挛，常在几分钟内死亡。剖检可见脑膜充血、出血，大脑充血、水肿及出血。热射病患鸡除可见体温升高外，还表现呼吸困难、加快，张口喘气，翅膀张开下垂，很快眩晕，步态不稳或不能站立，大量饮水，虚脱，易引起惊厥而死亡。剖检可见尸僵缓慢，血液呈紫黑色，凝固不良，全身瘀血，心外膜、脑部出血。

【防治】

1. 预防措施　夏季应在鸡舍及运动场上搭置凉棚，供鸡只活动或栖息，避免鸡特别是雏鸡长时间受到烈日暴晒，高温潮湿时更应注意；舍内饲养特别是笼养，加强夏季防暑降温，避免舍内温度过高。做好遮阳、通风工作，必要时进行强制通风，安装湿帘通风系统；降低饲养密度；保证供足饮水等。

2. 治疗　发生日射病时迅速将鸡只转移到无日光处，但禁止冷浴；发生热射病时使鸡只很快处于阴凉的环境中，以利于降温散热，同时给予清凉饮水，也可将鸡只放入凉水中稍作冷浴。

（二）恶食癖

恶食癖又叫啄癖、异食癖或同类残食症，是指啄肛、啄趾、啄蛋、啄羽等恶癖，大小鸡都可发生，以群养鸡多见。啄肛癖危害最大，常将被啄者致死。

【病因】恶食癖发生的原因很复杂，主要有四个方面：一是饲养管理不善。如鸡群密度过大，由于拥挤使其形成烦躁、好斗性格；成年母鸡因产蛋箱或窝太少、简陋或光线太强，产蛋后不能较好休息使子宫难以复位，或鸡过于肥胖子宫复位时间太久，红色的子宫在外边裸露引起啄癖发生。二是饲料营养不足。如食盐缺乏，鸡就寻求咸味食物，引起啄肛、啄肉。缺乏蛋氨酸、胱氨酸时，鸡就啄毛、啄蛋，特别是高产鸡群。某些矿物质和维生素缺乏、饲料粗纤维含量太低或限饲时，处于饥饿状态下等，都易发生本病。三是一些外寄生虫病。如虱、螨等因局部发痒，而致使鸡只不断啄叨患部，甚至啄叨破溃出血，引起恶食癖。四是遗传因素。白壳蛋鸡啄癖的发生率较高，特别是刚开产的新母鸡，啄肛引起病残和死亡的较多，而褐壳蛋鸡较少。

【防治】

1. 预防措施　雏鸡在 7~10 日龄进行断喙。育成阶段再补充断喙一次。上喙断 1/2，下喙断 1/3，雏鸡上下喙一齐切，断喙后的成年鸡喙呈浑圆形，短而弯曲。平养鸡舍产蛋前要将产蛋箱或窝准备好，每 4~5 只母鸡设置一个产蛋箱，样式要一致。产蛋箱宽敞，使鸡伏卧其内不露头尾，并放置于较安静处。饲养密度不宜过大，光照不要太强。饲料营养全面，饲料中的蛋白质、维生素和微量元素要充足，各种营养素之间要平衡。

2. 发病后的防治措施

（1）可将蔬菜、瓜果或青草吊于鸡群头顶，以转移其注意力。啄肛严重时，可将鸡群关在舍内暂时不放，换上红灯泡，糊上红窗纸，使鸡看不出肛门的红色，这样可制止啄肛，待过几天啄癖消失后，再恢复正常饲养管理。

（2）可在饲料中添加羽毛粉、蛋氨酸、啄肛灵、硫酸亚铁、核黄素和生石膏等。其中以生石膏效果较好，按 2%～3% 加入饲料喂半月左右即可。

（3）为防止啄肛，可将饲料中食盐含量提高到 2%，连喂 2 天，并保证足够的饮水。切不可将食盐加入饮水，因为鸡的饮水量比采食量大，易引起中毒，而且越饮越渴，越渴越饮。

（4）近年来研制出一种鸡鼻环，适用于成年鸡，发生恶食癖时，给全部鸡戴上，便可防止啄肛发生。

第八章　土鸡场的经营管理

经营管理就是通过对人、财、物等生产要素和资源进行合理的配置、组织、使用，以最少的消耗获得尽可能多的产品产出和最大的经济效益。鸡场科学的经营管理可以提高资源的利用效益和劳动生产率，增加生产效益。

第一节　计划管理

计划管理就是根据鸡场确定的目标，制订各种计划，用以组织协调全部的生产经营活动，达到预期的目的和效果。只有加强计划管理，才能保证决策的有效贯彻落实。生产计划是鸡场计划体系中的一个核心计划，鸡场应制订详尽的生产计划。

一、鸡群周转计划

鸡群周转计划是制订其他各项计划的基础，只有制订好周转计划，才能制订饲料计划、产品计划和引种计划。制订鸡群周转计划，应综合考虑鸡舍、设备、人力、成活率、鸡群的淘汰和转群移舍时间、数量等，保证各鸡群的增减和周转能够完成规定的生产任务，又最大限度地降低各种劳动消耗。

二、产品计划

市场经济条件下产品计划制订应以销定产，以产量计划倒推鸡群周转计划。根据土鸡场不同产品产量计划可以细分为商品蛋计划、肉鸡出栏计划等。

三、饲料计划

各种生长鸡的日耗量不同，产蛋鸡的平均日耗料量是稳定的。有了周转计划，就可以制订饲料消耗计划。

四、疫病防治计划

鸡场疫病防治计划是指一个年度内对鸡群疫病防治所做的预先安排。鸡场的疫病防治是保证其生产效益的重要条件，也是实现生产计划的基本保证。鸡场实行"预防为主，防治结合"的方针，建立一套综合性的防疫措施和制度。其内容包括鸡群的定期检查、鸡舍消毒、各种疫苗的定期注射、病鸡的资料与隔离等。对各项防疫制度要严格执行，定期检查。

五、资金使用计划

有了生产销售计划、饲料供应计划等计划后，资金使用计划也就必不可少了。资金使用计划是经营管理计划中非常关键的一项工作，做好计划并顺利实施，是保证企业健康发展的关键。资金使用计划的制订应依据有关生产等计划，本着节省开支，并最大限度提高资金使用效率的原则，精打细算，合理安排，科学使用。既不能让资金长时间闲置，造成资金资源浪费，还要保证生产所需资金及时足额到位。在制订资金计划中，对鸡场自有资金要统筹考虑，尽量盘活资金，不要造成自有资金沉淀。对企业发展所需贷款，经可行性研究，认为有效益、项目可行，就要大胆贷款，破除企业不管发展快慢，只要没有贷款就是好企业的传统思想，要敢于并善于科学合理地运用银行贷款，加快规模鸡场的发展。一个企业只要其资产负债率保持在合理的范围内，都是可行的。

第二节　记录管理

记录管理就是将鸡场生产经营活动中的人、财、物等消耗情况及有关事情记录在案，并进行规范、计算和分析。鸡场记录可以反映鸡场生产经营活动的状况，是经济核算的基础和提高管理水平及效益的保证，鸡场必须重视记录管理。鸡场记录要及时准确（在第一时间填写，数据真实可靠）、简洁完整（通俗易懂、全面系统）和便于分析。

一、记录的内容

鸡场记录的内容因鸡场的经营方式与所需的资料而有所不同，一般应包括以下内容。

（一）生产记录

生产记录包括鸡群生产情况记录（鸡的品种、饲养数量、饲养日期、死亡淘汰、产品产量等）、饲料记录（将每日不同鸡群或以每栋或栏或群为单位所消耗的饲料按其种类、数量及单价等记载下来）、劳动记录（记载每天出勤情况、工作时数、工作类别以及完成的工作量、劳动报酬等）。

（二）财务记录

财务记录包括收支记录和资产记录。收支记录包括出售产品的时间、数量、价格、去向及各项支出情况。资产记录固定资产类，包括土地、建筑物、机器设备等的占用和消耗；库存物资类，包括饲料、兽药、在产品、产成品、易耗品、办公用品等的消耗数量、库存数量及价值；现金及信用类，包括现金、存款、债券、股票、应付款、应收款等。

（三）饲养管理记录

饲养管理记录包括饲养管理程序及操作记录（饲喂程序、光照程序、鸡群的周转、环境控制等记录）、疾病防治记录（包括隔离消毒情况、免疫情况、发病情况、诊断及治疗情况、用药情况、驱虫情况等）。

二、鸡场的记录表格及报表

鸡场记录表格及报表见表8-1至表8-10。

表8-1 产蛋和饲料消耗记录

品种_____ 鸡群号_____ 填表人_____

日期	日龄	鸡数/只	死亡淘汰/只	饲料消耗/千克		产蛋量				饲养管理情况	其他情况
				总耗量	只耗量	数量/枚	重量/千克	破蛋率/%	只日产蛋量/克		

表8-2 疫苗购、领记录表

填表人：

购入日期	疫苗名称	规格	生产厂家	批准文号	生产批号	来源（经销点）	购入数量	发出数量	结存数量

表8-3 饲料添加剂、预混料、饲料购领记录表   填表人：

购入日期	名称	规格	生产厂家	批准文号或登记证号	生产批号或生产日期	来源（生产厂家或经销点）	购入数量	发出数量	结存数量

表8-4   疫苗免疫记录表   填表人：

免疫日期	疫苗名称	生产厂家	免疫动物批次日龄	栋、栏号	免疫数/只	免疫次数	存栏数/只	免疫方法	免疫剂量/（毫升/只）	耳标佩戴数（个）	责任兽医

表8-5   消毒记录表   填表人：

消毒日期	消毒药名称	生产厂家	消毒场所	配制浓度	消毒方式	操作者

表8-6   土肉鸡周报表   填表人：

周龄	存栏数/只	死亡数/只	淘汰数/只	死亡淘汰率/%	累计死亡淘汰数/只	累计死亡淘汰率/%	耗料/千克	累计耗料/千克	只日耗料/克	体重/克	周料肉比	备注
1												
2												
3												

续表

周龄	存栏数/只	死亡数/只	淘汰数/只	死亡淘汰率/%	累计死亡淘汰数/只	累计死亡淘汰率/%	耗料/千克	累计耗料/千克	只日耗料/克	体重/克	周料肉比	备注
4												
5												
6												
7												
8												

注：根据日报内容每周末要做好周报表的填写。

表 8-7　鸡群免疫记录表

日龄	日期	疫苗名称	生产厂家	批号、有效期限	免疫方法	剂量	备注

注：每次免疫后要将免疫情况填入免疫记录表。

表8-8　鸡群用药记录表

日龄	日期	药名及规格	生产厂家	剂量	用途	用法	备注

表8-9　肉鸡出栏后体重报表

车序号	筐数/筐	数量/只	总重/千克	平均体重/千克	预收入/元	实收入/元	肉联厂只数/只
1							
2							
3							
4							
5							
6							
7							
8							
9							
10							
合计							

表8-10　收支记录表格

收入		支出		备注
项目	金额（元）	项目	金额（元）	
合计				

三、鸡场记录的分析

通过对鸡场的记录进行整理、归类，可以进行分析。分析是通过一系列分析指标的计算来实现的。利用成活率、母鸡存活率、蛋重、日产蛋率、饲料转化率等技术效果指标来分析生产资源的投入和产出产品数量的关系以及分析各种技术的有效性和先进性。利用经济效果指标分析生产单位的经营效果和赢利情况，为鸡场的生产提供依据。

第三节 资产管理

一、流动资产管理

流动资产是指可以在一年内或者超过一年的一个营业周期内变现或者运用的资产。流动资产是企业生产经营活动的主要资产，主要包括鸡场的现金、存款、应收款及预付款、存货（原材料、在产品、产成品、低值易耗品）等。流动资产周转状况影响到产品的成本。

（一）流动资产的特征

1. 占有形态的变动性 随着生产的进行，由货币形态转化为材料物资形态，再由材料物资形态转化为在产品和产成品形态，最后由产成品形态转化为货币形态，这种周而复始的循环运动，形成了流动资产的周转。

2. 占有数量的波动性 流动资产在企业再生产过程中，随着供、产、销的变化，占用的数量有高有低，起伏不定，具有波动性。因此，鸡场要综合考虑流动资产的资金来源和供应方向，合理使用和安排资金，达到供需平衡。

3. 循环与生产周期的一致性 流动资产在企业再生产过程中是不断循环着的，它是随着供应、生产、销售三个过程的固定顺序，由一种形态转化为另一种形态，不断地进行循环，与生产周期保持高度的一致性。

（二）加快流动资产周转措施

一是加强采购物资的计划性，防止盲目采购，合理地储备物资，避免积压资金，加强物资的保管，定期对库存物资进行清查，防止鼠害和霉烂变质；二是科学地组织生产过程，采用先进技术，尽可能缩短生产周期，节约使用各种材料和物资，减少在产品资金占用量；三是及时销售产品，缩短产成品的滞留时间；四是及时清理债权债务，加速应收款项的回收，减少成品资金和结算资金的占用量。

二、固定资产管理

固定资产是指使用年限在一年以上，单位价值在规定的标准以上，并且在使用中长期保持其实物形态的各项资产。鸡场的固定资产主要包括建筑物、道路、产蛋鸡以及其他与生产经营有关的设备、器具、工具等。

（一）固定资产特征

1. 完成一次循环的周转时间长 固定资产一经投产，其价值随着磨损程度逐渐转移与补偿，经过多个生产周期，才完成全部价值的一次循环。其循环周期的长短，不仅取决于决定固定资产使用时间长短的自身物理性能的耐用程度，而且取决于经济寿命，因科学技术的发展趋势，需从经济效果上考虑固定资产的经济使用年限。

2. 投资是一次全部支付，回收是分次的逐步的 这就要求在决定固定资产投资时，必须进行科学的、周密的规划和设计，除了研究投资项目的必要性外，还必须考虑技术上的可能性和经济上的合理性。

3. 固定资产的价值补偿和实物更新是分别进行的 固定资产的价值补偿是逐渐完成的，而实物更新利用经多次价值补偿积累的货币准备基金来实现。固定资产的价值补偿是其实物更新的必要条件，不积累足够的货币准备基金就没有可能实现固定资产的实物更新。因此，鸡场应有计划地提取、分配和使用固定资产的折旧基金。

（二）固定资产的折旧

1. 固定资产折旧的概念 固定资产在长期使用中，在物质上要受到磨损，在价值上要发生损耗。固定资产的损耗，分为有形损耗和无形损耗两种。有形损耗是指固定资产由于使用或者由于自然力的作用，使固定资产物质上发生磨损。无形损耗是由于劳动生产率提高和科学技术进步而引起的固定资产价值的损失。固定资产在使用过程中，由于损耗而发生的价值转移，称为折旧，由于固定资产损耗而转移到产品中去的那部分价值叫折旧费或折旧额，用于固定资产的更新改造。

2. 固定资产折旧的计算方法 鸡场提取固定资产折旧，一般采用平均年限法和工作量法。

（1）平均年限法：是根据固定资产的使用年限，平均计算各个时期的折旧额，因此也称直线法。其计算公式为：

固定资产年折旧额＝［原值－（预计残值－清理费用）］/固定资产预计使用年限

固定资产年折旧率＝固定资产年折旧额/固定资产原值×100%

＝（1－净残值率）/折旧年限×100%

（2）工作量法：是按照使用某项固定资产所提供的工作量，计算出单位工作量平均应计提折旧额后，再按各期使用固定资产所实际完成的工作量，计算应计提的折旧额。这种折旧计算方法，适用于一些机械等专用设备。其计算公式为：

单位工作量（单位里程或每工作小时）折旧额

＝（固定资产原值–预计净残值）/总工作量（总行驶里程或总工作小时）

（三）提高固定资产利用效果的途径

一是根据轻重缓急，合理购置和建设固定资产，把资金使用在经济效益最大而且在生产上迫切需要的项目上；二是购置和建造固定资产要量力而行，做到与单位的生产规模和财力相适应；三是各类固定资产务求配套完备，注意加强设备的通用性和适用性，使固定资产能充分发挥效用；四是建立严格的使用、保养和管理制度，对不需用的固定资产应及时采取措施，以免浪费，注意提高机器设备的利用强度和生产能力的利用程度。

第四节　成本和赢利核算

产品的生产过程，同时也是生产的耗费过程。企业要生产产品，就是发生各种生产耗费。生产过程的耗费包括劳动对象（如饲料）的耗费、劳动手段（如生产工具）的耗费以及劳动力的耗费等。企业为生产一定数量和种类的产品而发生的直接材料费（包括直接用于产品生产的原材料、燃料动力费等）、直接人工费用（直接参加产品生产的工人工资以及福利费）和间接制造费用的总和构成产品成本。

一、成本核算的意义

产品成本是一项综合性很强的经济指标，它反映了企业的技术实力和整个经营状况。鸡场的品种是否优良，饲料质量好坏，饲养技术水平高低，固定资产利用的好坏，人工耗费的多少等，都可以通过产品成本反映出来。所以，鸡场通过成本和费用核算，可发现成本升降的原因，降低成本费用耗费，提高产品的竞争能力和赢利能力。

二、做好成本核算的基础工作

（一）建立健全各项原始记录

原始记录是计算产品成本的依据，直接影响着产品成本计算的准确性。如原始记录不实，就不能正确反映生产耗费和生产成果，就会使成本计算变为"假账真算"，成本核算就失去了意义。所以，饲料、燃料动力的消耗、原材料、低值易耗品的领退，生产工时的耗用，畜禽变动，畜禽群周转、畜禽死亡淘汰、产出产品等原始记录都必须认真如实地登记。

（二）建立健全各项定额管理制度

鸡场要制订各项生产要素的耗费标准（定额）。不管是饲料、燃料动力，还是费用工时、资金占用等，都应制订比较先进、切实可行的定额。定额的制订应建立在先进的基础上，对经过十分努力仍然达不到的定额标准或不需努力就很容易达到定额标准的定额，要及时进行修订。

（三）加强财产物资的计量、验收、保管、收发和盘点制度

财产物资的实物核算是其价值核算的基础。做好各种物资的计量、收集和保管工作，是加强成本管理、正确计算产品成本的前提条件。

三、鸡场成本的构成项目

（一）饲料费

饲料费是指饲养过程中耗用的自产和外购的混合饲料和各种饲料原料而产生的费用。凡是购入的饲料，其费用按买价加运费计算，自产饲料一般按生产成本（含种植成本和加工成本）进

行计算。

(二) 劳务费

劳务费是指从事养鸡的生产管理劳动产生的费用，包括饲养、清粪、捡蛋、防疫、捉鸡、消毒、购物运输等所支付的工资、资金、补贴和福利等。

(三) 新母鸡培育费

新母鸡培育费是指从雏鸡出壳养到 140 天的所有生产费用。如是购买育成新母鸡，按买价计算。自己培育的按培育成本计算。

(四) 医疗费

医疗费是指用于鸡群的生物制剂、消毒剂及检疫费、化验费、专家咨询服务费等。但已包含在育成新母鸡成本中的费用和配合饲料中的药物及添加剂费用不必重复计算。

(五) 固定资产折旧维修费

固定资产折旧维修费是指禽舍、笼具和专用机械设备等固定资产的基本折旧费及修理费。根据鸡舍结构和设备质量、使用年限来计损。如是租用土地，应加上租金；土地、鸡舍等都是租用的，只计租金，不计折旧。

(六) 燃料动力费

燃料动力费是指饲料加工、鸡舍保暖、排风、供水、供气等耗用的燃料和电力费用，这些费用按实际支出的数额计算。

(七) 利息

利息是指对固定投资及流动资金一年中支付利息的总额。

(八) 杂费

杂费包括低值易耗品费用、保险费、通信费、交通费、搬运费等。

(九) 税金

税金是指用于养鸡生产的土地、建筑设备及生产销售等一年内应缴的税金。

以上九项构成了鸡场生产成本，从构成成本比重来看，饲料费、新母鸡培育费、劳务费、折旧费、利息五项价额较大，是成本项目构成的主要部分，应当重点控制。

四、成本的计算方法

成本的计算方法分为分群核算和混群核算。

（一）分群核算

分群核算的对象是每种鸡的不同类别，如蛋鸡群、育雏群、育成群、肉鸡群等，按鸡群的不同类别分别设置生产成本明细账户，分别归集生产费用和计算成本。鸡场的主产品是鲜蛋、种蛋、毛鸡，副产品是粪便和淘汰鸡的收入。鸡场的饲养费用包括育成鸡的价值、饲料费用、折旧费、人工费等。

1. 鲜蛋成本

每千克鲜蛋成本（元/千克）＝［蛋鸡生产费用－蛋鸡残值－非鸡蛋收入（包括粪便、死淘鸡等收入）］÷入舍母鸡总产蛋量（千克）

2. 种蛋成本

每枚种蛋成本（元/枚）＝［种鸡生产费用－种鸡残值－非种蛋收入（包括鸡粪、商品蛋、淘汰鸡等收入）］÷入舍种母鸡出售种蛋数

3. 雏鸡成本

每只雏鸡成本＝（全部的孵化费用－副产品价值）/成活一昼夜的雏禽只数

4. 鸡肉成本

每千克鸡肉成本＝（基本鸡群的饲养费用－副产品价值）÷鸡肉总重量

5. 育雏鸡成本

每只育雏鸡成本＝（育雏期的饲养费用－副产品价值）÷育雏期末存活的雏鸡数

6. 育成鸡成本

每只育成鸡成本＝（育雏育成期的饲养费用－粪便、死淘鸡收入）÷育成期末存活的鸡数

（二）混群核算

混群核算的对象是每类畜禽，如牛、羊、猪、鸡等，按畜禽种类设置生产成本明细账账户归集生产费用和计算成本。资料不全的小规模鸡场常用。

1. 种蛋成本

每枚种蛋成本（元/枚）＝［期初存栏种鸡价值+购入种鸡价值+本期种鸡饲养费－期末种鸡存栏价值－淘汰出售种鸡价值－非种蛋收入（商品蛋、鸡粪等收入）］÷本期收集种蛋数

2. 鸡蛋成本

每千克鸡蛋成本（元/千克）＝［期初存栏蛋鸡价值+购入蛋鸡价值+本期蛋鸡饲养费用－期末蛋鸡存栏价值－淘汰出售蛋鸡价值－鸡粪收入］（元）÷本期产蛋总重量（千克）

3. 鸡肉成本

每千克鸡肉成本（元/千克）＝［期初存栏鸡价值+购入鸡价值+本期鸡饲养费用－期末鸡存栏价值－淘汰出售鸡价值－鸡粪收入］（元）÷本期产蛋总重量（千克）

五、赢利核算

赢利核算是对鸡场的赢利进行观察、记录、计量、计算、分析和比较等工作的总称，所以赢利也称税前利润。赢利是企业在一定时期内的货币表现的最终经营成果，是考核企业生产经营好坏的一个重要经济指标。

（一）赢利的核算公式

赢利＝销售产品价值－销售成本＝利润＋税金

（二）衡量赢利效果的经济指标

1. 销售收入利润率　表明产品销售利润在产品销售收入中所占的比重。销售利润率越高，经营效果越好。

销售收入利润率＝产品销售利润/产品销售收入×100%

2. 销售成本利润率　它是反映生产消耗的经济指标，在禽产品价格、税金不变的情况下，产品成本愈低，销售利润愈多，销售成本利润率愈高。

销售成本利润率＝产品销售利润/产品销售成本×100%

3. 产值利润率　它说明实现百元产值可获得多少利润，用以分析生产增长和利润增长比例关系。

产值利润率＝利润总额/总产值×100%

4. 资金利润率　是把利润和占用资金联系起来，反映资金占用效果，具有较大的综合性。

资金利润率＝利润总额/流动资金和固定资金的平均占用额×100%

附　录

附录一　中国饲料成分及营养价值表
（2018 年第 29 版）

附表 1-1　饲料描述及干物质含量

序号	饲料名称	饲料描述	中国饲料号 CFN	干物质/%
1	玉米	成熟，高蛋白，优质	4-07-0278	88.0
2	玉米	成熟，高赖氨酸，优质	4-07-0288	86.0
3	玉米	成熟，GB/T 17890—2008　1 级	4-07-0279	86.0
4	玉米	成熟，GB/T 17890—2008　2 级	4-07-0280	86.0
5	高粱	成熟，NY/T　1 级	4-07-0272	88.0
6	小麦	混合小麦，成熟 GB1351—2008　2 级	4-07-0270	88.0
7	大麦（裸）	裸大麦，成熟 GB/T 11760—2008　2 级	4-07-0274	87.0
8	大麦（皮）	皮大麦，成熟 GB 10367—89　1 级	4-07-0277	87.0
9	黑麦	籽粒，进口	4-07-0281	88.0
10	稻谷	成熟，晒干 NY/T　2 级	4-07-0273	86.0
11	糙米	除去外壳的大米，GB/T 18810—2002　1 级	4-07-0276	87.0
12	碎米	加工精米后的副产品 GB/T 5503—2009　1 级	4-07-0275	88.0

序号	饲料名称	饲料描述	中国饲料号 CFN	干物质/%
13	粟（谷子）	合格，带壳，成熟	4-07-0479	86.5
14	木薯干	木薯干片，晒干　GB 10369—89 合格	4-04-0067	87.0
15	甘薯干	甘薯干片，晒干 NY/T 121—89 合格	4-04-0068	87.0
16	次粉	黑面，黄粉，下面 NY/T 211—92　1级	4-08-0104	88.0
17	次粉	黑面，黄粉，下面 NY/T 211—92　2级	4-08-0105	87.0
18	小麦麸	传统制粉工艺 GB 10368—89　1级	4-08-0069	87.0
19	小麦麸	传统制粉工艺　GB 10368—89　2级	4-08-0070	87.0
20	米糠	新鲜，不脱脂 NY/T　2级	4-08-0041	87.0
21	米糠饼	未脱脂，机榨 NY/T　1级	4-10-0025	88.0
22	米糠粕	浸提或预压浸提，NY/T　1级	4-10-0018	87.0
23	大豆	黄大豆，成熟 GB 1352—86　2级	5-09-0127	87.0
24	全脂大豆	微粒化 GB 1352—86　2级	5-09-0128	88.0
25	大豆饼	机榨　GB 10379—89　2级	5-10-0241	89.0
26	去皮大豆粕	去皮，浸提或预压浸提 NY/T　1级	5-10-0103	89.0
27	大豆粕	浸提或预压浸提 NY/T　1级	5-10-0102	89.0
28	棉籽饼	机榨 NY/T 129—89　2级	5-10-0118	88.0
29	棉籽粕	浸提 GB 21264—2007　1级	5-10-0119	90.0
30	棉籽粕	浸提 GB 21264—2007　2级	5-10-0117	90.0
31	棉籽蛋白	脱酚，低温一次浸出，分步萃取	5-10-0220	92.0
32	菜籽饼	机榨 NY/T 1799—2009　2级	5-10-0183	88.0
33	菜籽粕	浸提 GB/T 23736—2009　2级	5-10-0121	88.0
34	花生仁饼	机榨 NY/T　2级	5-10-0116	88.0
35	花生仁粕	浸提 NY/T 133—89　2级	5-10-0115	88.0
36	向日葵仁饼	壳仁比 35∶65 NY/T　3级	1-10-0031	88.0

序号	饲料名称	饲料描述	中国饲料号 CFN	干物质/%
37	向日葵仁粕	壳仁比 16：84　NY/T　2 级	5-10-0242	88.0
38	向日葵仁粕	壳仁比 24：76　NY/T　2 级	5-10-0243	88.0
39	亚麻仁饼	机榨 NY/T　2 级	5-10-0119	88.0
40	亚麻仁粕	浸提或预压浸提 NY/T　2 级	5-10-0120	88.0
41	芝麻饼	机榨，CP40%	5-10-0246	92.0
42	玉米蛋白粉	玉米去胚芽、淀粉后面的面筋部分 CP60%	5-11-0001	90.1
43	玉米蛋白粉	玉米去胚芽、淀粉后面的面筋部分，中等蛋白质产品，CP50%	5-11-0002	88.0
44	玉米蛋白粉	玉米去胚芽、淀粉后面的面筋部分，中等蛋白质产品，CP40%	5-11-0008	89.9
45	玉米蛋白饲料	玉米去胚芽、淀粉后的含皮残渣	5-11-0003	88.0
46	玉米胚芽	玉米湿磨后的胚芽，机榨	4-10-0026	90.0
47	玉米胚芽粕	玉米湿磨后的胚芽，浸提	4-10-0244	90.0
48	DDGS	玉米酒精糟及可溶物，脱水	5-11-0007	89.2
49	蚕豆粉浆蛋白粉	蚕豆去皮制粉丝后的浆液，脱水	5-11-0009	88.0
50	麦芽根	大麦芽副产品干燥	5-11-0004	89.7
51	鱼粉（CP67%）	进口 GB/T　19164—2003，特级	5-13-0044	92.4
52	鱼粉(CP60.2%)	沿海产的海鱼粉，脱脂，12 样平均值	5-13-0046	90.0
53	鱼粉(CP53.5%)	沿海产的海鱼粉，脱脂，11 样平均值	5-13-0077	90.0
54	血粉	鲜猪血，喷雾干燥	5-13-0036	88.0
55	羽毛粉	纯净羽毛，水解	5-13-0037	88.0
56	皮革粉	废牛皮，水解	5-13-0038	88.0
57	肉骨粉	屠宰下脚料，带骨干燥粉碎	5-13-0047	93.0
58	肉粉	脱脂	5-13-0048	94.0
59	苜蓿草粉（CP19%）	一茬盛花期烘干 NY/T　1 级	1-05-0074	87.0

续表

序号	饲料名称	饲料描述	中国饲料号 CFN	干物质/%
60	苜蓿草粉（CP17%）	一茬盛花期烘干 NY/T 2 级	1-05-0075	87.0
61	苜蓿草粉（CP14%~15%）	NY/T 3 级	1-05-0076	87.0
62	啤酒糟	大麦酿造副产品	5-11-0005	88.0
63	啤酒酵母	啤酒酵母菌粉，QB/T 1940—94	7-15-0001	91.7
64	乳清粉	乳清，脱水低乳糖含量	4-13-0075	97.2
65	酪蛋白	脱水	5-01-0162	91.7
66	明胶	食用	5-14-0503	90.0
67	牛奶乳糖	进口，含乳糖80%以上	4-06-0076	96.0
68	乳糖	食用	4-06-0077	96.0
69	葡萄糖	食用	4-06-0078	90.0
70	蔗糖	食用	4-06-0079	99.0
71	玉米淀粉	食用	4-02-0889	99.0
72	牛脂		4-17-0001	99.0
73	猪油		4-17-0002	99.0
74	家禽脂肪		4-17-0003	99.0
75	鱼油		4-17-0004	99.0
76	菜籽油		4-17-0005	99.0
77	椰子油		4-17-0006	99.0
78	玉米油		4-17-0007	99.0
79	棉籽油		4-17-0008	99.0
80	棕榈油		4-17-0009	99.0
81	花生油		4-17-0010	99.0
82	芝麻油		4-17-0011	99.0
83	大豆油	粗制	4-17-0012	99.0
84	葵花油		4-17-0013	99.0

附表1-2 饲料常规成分

中国饲料号 CFN	饲料名称	代谢能/（兆焦/千克）	粗蛋白质/%	粗脂肪/%	粗纤维/%	无氮浸出物/%	粗灰分/%	中性洗涤纤维/%	酸性洗涤纤维/%	淀粉/%	钙/%	总磷/%	有效磷/%
4-07-0278	玉米	13.31	9.4	3.1	1.2	71.1	1.2	9.4	3.5	60.9	0.09	0.22	0.04
4-07-0288	玉米	13.60	8.5	5.3	2.6	68.3	1.3	9.4	3.5	59.0	0.16	0.25	0.05
4-07-0279	玉米	13.56	8.7	3.6	1.6	70.7	1.4	9.3	2.7	65.4	0.02	0.27	0.05
4-07-0280	玉米	13.47	8.0	3.6	2.3	71.8	1.2	9.9	3.1	63.5	0.02	0.27	0.05
4-07-0272	高粱	12.30	8.7	3.4	1.4	70.7	1.8	17.4	8.0	68.0	0.13	0.36	0.09
4-07-0270	小麦	12.72	13.4	1.7	1.9	69.1	1.9	13.3	3.9	54.6	0.17	0.41	0.21
4-07-0274	大麦（裸）	11.21	13.0	2.1	2.0	67.7	2.2	10.0	2.2	50.2	0.04	0.39	0.12
4-07-0277	大麦（皮）	11.30	11.0	1.7	4.8	67.1	2.4	18.4	6.8	52.2	0.09	0.33	0.10
4-07-0281	黑麦	11.25	9.5	1.5	2.2	73.0	1.8	12.3	4.6	56.5	0.05	0.30	0.14
4-07-0273	稻谷	11.00	7.8	1.6	8.2	63.8	4.6	27.4	28.7	63.0	0.03	0.36	0.15
4-07-0276	糙米	14.06	8.8	2.0	0.7	74.2	1.3	1.6	0.8	47.8	0.03	0.35	0.13
4-07-0275	碎米	14.23	10.4	2.2	1.1	72.7	1.6	0.8	0.6	51.6	0.06	0.35	0.12
4-07-0479	粟（谷子）	11.88	9.7	2.3	6.8	65.0	2.7	15.2	13.3	63.2	0.12	0.30	0.09
4-04-0067	木薯干	12.38	2.5	0.7	2.5	79.4	1.9	8.4	6.4	71.6	0.27	0.09	0.03

续表

中国饲料号CFN	饲料名称	代谢能/(兆焦/千克)	粗蛋白质/%	粗脂肪/%	粗纤维/%	无氮浸出物/%	粗灰分/%	中性洗涤纤维/%	酸性洗涤纤维/%	淀粉/%	钙/%	总磷/%	有效磷/%
4-04-0068	甘薯干	9.79	4.0	0.8	2.8	76.4	3.0	8.1	4.1	64.5	0.19	0.02	—
4-08-0104	次粉	12.76	15.4	2.2	1.5	67.1	1.51	8.7	4.3	37.8	0.08	0.48	0.17
4-08-0105	次粉	12.51	13.6	2.1	2.8	66.7	1.83	1.9	10.5	36.7	0.08	0.48	0.17
4-08-0069	小麦麸	5.69	15.7	3.9	6.5	56.0	4.93	7.0	13.0	22.6	0.11	0.92	0.32
4-08-0070	小麦麸	5.65	14.3	4.0	6.8	57.1	4.84	1.3	11.9	19.8	0.10	0.93	0.33
4-08-0041	米糠	11.21	12.8	16.5	5.7	44.5	7.52	2.9	13.4	27.4	0.07	1.43	0.20
4-10-0025	米糠饼	10.17	14.7	9.0	7.4	48.2	8.72	7.7	11.6	30.2	0.14	1.69	0.24
4-10-0018	米糠粕	8.28	15.1	2.0	7.5	53.6	8.82	3.3	10.9	25.0	0.15	1.82	0.25
5-09-0127	大豆	13.56	35.5	17.3	4.3	25.7	4.2	7.9	7.3	2.6	0.27	0.48	0.12
5-09-0128	全脂大豆	15.69	35.5	18.7	4.6	25.2	4.0	11.0	6.4	6.7	0.32	0.40	0.10
5-10-0241	大豆饼	10.54	41.8	5.8	4.8	30.7	5.9	18.1	15.5	3.6	0.31	0.50	0.13
5-10-0103	大豆粕	15.58	47.9	1.5	3.3	29.7	4.9	8.8	5.3	1.8	0.34	0.65	0.24
5-10-0102	大豆粕	10.00	44.2	1.9	5.9	28.3	6.1	13.6	9.6	3.5	0.33	0.62	0.16
5-10-0118	棉籽饼	9.04	36.3	7.4	12.5	26.1	5.7	32.1	22.9	3.0	0.21	0.83	0.21

续表

中国饲料号 CFN	饲料名称	代谢能/(兆焦/千克)	粗蛋白质/%	粗脂肪/%	粗纤维/%	无氮浸出物/%	粗灰分/%	中性洗涤纤维/%	酸性洗涤纤维/%	淀粉/%	钙/%	总磷/%	有效磷/%
5-10-0119	棉籽粕	7.78	47.0	0.5	10.2	26.3	6.0	22.5	15.3	1.5	0.25	1.10	0.28
5-10-0117	棉籽粕	8.49	43.5	0.5	10.5	28.9	6.62	8.4	19.4	1.8	0.28	1.04	0.26
5-10-0220	棉籽蛋白	9.04	51.1	1.0	6.9	27.3	5.7	20.0	13.7	0.9	0.29	0.89	0.22
5-10-0183	菜籽饼	8.16	35.7	7.4	11.4	26.3	7.2	33.3	26.0	3.8	0.59	0.96	0.20
5-10-0121	菜籽粕	7.41	38.6	1.4	11.8	28.9	7.3	20.7	16.8	6.1	0.65	1.02	0.25
5-10-0116	花生仁饼	11.63	44.7	7.2	5.9	25.1	5.1	14.0	8.7	6.6	0.25	0.53	0.16
5-10-0115	花生仁粕	10.88	47.8	1.4	6.2	27.2	5.4	15.5	11.7	6.7	0.27	0.56	0.17
1-10-0031	向日葵仁饼	6.65	29.0	2.9	20.4	31.0	4.7	41.4	29.6	2.0	0.24	0.87	0.22
5-10-0242	向日葵仁粕	9.71	36.5	1.0	10.5	34.4	5.6	14.9	13.6	6.2	0.27	1.13	0.29
5-10-0243	向日葵仁粕	8.49	33.6	1.0	14.8	38.8	5.3	32.8	23.5	4.4	0.26	1.03	0.26
5-10-0119	亚麻仁饼	9.79	32.2	7.8	7.8	34.0	6.2	29.7	27.1	11.4	0.39	0.88	0.22
5-10-0120	亚麻仁粕	7.95	34.8	1.8	8.2	36.6	6.6	21.6	14.4	13.0	0.42	0.95	0.24
5-10-0246	芝麻饼	8.95	39.2	10.3	7.2	24.9	10.4	18.0	13.2	1.8	2.24	1.19	0.31
5-11-0001	玉米蛋白粉	16.23	63.5	5.4	1.01	9.2	1.0	8.7	4.61	7.2	0.07	0.44	0.16

续表

中国饲料号 CFN	饲料名称	代谢能/(兆焦/千克)	粗蛋白质/%	粗脂肪/%	粗纤维/%	无氮浸出物/%	粗灰分/%	中性洗涤纤维/%	酸性洗涤纤维/%	淀粉/%	钙/%	总磷/%	有效磷/%
5-11-0002	玉米蛋白粉	14.27	56.3	4.7	1.32	3.4	2.3	6.5	8.11	6.1	0.04	0.44	0.15
5-11-0008	玉米蛋白粉	13.31	44.3	6.0	1.6	37.1	0.9	29.1	8.2	20.6	0.12	0.50	0.31
5-11-0003	玉米蛋白饲料	8.45	18.3	7.5	7.8	47.0	5.4	33.6	10.5	21.5	0.15	0.70	0.17
4-10-0026	玉米胚芽	9.37	16.7	9.6	6.3	50.8	6.6	28.5	7.4	13.5	0.04	0.50	0.15
4-10-0244	玉米胚芽粕	8.66	20.8	2.0	6.5	54.8	5.9	38.2	10.7	14.2	0.06	0.50	0.15
5-11-0007	DDGS	9.20	27.5	10.1	6.6	39.9	5.1	38.3	12.5	4.2	0.06	0.71	0.48
5-11-0009	蚕豆粉浆蛋白粉	14.52	66.3	4.7	4.1	10.3	2.6	13.7	9.7	—	0.22	0.59	0.18
5-11-0004	麦芽根	5.90	28.3	1.4	12.5	41.4	6.1	40.0	15.1	7.2		0.73	0.18
5-13-0044	鱼粉(CP67%)	12.97	67.0	8.4	0.2	0.4	16.4				4.56	2.88	2.88
5-13-0046	鱼粉(CP60.2%)	11.80	60.2	4.9	0.51	1.6	12.8				4.04	2.90	2.90
5-13-0077	鱼粉(CP53.5%)	12.13	53.5	10.0	0.8	4.92	0.8				5.88	3.20	3.20
5-13-0036	血粉	10.29	82.8	0.4		1.6	3.2				0.29	0.31	0.2
5-13-0037	羽毛粉	11.42	77.9	2.2	0.7	1.4	5.8				0.20	0.68	0.61
5-13-0038	皮革粉	6.19	74.7	0.8		1.6	10.9				4.40	0.15	0.13

续表

中国饲料号 CFN	饲料名称	代谢能/(兆焦/千克)	粗蛋白质/%	粗脂肪/%	粗纤维/%	无氮浸出物/%	粗灰分/%	中性洗涤纤维/%	酸性洗涤纤维/%	淀粉/%	钙/%	总磷/%	有效磷/%
5-13-0047	肉骨粉	9.96	50.0	8.5	2.8		31.77				9.20	4.70	4.3
5-13-0048	肉粉	9.20	54.0	12.0	1.4	4.3	22.3				7.69	3.88	3.61
1-05-0074	苜蓿草粉（CP19%）	4.06	19.1	2.3	22.7	35.3	7.6	36.7	25.0	6.1	1.40	0.51	0.51
1-05-0075	苜蓿草粉（CP17%）	3.64	17.2	2.6	25.6	33.3	8.3	39.0	28.62	3.4	1.52	0.2	0.22
1-05-0076	苜蓿草粉（CP14%~15%）	3.51	14.3	2.1	29.8	33.8	10.1	36.8	29.0	3.5	1.34	0.19	0.19
5-11-0005	啤酒糟	9.92	24.3	5.3	13.4	40.8	4.2	39.4	24.6	11.5	0.32	0.42	0.14
7-15-0001	啤酒酵母	10.54	52.4	0.4	0.6	33.6	4.7	6.1	1.8	1.0	0.16	1.02	0.46
4-13-0075	乳清粉	11.42	11.5	0.8	0.1	76.8	8.0				0.62	0.69	0.52
5-01-0162	酪蛋白	17.28	89.0	0.2		0.4	2.1				0.20	0.68	0.67
5-14-0503	明胶	9.87	88.6	0.5		0.59	0.31				0.49		
4-06-0076	牛奶乳糖	11.25	3.5	0.5		82.0	10				0.52	0.62	0.62
4-06-0077	乳糖	11.30	0.3			95.7							

续表

中国饲料号 CFN	饲料名称	代谢能/(兆焦/千克)	粗蛋白质/%	粗脂肪/%	粗纤维/%	无氮浸出物/%	粗灰分/%	中性洗涤纤维/%	酸性洗涤纤维/%	淀粉/%	钙/%	总磷/%	有效磷/%
4-06-0078	葡萄糖	12.89	0.3			89.7							
4-06-0079	蔗糖	16.32				98.5					0.04	0.01	0.01
4-02-0889	玉米淀粉	13.22	0.3	0.2		98.5				98.0		0.03	0.01
4-17-0001	牛脂	32.55		98.0※		0.5		0.5					
4-17-0002	猪油	38.11		98.0※		0.5		0.5					
4-17-0003	家禽脂肪	39.16		98.0※		0.5		0.5					
4-17-0004	鱼油	35.35		98.0※		0.5		0.5					
4-17-0005	菜籽油	38.53		98.0※		0.5		0.5					
4-17-0006	椰子油	40.42		98.0※		0.5		0.5					
4-17-0007	玉米油	36.83		98.0※		0.5		0.5					
4-17-0008	棉籽油	37.87		98.0※		0.5		0.5					
4-17-0009	棕榈油	24.27		98.0※		0.5		0.5					
4-17-0010	花生油	39.16		98.0※		0.5		0.5					
4-17-0011	芝麻油	35.48		98.0※		0.5		0.5					
4-17-0012	大豆油	35.02		98.0※		0.5		0.5					
4-17-0013	葵花油	40.42		98.0※		0.5		0.5					

附表1-3　饲料中氨基酸含量

（单位:%）

中国饲料号 CFN	饲料名称	精氨酸	组氨酸	异亮氨酸	亮氨酸	赖氨酸	蛋氨酸	胱氨酸	苯丙氨酸	酪氨酸	苏氨酸	色氨酸	缬氨酸
4-07-0278	玉米	0.38	0.23	0.26	1.03	0.26	0.19	0.22	0.43	0.34	0.31	0.08	0.40
4-07-0288	玉米	0.50	0.29	0.27	0.74	0.36	0.15	0.18	0.37	0.28	0.30	0.08	0.46
4-07-0279	玉米	0.39	0.21	0.25	0.93	0.24	0.18	0.20	0.41	0.33	0.30	0.07	0.38
4-07-0280	玉米	0.37	0.20	0.24	0.93	0.23	0.15	0.15	0.38	0.31	0.29	0.06	0.35
4-07-0272	高粱	0.33	0.18	0.35	1.08	0.18	0.17	0.12	0.43	0.32	0.26	0.08	0.44
4-07-0270	小麦	0.62	0.30	0.46	0.89	0.35	0.21	0.30	0.61	0.37	0.38	0.15	0.56
4-07-0274	大麦（裸）	0.64	0.16	0.43	0.87	0.44	0.14	0.25	0.68	0.40	0.43	0.16	0.63
4-07-0277	大麦（皮）	0.65	0.24	0.52	0.91	0.42	0.18	0.18	0.59	0.35	0.41	0.12	0.64
4-07-0281	黑麦	0.48	0.22	0.30	0.58	0.35	0.15	0.21	0.42	0.26	0.31	0.10	0.43
4-07-0273	稻谷	0.57	0.15	0.32	0.58	0.29	0.19	0.16	0.40	0.37	0.25	0.10	0.47
4-07-0276	糙米	0.65	0.17	0.30	0.61	0.32	0.20	0.14	0.35	0.31	0.28	0.12	0.49
4-07-0275	碎米	0.78	0.27	0.39	0.74	0.42	0.22	0.17	0.49	0.39	0.38	0.12	0.57
4-07-0479	粟（谷子）	0.30	0.20	0.36	1.15	0.15	0.25	0.20	0.49	0.26	0.35	0.17	0.42
4-04-0067	木薯干	0.40	0.05	0.11	0.15	0.13	0.05	0.04	0.10	0.04	0.10	0.03	0.13

续表

中国饲料号 CFN	饲料名称	精氨酸	组氨酸	异亮氨酸	亮氨酸	赖氨酸	蛋氨酸	胱氨酸	苯丙氨酸	酪氨酸	苏氨酸	色氨酸	缬氨酸
4-04-0068	甘薯干	0.16	0.08	0.17	0.26	0.16	0.06	0.08	0.19	0.13	0.18	0.05	0.27
4-08-0104	次粉	0.86	0.41	0.55	1.06	0.59	0.23	0.37	0.66	0.46	0.50	0.21	0.72
4-08-0105	次粉	0.85	0.33	0.48	0.98	0.52	0.16	0.33	0.63	0.45	0.50	0.18	0.68
4-08-0069	小麦麸	1.00	0.41	0.51	0.96	0.63	0.23	0.32	0.62	0.43	0.50	0.25	0.71
4-08-0070	小麦麸	0.88	0.37	0.46	0.88	0.56	0.22	0.31	0.57	0.34	0.45	0.18	0.65
4-08-0041	米糠	1.06	0.39	0.63	1.00	0.74	0.25	0.19	0.63	0.50	0.48	0.14	0.81
4-10-0025	米糠饼	1.19	0.43	0.72	1.06	0.66	0.26	0.30	0.76	0.51	0.53	0.15	0.99
4-10-0018	米糠粕	1.28	0.46	0.78	1.30	0.72	0.28	0.32	0.82	0.55	0.57	0.17	1.07
5-09-0127	大豆	2.57	0.59	1.28	2.72	2.20	0.56	0.70	1.42	0.64	1.41	0.45	1.50
5-09-0128	全脂大豆	2.62	0.95	1.63	2.64	2.20	0.53	0.57	1.77	1.25	1.43	0.45	1.69
5-10-0241	大豆饼	2.53	1.10	1.57	2.75	2.43	0.60	0.62	1.79	1.53	1.44	0.64	1.70
5-10-0103	大豆粕	3.43	1.22	2.10	3.57	2.99	0.68	0.73	2.33	1.57	1.85	0.65	2.26
5-10-0102	大豆粕	3.38	1.17	1.99	3.35	2.68	0.59	0.65	2.21	1.47	1.71	0.57	2.09
5-10-0118	棉籽饼	3.94	0.90	1.16	2.07	1.40	0.41	0.70	1.88	0.95	1.14	0.39	1.51

续表

中国饲料号 CFN	饲料名称	精氨酸	组氨酸	异亮氨酸	亮氨酸	赖氨酸	蛋氨酸	胱氨酸	苯丙氨酸	酪氨酸	苏氨酸	色氨酸	缬氨酸
5-10-0119	棉籽粕	5.44	1.28	1.41	2.60	2.13	0.65	0.75	2.47	1.46	1.43	0.57	1.98
5-10-0117	棉籽粕	4.65	1.19	1.29	2.47	1.97	0.58	0.68	2.28	1.05	1.25	0.51	1.91
5-10-0220	棉籽蛋白	6.08	1.58	1.72	3.13	2.26	0.86	1.04	2.94	1.42	1.60		2.48
5-10-0183	菜籽饼	1.82	0.83	1.24	2.26	1.33	0.60	0.82	1.35	0.92	1.40	0.42	1.62
5-10-0121	菜籽粕	1.83	0.86	1.29	2.34	1.30	0.63	0.87	1.45	0.97	1.49	0.43	1.74
5-10-0116	花生仁饼	4.60	0.83	1.18	2.36	1.32	0.39	0.38	1.81	1.31	1.05	0.42	1.28
5-10-0115	花生仁粕	4.38	0.88	1.25	2.50	1.40	0.41	0.40	1.92	1.39	1.11	0.45	1.36
1-10-0031	向日葵仁饼	2.44	0.62	1.19	1.76	0.96	0.59	0.43	1.21	0.77	0.98	0.28	1.35
5-10-0242	向日葵仁粕	3.17	0.81	1.51	2.25	1.22	0.72	0.62	1.56	0.99	1.25	0.47	1.72
5-10-0243	向日葵仁粕	2.89	0.74	1.39	2.07	1.13	0.69	0.50	1.43	0.91	1.14	0.37	1.58
5-10-0119	亚麻仁饼	2.35	0.51	1.15	1.62	0.73	0.46	0.48	1.32	0.50	1.00	0.48	1.44
5-10-0120	亚麻仁粕	3.59	0.64	1.33	1.85	1.16	0.55	0.55	1.51	0.93	1.10	0.70	1.51
5-10-0246	芝麻饼	2.38	0.81	1.42	2.52	0.82	0.82	0.75	1.68	1.02	1.29	0.49	1.84
5-11-0001	玉米蛋白粉	2.01	1.23	2.92	10.5	1.10	1.60	0.99	3.94	3.19	2.11	0.36	2.94

续表

中国饲料号 CFN	饲料名称	精氨酸	组氨酸	异亮氨酸	亮氨酸	赖氨酸	蛋氨酸	胱氨酸	苯丙氨酸	酪氨酸	苏氨酸	色氨酸	缬氨酸
5-11-0002	玉米蛋白粉	1.48	0.89	1.75	7.87	0.92	1.14	0.76	2.83	2.25	1.59	0.31	2.05
5-11-0008	玉米蛋白粉	1.31	0.78	1.63	7.08	0.71	1.04	0.65	2.61	2.03	1.38		1.84
5-11-0003	玉米蛋白饲料	0.77	0.56	0.62	1.82	0.63	0.29	0.33	0.70	0.50	0.68	0.14	0.93
4-10-0026	玉米胚芽	1.16	0.45	0.53	1.25	0.70	0.31	0.47	0.64	0.54	0.64	0.16	0.91
4-10-0244	玉米胚芽粕	1.51	0.62	0.77	1.54	0.75	0.21	0.28	0.93	0.66	0.68	0.18	1.66
5-11-0007	DDGS	1.23	0.75	1.06	3.21	0.87	0.56	0.57	1.40	1.09	1.04	0.22	1.41
5-11-0009	蚕豆粉浆蛋白粉	5.96	1.66	2.90	5.88	4.44	0.60	0.57	3.34	2.21	2.31		3.20
5-11-0004	麦芽根	1.22	0.54	1.08	1.58	1.30	0.37	0.26	0.85	0.67	0.96	0.42	1.44
5-13-0044	鱼粉(CP67%)	3.93	2.01	2.61	4.94	4.97	1.86	0.60	2.61	1.97	2.74	0.77	3.11
5-13-0046	鱼粉(CP60.2%)	3.57	1.71	2.68	4.80	4.72	1.64	0.52	2.35	1.96	2.57	0.70	3.17
5-13-0077	鱼粉(CP53.5%)	3.24	1.29	2.30	4.30	3.87	1.39	0.49	2.22	1.70	2.51	0.60	2.77
5-13-0036	血粉	2.99	4.40	0.75	8.38	6.67	0.74	0.98	5.23	2.55	2.86	1.11	6.08
5-13-0037	羽毛粉	5.30	0.58	4.21	6.78	1.65	0.59	2.93	3.57	1.79	3.51	0.40	6.05
5-13-0038	皮革粉	4.45	0.40	1.06	2.53	2.18	0.80	0.16	1.56	0.63	0.71	0.50	1.91

续表

中国饲料号 CFN	饲料名称	精氨酸	组氨酸	异亮氨酸	亮氨酸	赖氨酸	蛋氨酸	胱氨酸	苯丙氨酸	酪氨酸	苏氨酸	色氨酸	缬氨酸
5-13-0047	肉骨粉	3.35	0.96	1.70	3.20	2.60	0.67	0.33	1.70	1.26	1.63	0.26	2.25
5-13-0048	肉粉	3.60	1.14	1.60	3.84	3.07	0.80	0.60	2.17	1.40	1.97	0.35	2.66
1-05-0074	苜蓿草粉（CP19%）	0.78	0.39	0.68	1.20	0.82	0.21	0.22	0.82	0.58	0.74	0.43	0.91
1-05-0075	苜蓿草粉（CP17%）	0.74	0.32	0.66	1.10	0.81	0.20	0.16	0.81	0.54	0.69	0.37	0.85
1-05-0076	苜蓿草粉（CP14%~15%）	0.61	0.19	0.58	1.00	0.60	0.18	0.15	0.59	0.38	0.45	0.24	0.58
5-11-0005	啤酒糟	0.98	0.51	1.18	1.08	0.72	0.52	0.35	2.35	1.17	0.81	0.28	1.66
7-15-0001	啤酒酵母	2.67	1.11	2.85	4.76	3.38	0.83	0.50	4.07	0.12	2.33	0.21	3.40
4-13-0075	乳清粉	0.40	0.20	0.90	1.20	1.10	0.20	0.30	0.40	0.21	0.80	0.20	0.70
5-01-0162	酪蛋白	3.10	2.68	4.43	8.36	6.99	2.57	0.39	4.56	4.54	3.79	1.08	5.80
5-14-0503	明胶	6.60	0.66	1.42	2.91	3.62	0.76	0.12	1.74	0.43	1.82	0.05	2.26
4-06-0076	牛奶乳糖	0.25	0.09	0.09	0.16	0.14	0.03	0.04	0.09	0.02	0.09	0.09	0.09

附表 1-4 矿物质含量

中国饲料号 CFN	饲料名称	钠/%	氯/%	镁/%	钾/%	铁/(毫克/千克)	铜/(毫克/千克)	锰/(毫克/千克)	锌/(毫克/千克)	硒/(毫克/千克)
4-07-0278	玉米	0.01	0.04	0.11	0.29	36	3.4	5.8	21.1	0.04
4-07-0272	高粱	0.03	0.09	0.15	0.34	87	7.6	17.1	20.1	0.05
4-07-0270	小麦	0.06	0.07	0.11	0.50	88	7.9	45.6	29.7	0.05
4-07-0274	大麦（裸）	0.04		0.11	0.60	100	7.0	18.0	30.0	0.14
4-07-0277	大麦（皮）	0.02	0.15	0.15	0.56	87	5.6	17.5	23.6	0.06
4-07-0281	黑麦	0.02	0.04	0.12	0.42	117	7.0	53.0	35.0	0.40
4-07-0273	稻谷	0.04	0.07	0.07	0.34	40	3.5	20.0	8.0	0.04
4-07-0276	糙米	0.04	0.06	0.14	0.34	78	3.3	21.0	10.0	0.07
4-07-0275	碎米	0.07	0.08	0.11	0.13	62	8.8	47.5	36.4	0.06
4-07-0479	粟（谷子）	0.04	0.14	0.1	0.43	270	24.5	22.5	15.9	0.08
4-04-0067	木薯干	0.03		0.11	0.78	150	4.2	6.0	14.0	0.04
4-04-0068	甘薯干	0.06		0.18	0.36	107	6.1	10.0	9.0	0.07
4-08-0104	次粉	0.60	0.04	0.41	0.60	140	11.6	94.2	73.0	0.07
4-08-0105	次粉	0.60	0.04	0.41	0.60	140	11.6	94.2	73.0	0.07
4-08-0069	小麦麸	0.07	0.07	0.52	1.19	170	13.8	104.3	96.5	0.07

续表

中国饲料号 CFN	饲料名称	钠/%	氯/%	镁/%	钾/%	铁/(毫克/千克)	铜/(毫克/千克)	锰/(毫克/千克)	锌/(毫克/千克)	硒/(毫克/千克)
4-08-0070	小麦麸	0.07	0.07	0.47	1.19	137	16.5	80.6	104.7	0.05
4-08-0041	米糠	0.07	0.07	0.9	1.73	304	7.1	175.9	50.3	0.09
4-10-0025	米糠饼	0.08		1.26	1.8	400	8.7	211.6	56.4	0.09
4-10-0018	米糠粕	0.09	0.1		1.8	432	9.4	228.4	60.9	0.1
5-09-0127	大豆	0.02	0.03	0.28	1.7	111	18.1	21.5	40.7	0.06
5-09-0128	全脂大豆	0.02	0.03	0.28	1.7	111	18.1	21.5	40.7	0.06
5-10-0241	大豆饼	0.02	0.02	0.25	1.77	187	19.8	32	43.4	0.04
5-10-0103	大豆粕	0.03	0.05	0.28	2.05	185	24	38.2	46.4	0.1
5-10-0102	大豆粕	0.03	0.05	0.28	1.72	185	24	28	46.4	0.06
5-10-0118	棉籽饼	0.04	0.14	0.52	1.2	266	11.6	17.8	44.9	0.11
5-10-0119	棉籽粕	0.04	0.04	0.4	1.16	263	14	18.7	55.5	0.15
5-10-0117	棉籽粕	0.04	0.04	0.4	1.16	263	14	18.7	55.5	0.15
5-10-0183	菜籽饼	0.02		0.51	1.34	687	7.2	78.1	59.2	0.29
5-10-0121	菜籽粕	0.09	0.11	0.4	1.4	653	7.1	82.2	67.5	0.16
5-10-0116	花生仁饼	0.04	0.03	0.33	1.14	347	23.7	36.7	52.5	0.06

续表

中国饲料号 CFN	饲料名称	钠/%	氯/%	镁/%	钾/%	铁（毫克/千克）	铜（毫克/千克）	锰（毫克/千克）	锌（毫克/千克）	硒（毫克/千克）
5-10-0115	花生仁粕	0.07	0.03	0.31	1.23	368	25.1	38.9	55.7	0.06
1-10-0031	向日葵仁饼	0.02	0.01	0.75	1.17	424	45.6	41.5	62.1	0.09
5-10-0242	向日葵仁粕	0.20	0.01	0.75	1.00	226	32.8	34.5	82.7	0.06
5-10-0243	向日葵仁粕	0.20	0.10	0.68	1.23	310	35.0	35.0	80.0	0.08
5-10-0119	亚麻仁饼	0.09	0.04	0.58	1.25	204	27	40.3	36	0.18
5-10-0120	亚麻仁粕	0.14	0.05	0.56	1.38	219	25.5	43.3	38.7	0.18
5-10-0246	芝麻饼	0.04	0.05	0.5	1.39	1780	50.4	32	2.4	0.21
5-11-0001	玉米蛋白粉	0.01	0.05	0.08	0.3	230	1.9	5.9	19.2	0.02
5-11-0002	玉米蛋白粉	0.02			0.35	332	10	78	49	
5-11-0008	玉米蛋白粉	0.02	0.08	0.05	0.4	400	28	7		1
5-11-0003	玉米蛋白饲料	0.12	0.22	0.42	1.3	282	10.7	77.1	59.2	0.23
4-10-0026	玉米胚芽饼	0.01	0.12	0.1	0.3	99	12.8	19	108.1	
4-10-0244	玉米胚芽粕	0.01		0.16	0.69	214	7.7	23.3	123.6	0.33
5-11-0007	DDGS	0.24	0.17	0.91	0.28	98	5.4	15.2	5203	
5-11-0009	蚕豆粉浆蛋白粉	0.01			0.06		22	16		

续表

中国饲料号 CFN	饲料名称	钠/%	氯/%	镁/%	钾/%	铁/(毫克/千克)	铜/(毫克/千克)	锰/(毫克/千克)	锌/(毫克/千克)	硒/(毫克/千克)
5-11-0004	麦芽根	0.06	0.59	0.16	2.18	198	5.3	67.8	42.4	0.6
5-13-0044	鱼粉(CP67%)	1.04	0.71	0.23	0.74	337	8.4	11	102	2.7
5-13-0046	鱼粉(CP60.2%)	0.97	0.61	0.16	1.1	80	8	10	80	1.5
5-13-0077	鱼粉(CP53.5%)	1.15	0.61	0.16	0.94	292	8	9.7	88	1.94
5-13-0036	血粉	0.31	0.27	0.16	0.9	2100	8	2.3	14	0.7
5-13-0037	羽毛粉	0.31	0.26	0.2	0.18	73	6.8	8.8	89.8	0.8
5-13-0038	皮革粉					131	11.1	25.2	90	
5-13-0047	肉骨粉	0.73	0.75	1.13	1.4	500	1.5	10	94	0.25
5-13-0048	肉粉	0.8	0.97	0.35	0.57	440	10	30.7	17.1	0.37
1-05-0074	苜蓿草粉(CP19%)	0.09	0.38	0.3	2.08	372	9.1	30.7	21	0.46
1-05-0075	苜蓿草粉(CP17%)	0.17	0.46	0.36	2.4	361	9.7	33.2	22.6	0.46
1-05-0076	苜蓿草粉(CP14%~15%)	0.11	0.46	0.36	2.22	437	9.1	35.6	104	0.48

续表

中国饲料号 CFN	饲料名称	钠/%	氯/%	镁/%	钾/%	铁(毫克/千克)	铜(毫克/千克)	锰(毫克/千克)	锌(毫克/千克)	硒(毫克/千克)
5-11-0005	啤酒糟	0.25	0.12	0.19	0.08	274	20.1	22.3	86.7	0.41
7-15-0001	啤酒酵母	0.1	0.12	0.23	1.7	248	61	4.6	3	1
4-13-0075	乳清粉	2.11	0.14	0.13	1.81	160	43.1	3.6	27	0.06
5-01-0162	酪蛋白	0.01	0.04	0.01	0.01	13	3.6			0.15
5-14-0503	明胶			0.05						
4-06-0076	牛奶乳糖			0.15	2.4					

附表 1-5　维生素含量

中国饲料号	饲料名称	胡萝卜素/（毫克/千克）	维生素E/（毫克/千克）	维生素B₁/（毫克/千克）	维生素B₂/（毫克/千克）	泛酸/（毫克/千克）	烟酸/（毫克/千克）	生物素/（毫克/千克）	叶酸/（毫克/千克）	胆碱/（毫克/千克）	维生素B₆/（毫克/千克）	维生素B₁₁/（微克/千克）	亚油酸/%
4-07-0278	玉米	2	22	3.5	1.1	5	24	0.06	0.15	620	10		2.2
4-07-0272	高粱		7	3	1.3	12.4	41	0.26	0.2	668	5.2		1.13
4-07-0270	小麦	0.4	13	4.6	1.3	11.9	51	0.11	0.36	1040	3.7		0.59
4-07-0274	大麦（裸）		48	4.1	1.4		87				19.3		
4-07-0277	大麦（皮）	4.1	20	4.5	1.8	8	55	0.15	0.07	990	4		0.83
4-07-0281	黑麦		15	3.6	1.5	8	16	0.06	0.6	440	2.6		0.76
4-07-0273	稻谷	16		3.1	1.2	3.7	34	0.08	0.45	900	28		0.28
4-07-0276	糙米		13.5	2.8	1.1	11	30	0.08	0.4	1014	0.04		
4-07-0275	碎米		14	1.4	0.7	8	30	0.08	0.2	800	28		
4-07-0479	粟（谷子）	1.2	36.3	6.6	1.6	7.4	53		15	790			0.84
4-04-0067	木薯干			1.7	0.8	1	3				1		0.1
4-08-0104	次粉	3	20	16.5	1.8	15.6	72	0.33	0.76	1187	9		1.74
4-08-0105	次粉	3	20	16.5	1.8	15.6	72	0.33	0.76	1187	9		1.74

续表

中国饲料号	饲料名称	胡萝卜素/(毫克/千克)	维生素E/(毫克/千克)	维生素B₁/(毫克/千克)	维生素B₂/(毫克/千克)	泛酸/(毫克/千克)	烟酸/(毫克/千克)	生物素/(毫克/千克)	叶酸/(毫克/千克)	胆碱/(毫克/千克)	维生素B₆/(毫克/千克)	维生素B₁₁/(微克/千克)	亚油酸/%
4-08-0069	小麦麸	1	14	8	4.6	31		0.6	0.63	980	7		1.7
4-08-0070	小麦糠	1	14	8	4.6	31	186	0.36	0.63	980	7		1.7
4-08-0041	米糠		60	22.5	2.5	23	293	0.42	2.2	1135	14		3.57
4-10-0025	米糠饼		11	24	2.9	94.9	689	0.7	0.88	1700	54	40	
4-10-0018	米糠粕												
5-09-0127	大豆		40	12.3	2.9	17.4	24	0.42	2	3200	12	0	8
5-09-0128	全脂大豆		40	12.3	2.9	17.4	24	0.42	2	3200	12	0	8
5-10-0241	大豆饼	0.2	6.6	1.7	4.4	13.8	37	0.32	0.45	2673	10	0	
5-10-0103	大豆粕	0.2	3.1	4.6	3	16.4	30.7	0.33	0.81	2858	6.1	0	0.51
5-10-0102	大豆粕	0.2	3.1	4.6	3	16.4	30.7	0.33	0.81	2858	6.1	0	0.51
5-10-0118	棉籽饼	0.2	16	6.4	5.1	10	38	0.53	1.65	2753	5.3	0	2.47
5-10-0119	棉籽粕	0.2	15	7	5.5	12	40	0.3	2.51	2933	5.1	0	1.51
5-10-0117	棉籽粕	0.2	15	7	5.5	12	40	0.3	2.51	2933	5.1	0	1.51

续表

中国饲料号	饲料名称	胡萝卜素（毫克/千克）	维生素E（毫克/千克）	维生素B₁（毫克/千克）	维生素B₂（毫克/千克）	泛酸（毫克/千克）	烟酸（毫克/千克）	生物素（毫克/千克）	叶酸（毫克/千克）	胆碱（毫克/千克）	维生素B₆（毫克/千克）	维生素B₁₁（微克/千克）	亚油酸 %
5-10-0183	菜籽饼												
5-10-0121	菜籽粕		54	5.2	3.7	9.5	160	0.98	0.95	6700	7.2	0	0.42
5-10-0116	花生仁饼		3	7.1	5.2	47	166	0.33	0.4	1655	10	0	1.43
5-10-0115	花生仁粕		3	5.7	11	53	173	0.39	0.39	1854	10	0	0.24
1-10-0031	向日葵仁饼		0.9		18	4	86	1.4	0.4	800			
5-10-0242	向日葵仁粕		0.7	4.6	2.3	39	22	1.7	1.6	3260	17.2		
5-10-0243	向日葵仁粕			3	3	29.9	14	1.4	1.14	3100	11.1		0.98
5-10-0119	亚麻仁饼		7.7	2.6	4.1	16.5	37.4	0.36	2.9	1672	6.1		1.07
5-10-0120	亚麻仁粕	0.2	5.8	7.5	3.2	14.7	33	0.41	0.34	1512	6	200	0.36
5-10-0246	芝麻饼	0.2	0.3	2.8	3.6	6	30	2.4	—	1536	12.5	0	1.9
5-11-0001	玉米蛋白粉	44	25.5	0.3	2.2	3	55	0.15	0.2	330	6.9	20	1.17
5-11-0002	玉米蛋白粉												
5-11-0008	玉米蛋白粉	16	19.9	0.2	1.5	9.6	54.5	0.15	0.22	330			

续表

中国饲料号	饲料名称	胡萝卜素/(毫克/千克)	维生素E/(毫克/千克)	维生素B₁/(毫克/千克)	维生素B₂/(毫克/千克)	泛酸/(毫克/千克)	烟酸/(毫克/千克)	生物素/(毫克/千克)	叶酸/(毫克/千克)	胆碱/(毫克/千克)	维生素B₆/(毫克/千克)	维生素B₁₂/(微克/千克)	亚油酸/%
5-11-0003	玉米蛋白饲料	8	14.8	2	2.4	17.8	75.5	0.22	0.28	1 700	13	250	1.43
4-10-0026	玉米胚芽饼	2	87		3.7	3.3	42			1 936			1.47
4-10-0244	玉米胚芽粕	2	80.8	1.1	4	4.4	37.7	0.22	0.2	2 000			1.47
5-11-0007	DDGS	3.5		3.5	8.6	11	75	0.3	0.88	2 637	2.28	10	2.15
5-11-0009	蚕豆粉浆蛋白粉		40										
5-11-0004	麦芽根		4.2	0.7	1.5	8.6	43.3		0.2	1 548			0.46
5-13-0044	鱼粉(CP67%)		5	2.8	5.8	9.3	82	1.3	0.9	5 600	2.3	210	0.2
5-13-0046	鱼粉(CP60.2%)		7	0.5	4.9	9	55	0.2	0.3	3 056	4	104	0.12
5-13-0077	鱼粉(CP53.5%)		5.6	0.4	8.8	8.8	65			3 000		143	
5-13-0036	血粉		1	0.4	1.6	1.2	23	0.09	0.11	800	4.4	50	0.1
5-13-0037	羽毛粉		7.3	0.1	2	10	27	0.04	0.2	880	3	71	0.83
5-13-0047	肉骨粉		0.8	0.2	5.2	4.4	59.4	0.14	0.6	2 000	4.6	100	0.72
5-13-0048	肉粉		1.2	0.6	4.7	5	57	0.08	0.5	2 077	2.4	80	0.8

续表

中国饲料号	饲料名称	胡萝卜素/(毫克/千克)	维生素E/(毫克/千克)	维生素B₁/(毫克/千克)	维生素B₂/(毫克/千克)	泛酸/(毫克/千克)	烟酸/(毫克/千克)	生物素/(毫克/千克)	叶酸/(毫克/千克)	胆碱/(毫克/千克)	维生素B₆/(毫克/千克)	维生素B₁₁/(微克/千克)	亚油酸/%
1-05-0074	苜蓿草粉(CP19%)	94.69	144	5.8	15.5	34	40	0.35	4.36	1 419	8		044
1-05-0075	苜蓿草粉(CP17%)	94.6	125	3.4	13.6	29	38	0.3	4.2	1 401	6.5		0.35
1-05-0076	苜蓿草粉(CP14%~15%)	63	98	3	10.6	20.8	418	0.25	1.54	1 548			
5-11-0005	啤酒糟	0.2	27	0.6	1.5	8.6	43	0.24	0.24	1 723	0.7		2.94
7-15-0001	啤酒酵母		2.2	91.8	37	109	448	0.63	9.9	3 984	42.8	999.9	0.04
4-13-0075	乳清粉		0.3	3.9	29.9	47	10	0.34	0.66	1 500	4	20	0.01
5-01-0162	酪蛋白			0.4	1.5	2.7	1	0.04	0.51	205	0.4		

注:附表1—1至附表1—5中,"—"表示未测值;"*"代表典型值;空的数据项代表值为"0";表中所有数据,无特别说明者,均表示为饲喂状态的含量数据。

附录二 禽产品购销合同范本

甲方（购买方）：_____。

乙方（销售方）：_____。

为保证购销双方利益，经甲乙双方充分协商，特订立本合同，以便双方共同遵守。

1. 产品的名称和品种_____；数量_____（必须明确规定产品的计量单位和计量方法）。

2. 产品的等级和质量：_____（产品的等级和质量，国家有关部门有明确规定的，按规定标准确定产品的等级和质量；国家有关部门无明文规定的，由双方当事人协商确定）；产品的检疫办法：_____（国家或地方主管部门有卫生检疫规定的，按国家或地方主管部门规定进行检疫；国家或地方主管部门无检疫规定的，由双方当事人协商检疫办法）。

3. 产品的价格（单价）_____；总货款_____；货款结算办法_____。

4. 交货期限、地点和方式_____。

5. 甲方的违约责任

（1）甲方未按合同收购或在合同期中退货的，应按未收或退货部分货款总值的_____%（5%~25%的幅度），向乙方偿付违约金。

（2）甲方如需提前收购，商得乙方同意变更合同的，甲方应给乙方提前收购货款总值的_____%的补偿，甲方因特殊原因必须逾期收购的，除按逾期收购部分货款总值计算向乙方偿付违约金外，还应承担供方在此期间所支付的保管费或饲养费，并承担因此而造成的其他实际损失。

（3）对通过银行结算而未按期付款的，应按中国人民银行有关延期付款的规定，向乙方偿付延期付款的违约金。

（4）乙方按合同规定交货，甲方无正当理由拒收的，除按拒收部分货款总值的＿＿＿%（5%~25%的幅度）向乙方偿付违约金外，还应承担乙方因此而造成的实际损失和费用。

6. 乙方的违约责任

（1）乙方逾期交货或交货少于合同规定的，如需方仍然需要的，乙方应如数补交，并应向甲方偿付逾期不交或少交部分货物总值的＿＿＿＿％（由甲乙方商定）的违约金；如甲方不需要的，乙方应按逾期或应交部分货款总值的＿＿＿＿％（1%~20%的幅度）付违约金。

（2）乙方交货时间比合同规定提前，经有关部门证明理由正当的，甲方可考虑同意接收，并按合同规定付款；乙方无正当理由提前交货的，甲方有权拒收。

（3）乙方交售的产品规格、卫生质量标准与合同规定不符时，甲方可以拒收。乙方如经有关部门证明确有正当理由，甲方仍然需要乙方交货的，乙方可以迟延交货，不按违约处理。

7. 不可抗力　合同执行期内，如发生自然灾害或其他不可抗力的原因，致使当事人一方不能履行、不能完全履行或不能适当履行合同的，应向对方当事人通报理由，经有关主管部门证实后，不负违约责任，并允许变更或解除合同。

8. 解决合同纠纷的方式　执行本合同发生争议，由当事人双方协商解决。协商不成，双方同意由＿＿＿＿＿＿仲裁委员会仲裁（当事人双方不在本合同中约定仲裁机构，事后又没有达成书面仲裁协议的，可向人民法院起诉）。

9. 其他＿＿＿＿＿＿＿＿＿。

当事人一方要求变更或解除合同，应提前通知对方，并采用书面形式由当事人双方达成协议。接到要求变更或解除合同通知的一方，应在七天之内做出答复（当事人另有约定的，从约定），逾期不答复的，视为默认。

违约金、赔偿金应在有关部门确定责任后十天内（当事人有约定的，从约定）偿付，否则按逾期付款处理，任何一方不得自行用扣付货款来充抵。

本合同如有未尽事宜，须经甲乙双方共同协商，做出补充规定，补充规定与本合同具有同等效力。

本合同正本一式三份，甲乙双方各执一份，主管部门保存一份。

甲方：＿＿＿＿＿＿（公章）；　代表人：＿＿＿＿（盖章）

乙方：＿＿＿＿＿＿（公章）；　代表人：＿＿＿＿（盖章）

＿＿＿＿年＿＿＿＿月＿＿＿＿日订

附录三　新乡市地方标准：土鸡生态散养技术操作规程

1　范围

本规程规定了生态散养土鸡饲养管理、饲料营养、疫病防治、出栏、运输、蛋品处理等方面的技术要求。

本规程适用于新乡市生态散养的土鸡。

2　规范性引用文件

下列文件中的条款通过本标准的引用而成为本标准的条款。凡是注日期的引用文件，仅所注日期的版本适用于本文件。凡是不注日期的引用文件，其最新版本（包括所有的修改单）适用于本文件。

GB 13078.2—2006　饲料卫生标准

GB 16548—2006　病害动物和病害动物产品生物安全处理规程

GB 18596—2001　畜禽养殖业污染物排放标准

GB 16549—1996　畜禽产地检疫规范

GB/T 32148—2015　家禽健康养殖规范

NY/T 388—1999　畜禽场环境质量标准

NY 5027—2008 无公害食品　畜禽饮用水水质

NY 5030—2006 无公害食品　畜禽饲养兽药使用准则

NY 5032—2006 无公害食品　畜禽饲料和饲料添加剂使用准则

NY/T 5339—2006 无公害食品　畜禽饲养兽医防疫准则

NY 5037—2001　无公害食品　肉鸡饲养饲料使用准则

DB41/T 498—2007　无公害鲜鸡蛋生产技术规范

中华人民共和国动物防疫法

3　术语和定义

下列术语和定义适用于本文件。

3.1　土鸡

土鸡是指我国传统的地方品种（标准品种）鸡或利用我国地方品种相互杂交的后代（也叫草鸡或笨鸡）。土鸡的羽毛色泽有黑、红、黄、白、麻等，脚的皮肤有黄色、黑色、灰白色等。具有耐粗食、易饲养、肉质好（骨细肉厚、皮薄、肉质嫩滑、味香浓郁、营养全面）、鸡蛋味道鲜美等特点。

3.2　土鸡生态散养

土鸡生态散养是指土鸡育雏期在舍内饲养，育成、育肥期和产蛋期在外界隔离条件良好，无污染的林地、坡地、荒地和果园等地方散放饲养，主要依靠野生饲料资源（如牧草、青菜、昆虫等），再适量补充全价配合饲料，利用山泉水或人工供给的清洁饮水。在养殖过程中，不使用任何对人体有害的激素、色素、抗生素等。

3.3　饲养期划分

3.3.1　育雏期

土鸡0~6周龄（根据室外气温及天气情况适当调整）。

3.3.2　育肥期

土鸡6周龄至上市（18~22周龄）。

3.3.3　育成期

育雏结束至开产（25周龄左右）。

3.3.4　产蛋期

育成结束到淘汰（62~65周龄）。产蛋期又分为产蛋前期（产蛋率5%~80%）、产蛋高峰期（产蛋率80%以上）和产蛋后期（产蛋率降到80%以下）三个阶段。

4　育雏期的饲养管理

4.1　育雏前准备

4.1.1 育雏舍

育雏舍应隔离、卫生、地势高燥、保温、通风良好、环境安静、便于冲洗消毒等，门口设置消毒池，池内放置消毒药液，并每周更换 1~2 次。

育雏舍面积依据育雏方式、饲养密度和育雏数量确定，育雏期末，网上平养饲养密度为 20~25 只/米^2，地面平养饲养密度为 10~15 只/米^2，笼养饲养密度为每平方米笼底面积 20~25 只。

4.1.2 设备用具

准备好加温、照明、通风等设备以及开食盘（纸）、料桶（槽）、饮水器、清扫消毒用具、兽医器械、温度计等，数量满足饲养需要，并进行清洁消毒。

4.1.3 消毒

进雏前 2 周，对育雏舍进行彻底的清洁消毒。消毒程序：第一步，清理、清扫、清洗。清扫和清理顶棚、墙体、地面和设备用具的污染物质（为避免产生灰尘，可以先使用消毒药物喷雾），高压水枪冲洗墙体和地面，待干燥后用消毒药物进行喷洒消毒。第二步，地面、墙壁和设备用具的消毒。育雏舍的墙壁可用 8% 石灰乳加 3% 氢氧化钠溶液抹白，新建育雏舍可用 5% 的氢氧化钠溶液或 5% 的福尔马林溶液喷洒。地面用 5% 的氢氧化钠溶液喷洒。把移出的设备、用具，如料盘、料桶、饮水器等清洗干净，然后用 5% 的福尔马林溶液喷洒或在消毒池内浸泡 3~5 小时，移入育雏舍。第三步，熏蒸消毒。应将育雏的所有用具，如鸡笼、饲料桶、饮水器等放入育雏舍内，密闭门窗，按每立方米空间用福尔马林 40 毫升、高锰酸钾 20 克，将高锰酸钾倒入福尔马林中，使甲醛蒸发进行熏蒸消毒，消毒 24 小时。打开窗户换气 24 小时，便可进雏。育雏舍经过消毒后，严格禁止未经消毒的用具和非饲养管理人员进入，以免重新污染。第四步，舍外环境消毒。清除育雏舍外所有的垃圾废物、杂草。对路面和鸡舍周围 5 米以内的环境用酸或碱消毒剂冲洗消毒。进鸡前 1~2 周和进鸡前 2 天各进行消毒一次。

4.1.4 备好饲料

雏鸡对饲料的要求是营养浓度高一些，营养全面，并且容易消化。土鸡雏鸡的饲料消耗量，因品种和阶段划分上的差异而不同，一般情况下，0~7 周龄其耗料量约为 1.5 千克/只。进雏前要准备 1 周的饲料量。

4.1.5 水质要求

饮用水要符合 NY 5027—2008 要求。

4.1.6 药品准备

育雏前需准备维生素 C 和多种维生素、葡萄糖、消毒药物、常用抗生素和疫苗等。

4.1.7 提前加温

加热方式有火炉、热风炉、保姆伞、水暖管道等，无论采用何种取暖方式，在雏鸡进入育雏舍前 24 小时就要开始加温升温，使舍内育雏温度达到 33~34 ℃。加温时必须注意将产生的烟、废气排出舍外。

4.2 饲养管理

4.2.1 雏鸡来源

雏鸡或种蛋来源于具有种禽种蛋生产经营许可证和工商营业执照的单位，并经产地检疫合格。

4.2.2 雏鸡选择

选择健康雏鸡。其表现：活泼好动，眼亮有神，反应灵敏，叫声清脆响亮；绒毛光亮，长短适中；两腿粗壮，腿脚结实，站立稳健；腹部平坦、柔软，卵黄吸收良好（不是大肚子鸡），羽毛覆盖整个腹部，肚脐干燥，愈合良好；肛门附近干净，没有白色粪便黏着；雏体大小一致，握在手中感到饱满有劲，挣扎有力。如脐部有出血痕迹或发红呈黑色、棕色，或为脐疗者，腿和喙、眼有残疾、畸形以及不符合品种要求的均要淘汰。

4.2.3 雏鸡入舍分群

雏鸡入舍后进行点数，并将弱雏放在单独的围栏内，利于管理。

4.2.4 饮水

雏鸡入舍前 2~3 小时将育雏舍内的饮水器灌满洁净的凉开水（水温 20 ℃左右）；雏鸡入舍后要立刻诱导雏鸡学会饮水（雏鸡出壳 24~36 小时要饮到水），保证每只雏鸡都会饮水；水中添加 5%的葡萄糖或白糖、0.1%的维生素 C，以缓解运输途中的疲劳，增加营养。

每只雏鸡要有 1~3 厘米的饮水位置，饮水器的边缘高度与雏鸡背高度一致。每天清洗消毒一次饮水器，保持饮水器清洁卫生。育雏期间保证饮水器内不得断水（饮水免疫需要除外），饮水器设有随时灌注装置。

4.2.5 喂料

饮水后可以立即"开食"（雏鸡的第一次饲喂），开食越早越有利于雏鸡消化器官发育和以后生长。可将开食饲料（将雏鸡全价配合饲料用凉开水拌湿，手握成团，一松手即散开）撒在消毒的黄纸、开食盘、料桶底盘上，厚度为 1 厘米左右，让雏鸡有充足的采食空间都能吃到育雏饲料，让雏鸡尽早学会采食。

1 日龄饲喂 10~12 次/天，2~14 日龄饲喂 5~6 次/天，以后饲喂 4 次/天。每只雏鸡有 3~5 厘米的采食位置，并调节料桶（槽）边缘高度与鸡背高度一致。

育雏期间自由采食。

4.2.6 环境条件

1 周龄育雏温度 34~36 ℃，以后每周下降 2~3 ℃，直至 18~20 ℃，温度要平稳，切忌忽高忽低。10 日龄以内，育雏舍内相对湿度 70%~65%，10~20 日龄 65%~60%，3 周以后 55%~50%

为宜。饲养密度，地面平养为 0~2 周龄 40~50 只/米²，3~4 周龄 20~30 只/米²，5 周龄以后 15~20 只/米²；网上平养饲养密度比地面平养提高 10%左右。雏鸡 0~3 日龄 23 小时照明（白天自然光照，晚上人工补光），1 小时黑暗；4 日龄以后每天减少 1 小时光照，直至自然光照；0~2 周龄光照强度 20 勒克斯左右；3 周龄以后光照强度 8~10 勒克斯。光源采用普通白炽灯或荧光灯，设置灯罩，并保持光源清洁，提高光照效果。0~2 周龄每天可分数次通风 10~30 分钟，以排出废气和调节舍内温、湿度；3 周龄以后加强通风，控制舍内氨气浓度在 25 毫升/米³ 以下。通风时避免冷风直吹雏鸡，风速不要超过 0.2 米/秒；注意雏鸡舍卫生管理，每天清扫舍内灰尘污物，及时清理潮湿的垫料（地面平养）和粪便（网上平养），保持饮水和饲料新鲜卫生；保持育雏舍安静。严禁闲杂人员进入鸡舍，严防猫、狗及鼠害、兽害。

4.2.7 调教

调教是指在特定环境下给予特殊信号或指令，使之逐渐形成条件反射或产生习惯性行为。喂鸡时给固定信号，如吹哨、敲盆等，声音一定要轻，以防炸群，久而久之，鸡就建立起条件反射，每当鸡听到信号就会过来，为以后散养做准备。

4.2.8 档案

应做好日常记录，包括喂料、饮水、死淘、免疫、用药、销售情况等，建立完整的生产档案。

5 育成、育肥期的饲养管理

5.1 散养方式

土鸡育成育肥期以散养方式为主。散养是指白天在林地、坡地、草场、荒地和果园等适宜的散养场地自由觅食野生饲料资源，晚归鸡舍，适时、适量补喂饲料来满足营养需要的生产方式。开始散养日龄一般夏季 30 日龄，春秋季 30~40 日龄，冬季 40~50 日龄。从育雏舍转往散养地的转群时间最好选择在晴天早晨，并实行公母分群饲养。散养开始几天对鸡群情况加强观察。

5.2　散养地选择

散养地选在地势高燥、通风向阳、环境安静、水源方便、无污染、无兽害的园地（竹园、茶园、果园、桑园）、林地、坡地、荒地、草场等地方。散养地确定后，周围打水泥柱，用耐雨淋和不生锈的尼龙网或塑料网筑起 1.5 米高的围栏。根据散养数量隔成几个区域。园地散养要注意避开重要的生产季节。

散养场地应符合产地环境质量标准 NY/T 388—1999 要求。

5.3　鸡舍搭建

散养鸡鸡舍的类型有棚舍、开放舍和塑料大棚舍。对鸡舍要求是防寒、挡风、避雨、遮阳、简便和经济。鸡舍面积 15～20 只/米²，每个鸡舍容纳土鸡 300～500 只。鸡舍内地面平整，高出舍外地面 30 厘米，设置栖息架（每只鸡所占栖架的位置不低于17～20 厘米）。鸡舍外设置排水沟。在鸡舍周围放置足够数量的补料桶（槽）和饮水器。

5.4　散养密度

一次性散养 80～100 只/667 米²；长期散养 15～20 只/667米²。散养规模以每群 1 000～1 500 只为宜。最好将一个地块用围网分成若干小区（一般 3 个左右），使鸡轮流在 3 个区域内采食，即分区轮牧，每个小区放牧 1～2 周，使土地生息结合，有利于资源开发和提高资源利用效率。

5.5　散养训练

5.5.1　消化功能训练

放牧前 1～3 周，可在育雏料中添加一定的青草和青菜，有条件的鸡场还可加入一定的动物性饲料，特别是虫体饲料（如蝇蛆、蚯蚓、黄粉虫等），使土鸡的消化功能得到应有的训练，减少散养后的饲料应激。青绿饲料的添加量，要由少到多逐渐添加，防止一次性增加过多而造成消化不良或腹泻。

5.5.2　适应气温训练

在育雏后期（散养前1~2周），应逐渐降低育雏室的温度，使舍内温度与外界气温一致。可适当进行较低温度和小范围变温的训练，使小土鸡具有一定的抗外界环境温度变化的能力，以便适应室外散养的气候条件，有利于提高散养初期的成活率。

5.5.3　归舍训练

散养鸡群活动范围大，容易出现夜晚不归舍的鸡，这些鸡得不到补饲，也容易被雨淋或野生食肉动物捕食。开始散养的前几天要进行散养训练，使鸡群在天黑前全部回到鸡舍。训练方法：一人在鸡舍门口吹哨或敲盆，并向鸡群抛撒玉米、碎米或小麦颗粒，同时饲养员在散养场地用竹竿或树枝驱赶不回去的鸡只，反复数日，即可形成条件反射，在傍晚或天气不好时，鸡都能及时被召回舍内。

5.6　补饲

1~5天内仍按舍饲喂量给料，日喂3次；5天后要限制饲料喂量。分两步递减饲料：散养5~10天内喂平常舍饲日粮的70%；散养10天后直到育成或出栏，只喂平常各生长阶段舍饲日粮的30%~50%（补料量应根据散养密度、散养地的野生饲料资源量确定），日喂1次（天气不好的时候喂2次）。傍晚补料时吹口哨或敲击金属物品，让散养的土鸡归舍采食。饲槽数量充足，每只土鸡应有8~10厘米的采食位置。

5.7　饮水

散养地安装供水系统，包括水源、水塔、输水管道、供水器（饮水器）等，根据散养地面积大小设置一定的饮水区域，在饮水区内设置饮水器，饮水器的数量满足鸡的需要，每只土鸡3~5厘米的饮水位置。

5.8　诱虫

昆虫虫体不仅富含蛋白质和各种必需氨基酸，还含有抗菌肽及多种未知生长因子，有利于土鸡生长。可以在鸡舍外安装高压电网黑光灯诱杀昆虫。

5.9　鸡群巡视

生态散养土鸡要定期进行巡视，目的是检查鸡群状态，及时发现病弱残鸡并隔离，防止猛禽、野兽伤害鸡群。

5.10　育肥期其他管理

5.10.1　阉割

作为阉鸡上市的公鸡一般在 40~60 日龄进行阉割。

5.10.2　夜间照明

育肥鸡舍要保持 14~15 小时的光照时间（光照强度 8~10 勒克斯）。晚上关灯后可留几个小灯泡，使舍内有些弱光，避免惊群，防止野生动物晚上靠近鸡舍。夏季昆虫较多时还可以诱虫，供给采食。

5.10.3　后期育肥

散养土鸡上市前 20~30 天，限制散养范围，缩短每天的散养时间，敞开供料，并适当提高饲料能量水平。

5.11　育成期其他管理

5.11.1　公、母分群

育雏结束，公、母分群，公鸡育肥，母鸡育成。

5.11.2　控制体重

从育成期开始至 25 周龄，每周或每 2 周抽测体重一次，随机取样，样品数量为群体数量的 2%~5%。根据称测体重情况适当调整补饲量，使育成母鸡的体重符合标准体重。

5.11.3　光照管理

从 21~23 周龄产蛋母鸡开始增加光照，每周增加 20 分钟，直至 15~16 小时恒定。光照强度 20~25 勒克斯。育肥土鸡不增加光照，不补光。

6　产蛋期的饲养管理

6.1 做好开产前的准备

开始产蛋的前一周,将产蛋箱准备好,让土鸡适应环境。每4~5只鸡准备1个产蛋箱,产蛋箱放置在较暗的地方,产蛋箱中铺些垫草,并放上假蛋;根据鸡群的免疫程序要求和抗体水平接种疫苗;安装好产蛋期需要的各种设备;进行全面彻底的消毒。

6.2 补料

散养地的饲料资源有限,不能完全满足土鸡产蛋的营养需要,需要补充饲喂。由于散养土鸡采食的饲料种类和数量难以确定,补料量没有一个绝对数值,实际生产中应根据体重、蛋重、产蛋率、蛋形、产蛋时间分布、采食情况和行为表现灵活调整。一般补料量为舍饲采食量的60%~70%为宜。

6.3 饲料更换

19周龄饲料中钙的水平提高到1.75%,21~23周龄提高到3%。当产蛋率达到25%以上时,应该将育成料更换为蛋鸡料。饲料更换要有5~7天的过渡期。

6.4 光照控制

一般产蛋高峰期光照时间应控制在15~16小时,如果日自然光照时间不足时需要人工光照补足。光照强度要达到20~25勒克斯。

6.5 沙浴

鸡场要准备一些沙土让鸡沙浴。

6.6 饮水

散养地和鸡舍周围运动场要设置饮水器,保证洁净、充足的饮水供应。

6.7 捡蛋

捡蛋时间、次数要制度化。每天捡蛋3~4次,捡蛋前用0.1%的新洁尔灭洗手消毒,持经消毒的清洁蛋盘捡蛋。捡蛋时要净、污蛋分开,薄、厚蛋分开,完好蛋和破损蛋分开,将那些表面有垫料、鸡粪、血污的蛋和地面蛋以及薄壳蛋、破蛋单独放置。在最后一次收集蛋后要将窝内鸡只抱出。

6.8 淘汰

产蛋期除随时淘汰发现的低产鸡和停产鸡外，应在产蛋高峰初期（25~30周龄）和产蛋高峰过后（45~48周龄）集中安排淘汰2次，以提高生产效益。65周龄以后，根据产蛋情况和市场情况，确定对产蛋鸡群进行全群淘汰或强制换羽。

7 饲料营养

7.1 饲料质量

应符合 NY 5037—2001 和 GB 13078—2001 要求。

7.2 药物性添加剂使用

应按照 NY 5030—2006 执行。

7.3 营养水平

饲料营养水平应满足不同类型、不同生长阶段土鸡的营养需要。育雏期饲喂雏鸡用全价配合饲料；育成育肥期补充育成、育肥期全价配合饲料；产蛋期补喂产蛋鸡饲料。参考营养需要量见附录 A 和附录 B。

饲料中不添加含有影响肉质、肉色、风味和蛋品品质的原料，饲料中不得含对人体有害的激素、色素、抗生素等，确保生产出的土鸡及土鸡蛋无有毒有害物质残留。

8 疫病防制

8.1 隔离

8.1.1 实行"全进全出"的饲养制度。

8.1.2 严禁闲杂人员、车辆、其他动物和禽产品进入养鸡生产区。

8.1.3 防止污染的垫料、器具和饲料进场。

8.1.4 发现病鸡及时隔离治疗，病死鸡及其粪便按照 GB 16548—2001 规定做深埋等无害化处理。

8.1.5 定期使用抗凝血类灭鼠剂进行灭鼠。

8.2 消毒

8.2.1 消毒药品

应选择对人、土鸡和环境安全、没有残留毒性、对设备没有损害、不会对土鸡有害积累的消毒剂。选用的消毒药品应符合 NY 5035—2006 的规定。选用的消毒剂有：二氧化氯、季铵盐类、过氧乙酸、有机碘络合物、高锰酸钾、酒精、生石灰、氢氧化钠、次氯酸盐等。

8.2.2 具体对象消毒

8.2.2.1 车辆消毒

车辆进入鸡场，车轮应经过消毒池消毒（消毒池内放置 3%~5% 氢氧化钠溶液，每周要更换 1 次）；车身和车底盘应进行喷雾消毒。

8.2.2.2 环境消毒

鸡场周围环境、道路，每周应消毒 1 次；鸡场周围及场内污水池、排粪口和下水道出口，每月消毒 1 次；放牧过的大田和林地等应翻土，撒施生石灰，带鸡消毒用 0.3% 过氧乙酸或 0.01%~0.05% 百毒杀或 1210。

8.2.2.3 人员消毒

饲养管理人员进入生产区应采取淋浴或喷雾等方法进行消毒。

严格控制外来人员进入生产区域，必须进入时，要经过淋浴或喷雾消毒后，更换生产区的工作服和工作鞋，并遵守生产区内防疫制度，按指定路线出入。

8.2.2.4 鸡舍消毒

进鸡前对鸡舍进行清理、清扫和高压水枪冲洗（发酵床地面禁用），然后进行喷洒和熏蒸消毒。药液要喷湿屋顶、墙体和地面的表面，熏蒸时间不少于 24 小时。空舍 1~2 周后方可使用；

进鸡后定期进行带鸡喷雾消毒，一般每周 1 次，喷雾雾粒直径以 80~120 微米为宜。喷雾时按由上至下、由内至外的顺序进行，选用二氧化氯、季铵盐类、过氧乙酸、次氯酸钠等消毒剂。

8.2.2.5　设备用具消毒

应定期对设备用具如饲喂系统、饮水系统、通风系统、照明系统等设备进行清洁消毒；对防治和免疫用的器具等在使用前彻底清洁消毒。

8.2.2.6　饮水消毒

散养期间，定期在饮水中投放一些高效、光谱、无毒的消毒剂，以控制降低水中有害菌的数量，防止疫病的传播。

8.3　免疫

8.3.1　疫苗

选购的疫苗必须有相应批准文号、执行标准、制造日期、有效期、使用范围以及用法用量等。疫苗应严格按要求保存、避免混淆。运输过程中有冷藏箱或保温瓶，严防日光暴晒。

8.3.2　免疫程序

鸡场应根据《中华人民共和国动物防疫法》及其配套的法规要求，结合当地实际情况，制订适合本场的免疫程序，有选择地进行疫病的预防接种工作。参考免疫程序见附表3-3。

8.3.3　免疫管理

免疫接种方法（途径）有点眼滴鼻、饮水、注射、刺种等，根据不同疫苗要求选择最适宜的方法，并做到免疫确切。饮水免疫时疫苗稀释应用蒸馏水，如用自来水，应煮沸后放凉使用，最好在稀释液中加入 0.2%~0.5% 的脱脂奶粉或山梨糖醇。

为减轻免疫过程中的应激反应，在免疫的前后 3 天内在饲料或饮水中添加维生素 C 或速溶性多种维生素。

8.4　用药

8.4.1　动物用药

兽药使用应符合 NY 5030—2006 无公害食品畜禽饲养兽药使用准则，宜使用中药预防和治疗各种疾病。规范用药，用量及休药期按照 NY 5030—2006 的规定执行。

8.4.2　农药

放牧地果树及其他经济林木杀虫，允许使用菊酯类杀虫剂。喷洒农药后 1 个月内不能放鸡。

8.5　常见病防治

8.5.1　细菌病

鸡沙门杆菌病（鸡白痢、鸡伤寒、鸡副伤寒）和大肠杆菌病，在 1～15 日龄用新霉素、庆大霉素、丁胺卡那霉素交替使用。

8.5.2　寄生虫病

鸡体外寄生虫的种类有很多，危害大的主要有鸡皮刺螨、羽螨、鸡虱子、臭虫、跳蚤和鸡软蜱等。寄生虫病一年四季均可发生，但夏秋高温高湿季节发病率更高。使用双甲脒 200 毫克/千克浓度或溴氰菊酯 50～100 毫克/千克浓度对鸡舍墙壁、地面、设备和用具进行喷雾，杀灭病原。伊维菌素或阿维菌素制剂拌料驱虫。

鸡球虫病和盲肠肝炎，在 20～60 日龄，用地克珠利、莫能霉素、盐霉素等药物交替使用；鸡蛔虫病、绦虫病、组织滴虫病等定期驱虫，8～9 周每只鸡 0.5 片驱虫净（四咪唑），研磨拌料，一次投服；17～18 周龄，每只鸡 1 片左旋咪唑，一次投服，连用 2 次。驱虫后注意及时清理粪便进行堆积发酵处理。

8.5.3　多发传染病

禽流感、新城疫、传染性法氏囊病、传染性支气管炎、慢性呼吸道病、鸡痘等传染病防治，要严格按照免疫程序及抗体水平选择使用疫苗进行预防接种。

8.6　排泄物处理

8.6.1 垫料和粪便

在固定地点进行堆肥处理。堆肥地点地面硬化不渗水，周围设置矮墙，上有顶棚。粪便堆积发酵后可做农业肥料。按照 GB 18596—2001 的规定执行。

8.6.2 污水

污水经过处理达到 GB 18596—2001 的要求后再向外排放。

9 土鸡出栏和运输

9.1 出栏

土鸡的类型不同，出栏日龄不同。根据不同土鸡类型特点和市场需求，在达到适宜日龄和体重时可以出栏。

土鸡出售前按 GB 16549—1996 进行产地检疫，检疫合格后方可上市，残次鸡另行处置。

严禁已出场的商品土鸡返场饲养。

9.2 运输

土鸡出栏前 6 小时停喂饲料，抓鸡、装笼、搬运、装卸中动作要轻，以防挤压和碰伤。运输设备要清洁，无粪便和化学品遗弃物。

10 蛋品处理

将脏蛋、破壳蛋、沙壳蛋、钢皮蛋、皱纹蛋、畸形蛋，以及过大、过小、过扁、过圆、双黄和碎蛋挑出，单独放置。对被污染的鸡蛋（脏蛋），先用细纱布将污物轻轻拭去，并对污染处用0.1%百毒杀进行消毒处理（不能用湿毛巾擦洗，以免破坏鸡蛋的表面保护膜，使鸡蛋难以保存）。

蛋品符合 DB41/T 498—2007 要求方可出售。

11 记录管理

建立完整的生产记录档案，包括引种记录，饲料、添加剂和药品的采购和使用记录，免疫、消毒、用药、检疫、疫病诊断和检测、病死鸡无害化处理记录，以及鸡群变化、死亡、淘汰和销售记录等；

记录要准确, 具有可追溯性; 记录保存时间不少于 2 年。

附录 A (资料性附录)　生态散养蛋鸡参考营养需要量

营养成分	后备鸡 (周龄)			产蛋鸡及种鸡 (产蛋率%)		
	0~6	7~14	15~20	>80	65~80	<65
代谢能/ (兆焦/千克)	11.92	11.72	11.30	11.50	11.50	11.50
粗蛋白质/%	18.00	16.00	12.00	16.50	15.00	15.00
钙/%	0.80	0.70	0.60	3.50	3.40	3.40
总磷/%	0.70	0.60	0.50	0.60	0.60	0.60
赖氨酸/%	0.85	0.64	0.45	0.73	0.66	0.62
蛋氨酸/%	0.30	0.27	0.20	0.36	0.33	0.31
色氨酸/%	0.17	0.15	0.11	0.16	0.14	0.14

附录 B (资料性附录)　生态散养商品土鸡参考营养需要量

营养指标	0~5 周龄	6~13 周龄	14 周龄以上
代谢能/ (兆焦/千克)	11.72~12.13	12.13~12.34	13.35~12.55
粗蛋白质/%	19~21	17.5~18	15~16
赖氨酸/%	1~1.07	0.85~0.95	0.8~0.9
含硫氨基酸/%	0.78~0.82	0.6~0.7	0.6~0.7
钙/%	0.95	0.85	0.82
磷/%	0.44	0.44	0.32

附录 C (资料性附录)　生态散养蛋肉兼用型土鸡参考免疫程序 (一)

日龄	疫苗名称	接种方法
1	马立克病疫苗	皮下或肌内注射
7~10	新城疫+传染性支气管炎弱毒苗 (H_{120})	滴鼻或点眼
	复合新城疫+多价传染性支气管炎灭活苗	颈部皮下注射 0.3 毫升/只
14~16	传染性法氏囊病弱毒苗	饮水

日龄	疫苗名称	接种方法
20~25	新城疫Ⅱ或Ⅳ系+传染性支气管炎弱毒苗（H_{52}）	气雾、滴鼻或点眼
	禽流感灭活苗	皮下注射 0.3 毫升/只
30~35	传染性法氏囊病弱毒苗	饮水
40	鸡痘疫苗	翅膀内侧刺种或皮下注射
60	传染性喉气管炎弱毒苗	点眼
80	新城疫Ⅰ系	肌内注射
90	传染性喉气管炎弱毒苗	点眼
110~120	新城疫+传染性支气管炎+减蛋综合征油苗	肌内注射
	禽流感油苗	皮下注射 0.5 毫升/只
280	鸡痘弱毒苗	翅膀内侧刺种或皮下注射
320~350	禽流感油苗	皮下注射 0.5 毫升/只

生态散养商品土鸡参考免疫程序（二）

日龄	疫苗名称	接种方法	剂量/羽	备注
1	马立克病疫苗	皮下注射	1~1.5 羽份	孵房进行，强制免疫
5	传染性支气管炎弱毒苗（H_{120}）	滴鼻或滴眼	1.5 羽份	
7	鸡痘弱毒冻干疫苗	刺种	1.5 羽份	夏秋季使用（6~10 月）
10	鸡传染性法氏囊病弱毒疫苗	饮水	2 羽份	
14	新城疫Ⅳ系弱毒疫苗或克隆-30	饮水	2 羽份	强制免疫
15	禽流感油乳制灭活苗（H_5、H_9）	皮下注射	0.3 毫升	强制免疫
20	传染性法氏囊病弱毒苗	饮水	2 羽份	

续表

日龄	疫苗名称	接种方法	剂量/羽	备注
30	新城疫 LaSota 系或Ⅱ系	饮水	2 羽份	强制免疫
34	禽流感油乳制灭活疫苗（H_5、H_9）	肌内注射	0.3~0.5 毫升	强制免疫
45	传染性支气管炎弱毒疫苗（H_{52}）	饮水	2 羽份	
60	鸡新城疫Ⅰ系弱毒苗	肌内注射	1 羽份	若散养周期为 180 日龄的，此次注射可推迟到 100 日龄

附录 D（资料性）　　土鸡生态散养模式明白纸

模式	产品	操作	效果
年生产两批模式	商品土鸡	第一批，3 月上旬进雏，4 月下旬散养，7 月中旬出栏；第二批，6 月中旬进雏，7 月中旬散养，9 月底至 10 月中旬出栏	一年在同一散养地里出栏两批土鸡。第一批在气候渐暖的 3 月上旬育雏。育雏结束后，野生饲料资源丰富，在整个放牧期以放牧为主，大量利用野生饲料，补充少量饲料，7 月上旬后选择生长较快的公鸡先出栏，直至中旬全部出售。第一批全部出栏 1 个月前，开始育雏第二批雏鸡。第一批鸡出栏后，即可散养第二批鸡，使两批鸡散养有一定的时间间隔。由于此时气温很高，育雏只需要少量的供暖，1 个月左右便可散养。出栏时间正值中秋节和国庆节两大节日，无论公鸡还是母鸡，全部出栏，市场价格高。鸡全部出栏后，也正赶上农忙季节，即秋收秋种，这时可腾出时间用于农活

续表

模式	产品	操作	效果
年生产一批模式	蛋品、商品土鸡	1月上旬进雏（冬季育雏），3月散养（春季育成），6月上、中旬产蛋（牧草生产旺季产蛋），翌年1月淘汰。生产周期1年	年饲养一批，使产蛋期有充足的自然饲料资源来生产优质鸡蛋，降低饲养成本；并使鸡蛋的出售赶上国庆节、中秋节和元旦等几个大的节日。在产蛋高峰过后，也就是元旦期间。停止饲养，全部作为肉鸡淘汰，获得较高的效益。但这一模式育雏期和育成期是在较寒冷的季节进行，需要的投入较多，也要求较高的技术支撑。在鸡全部淘汰的同时，又引进下一年度的雏鸡，形成1年1个生产周期
	商品土鸡	4月上旬进雏，5月上旬散养，到9月底至10月初出栏	年饲养一批，使散养期有充足的自然饲料资源，适宜的环境条件，生产优质土鸡，降低饲养成本；并使土鸡的出售在国庆节前后
500天散放模式	产蛋为主	4月下旬至5月上旬进雏，6月中旬散养，10月上旬产蛋，翌年10月上旬作为肉用淘汰	育雏期安排在气候较温暖的5月，由于外界温度较高，可以降低育雏成本；散养期在整个自然资源比较充足的季节，可以降低饲养成本；产品供应正值供求紧张的中秋节、国庆节、元旦和春节，市场产品价格较高；产蛋1周年后淘汰，也是在供求矛盾的中秋节和国庆节期

参考文献

［1］魏刚才. 土鸡高效养殖技术［M］. 北京：化学工业出版社，2010.

［2］宁中华. 节粮型蛋鸡饲养管理技术［M］. 北京：金盾出版社，2005.

［3］李英，谷子林. 规模化生态放养鸡［M］. 北京：中国农业出版社，2010.

［4］魏刚才. 果园林地生态养鸡［M］. 北京：机械工业出版社，2012.

桃源鸡

清远麻鸡

惠阳胡须鸡

固始鸡

河田鸡

大骨鸡

杏花鸡

北京油鸡

狼山鸡

汶上芦花鸡

鹿苑鸡

峨眉黑鸡

蒲东鸡

丝羽乌骨鸡

江村黄鸡ＪＨ－１号土鸡型

新浦东鸡

诱捕昆虫灯

散养土鸡的鸡舍分布

车辆消毒

人员消毒

病死鸡焚化炉

舍内地面育雏

舍内网上育雏

舍内笼内育雏

坡地放养

林地放养

果园放养

果园散养

放养舍内设置栖架

放养鸡饮水器设置

养鹅防害

散养土鸡的棚舍建设

竹园放养土鸡

工作前消毒液洗手

鸡舍地面撒布新鲜生石灰

点眼免疫

新城疫病鸡的神经症状

传染性喉气管炎病鸡张口喘气

传染性支气管炎病鸡
产异常蛋（下为正常蛋）

神经型马立克病病鸡的腿和翅麻痹、瘫痪，呈劈叉状

鸡啄癖

维生素 B₁ 缺乏症病鸡呈"观星"姿势